山西大同大学出版基金资助

态矢格林函数与大自旋

牛鹏斌　著

科学出版社
北京

内 容 简 介

量子输运主要探讨电子或自旋的输运性质，多用二次量子化语言表述. 事实上，二次量子化算符和态矢构成的算符在表述问题时是等价的. 近年来，人们在研究中发现一些输运问题用态矢语言描述有其优点. 本书从态矢格林函数角度介绍著者对量子输运的研究成果，着重介绍此方法在大自旋输运系统中的应用. 全书共8章. 第1章介绍格林函数方法，其中列举三种方法作为对比：二次量子化语言表述的格林函数方法、态矢格林函数方法和主方程方法. 第2章介绍大自旋输运系统. 第3–8章介绍大自旋系统的各种输运性质，包括电流伏安特性、近藤效应、热电效应、温差电效应、自旋流等.

本书可供量子输运领域的科研人员使用，也可作为凝聚态物理专业高校教师和研究生的量子输运课程参考书.

图书在版编目(CIP)数据

态矢格林函数与大自旋/牛鹏斌著. —北京：科学出版社, 2019.10
ISBN 978-7-03-062471-0

Ⅰ. ①态… Ⅱ. ①牛… Ⅲ. ①格林函数–研究 Ⅳ. ①O174.1

中国版本图书馆 CIP 数据核字(2019) 第 218265 号

责任编辑：陈艳峰 赵 颖 / 责任校对：邹慧卿
责任印制：吴兆东 / 封面设计：十样花

科学出版社 出版
北京东黄城根北街 16 号
邮政编码：100717
http://www.sciencep.com
北京厚诚则铭印刷科技有限公司 印刷
科学出版社发行 各地新华书店经销
*
2019 年 10 月第 一 版 开本：720 × 1000 B5
2020 年 1 月第二次印刷 印张：10 1/4
字数：205 000
定价：78.00 元
(如有印装质量问题，我社负责调换)

作 者 简 介

牛鹏斌，理学博士，山西大同大学物理与电子科学学院教师，主要从事量子输运和自旋电子学的科学研究工作，以第一作者身份发表 SCI 论文 11 篇，主持国家自然科学基金 1 项、山西省科学技术厅基础研究基金 1 项、大同大学科研项目 1 项.

前　　言

量子输运是凝聚态物理的一个重要分支, 其研究对象和内容包括量子点、分子、拓扑物态、量子霍尔效应、DNA 结构、神经网络等. 作者从攻读博士期间开始学习分子磁体的量子输运. 分子磁体是一类特殊的磁性分子, 最初由于其宏观量子隧穿效应备受人们关注. 随着量子输运科学的发展, 人们能够把单个分子做成隧穿结, 研究其电流电导性质, 作者也是从那时开始进入此研究领域的. 当时从理论角度研究单分子磁体量子输运的方法只有有限几种, 其中最有效的就是量子主方程方法 (当然后来又出现了数值重整化群方法, 此方法在本书中暂且不做讨论). 相较于这几种方法, 凝聚态理论中的格林函数方法算是一种较早出现且应用广泛的方法, 然而深入且彻底地理解各种格林函数的定义很不容易，作者发现最有效的学习方法是把这些定义代入一些具体而简单的模型中去理解. 在作者当时读博的山西大学理论物理研究所, 大家认为格林函数方法应该也能算分子磁体的输运, 但有的老师和学生尝试过, 却没有结果. 也许是初生牛犊不怕虎, 同时也恰巧博士一年级, 作者在浩如烟海的英文文献中挣扎一番后急需寻找一个切入点, 抱着试一试的心理, 开始尝试用格林函数方法计算单分子磁体的推迟格林函数, 自然也遇上了运动方程中出现大自旋算符乘积累积、运动方程无法闭合的问题. 俗话说问题是最好的导师, 有了明确的问题, 尝试解决问题的时候就会不断思考. 当时作者思考了主方程方法为什么能算分子磁体, 分子磁体模型局域自旋简化为 $S = 1/2$ 时格林函数运动方程方法为什么能计算, $S > 1/2$ 时大自旋算符的各种二次量子化表示, 量子力学书中的角动量理论, 当然也接触到了态矢语言表述的格林函数方法计算 $S = 1/2$ 的量子点模型. 回想那段上下求索的时光, 一个人在操场徘徊, 真的是心惊胆战而又充满乐趣. 工作后, 作者一直致力于态矢格林函数方法在大自旋输运模型中的拓展, 逐渐形成了本书所介绍的内容, 如大自旋系统中的近藤效应、声子输运、热电效应、自旋流等.

本书所基于的研究工作得到了国家自然科学基金 (No. 11547108) 和山西大同大学出版基金的资助, 在此表示衷心的感谢.

感谢母亲和妻子的支持, 感谢在写作过程中女儿带来的欢声笑语.

由于作者水平有限, 再加之研究成果不断更新, 难以反映本研究领域全貌, 疏漏之处也在所难免, 敬请读者批评指正.

牛鹏斌
2019 年 3 月
山西大同大学

目　　录

第 1 章　格林函数方法介绍

多体理论中格林函数常常指各种关联函数, 本章主要介绍非平衡格林函数方法的基本理论以及格林函数的运动方程解, 内容将以二次量子化语言和态矢语言分别展开并做对比介绍, 侧重于基本理论和简单例子的介绍.

1.1　二次量子化语言表述的格林函数方法

本节介绍非平衡格林函数方法的基本理论知识, 先从单粒子的格林函数开始, 然后给出多体系统中格林函数的定义, 在此基础上给出可观测物理量 (如电流) 与格林函数的联系.

我们首先给出单粒子系统中的格林函数 [1]. 考虑如下的单粒子薛定谔方程:

$$[H_0(r)+V(r)]\Psi_E=E\Psi_E, \tag{1.1}$$

其中, H_0 的本征态已知; V 是微扰. 这里举个散射问题的实例, 初始时入射粒子的能量是 $H_0=E$, 入射到相互作用区域其受到的弹性势场是 V, 我们感兴趣的是其出射状态, 即 Ψ_E. 为了求解此薛定谔方程, 人们想出一个基态格林函数 G_0, 它满足的微分方程如下:

$$[E-H_0(r)]G_0(r,r',E)=\delta(r-r'), \tag{1.2}$$

可以看出 G_0 的逆 $G_0^{-1}=E-H_0$, 之所以称 G_0 为基态格林函数, 是因为它对应着基态 (初态) 波函数 $H_0(r)\Psi_E^0=E\Psi_E^0$. 由此上述的薛定谔方程可以改写为

$$[G_0^{-1}(r,E)-V(r)]\Psi_E=0. \tag{1.3}$$

上式的解可以用如下的积分方程表示:

$$\Psi_E(r)=\Psi_E^0(r)+\int \mathrm{d}r' G_0(r,r',E)V(r')\Psi_E(r'). \tag{1.4}$$

把这个解代入 (1.3) 式中并用 $G_0^{-1}(r,E)G_0(r,r',E)=\delta(r-r')$ 便可验证. 通过迭代法, 便可以得到 $\Psi_E(r)$ 的任意阶数的解, 如把 $\Psi_E(r)$ 代入 (1.4) 式右端, 便得到以 V 为微扰的一阶解:

$$\Psi_E(r)=\Psi_E^0(r)+\int \mathrm{d}r' G_0(r,r',E)V(r')\Psi_E^0(r')+V \tag{1.5}$$

的二阶项. 二阶的解也同样可用迭代法得到. 可以看到在解决此类微扰问题中用格林函数方法是很有效的, 即以基态格林函数 G_0 为基, 得到任意阶数的解.

接下来我们考虑单粒子的含时问题, 讨论在这个例子中格林函数方法如何应用. 含时薛定谔方程如下:

$$[\mathrm{i}\partial_t - H_0(r) - V(r)]\Psi(r,t) = 0. \tag{1.6}$$

同样, 我们定义基态格林函数:

$$[\mathrm{i}\partial_t - H_0(r)]G_0(r,r';t,t') = \delta(r-r')\delta(t-t'), \tag{1.7}$$

并定义整体格林函数:

$$[\mathrm{i}\partial_t - H_0(r) - V(r)]G(r,r';t,t') = \delta(r-r')\delta(t-t'), \tag{1.8}$$

所谓整体格林函数, 是指 G 包含了整个系统 (如考虑微扰 V) 的信息. 这两个格林函数的逆分别是

$$\begin{aligned} G_0^{-1}(r,t) &= \mathrm{i}\partial_t - H_0(r), \\ G^{-1}(r,t) &= \mathrm{i}\partial_t - H_0(r) - V(r). \end{aligned} \tag{1.9}$$

和上面一样, 通过观察我们得到薛定谔方程的积分方程解:

$$\begin{aligned} \Psi(r,t) &= \Psi^0(r,t) + \int \mathrm{d}t' \int \mathrm{d}r' G_0(r,r';t,t')V(r')\Psi(r',t'), \\ \Psi(r,t) &= \Psi^0(r,t) + \int \mathrm{d}t' \int \mathrm{d}r' G(r,r';t,t')V(r')\Psi^0(r',t'). \end{aligned} \tag{1.10}$$

我们注意到上面两个解分别是用基态格林函数和整体格林函数构建的, 二者的正确性同样可以通过代入式证明.

通过迭代, 我们可以把波函数展开如下:

$$\begin{aligned} \Psi &= \Psi^0 + G_0V\Psi^0 + G_0VG_0V\Psi^0 + G_0VG_0VG_0V\Psi^0 + \cdots \\ &= \Psi^0 + (G_0 + G_0VG_0 + G_0VG_0VG_0 + \cdots)V\Psi^0, \end{aligned} \tag{1.11}$$

其中, 为了简洁以便观察出规律我们省去了积分指标. 与 (1.10) 式的第二式比较, 得到整体格林函数的展开式如下:

$$\begin{aligned} G &= G_0 + G_0VG_0 + G_0VG_0VG_0 + \cdots \\ &= G_0 + G_0V(G_0 + G_0VG_0 + \cdots). \end{aligned} \tag{1.12}$$

可以看见最后一步括号中的式子正是 G 本身. 所以有

$$G = G_0 + G_0VG. \tag{1.13}$$

这就是著名的 Dyson 方程, 其形式和波函数的积分方程形式相同 [见 (1.4) 式和 (1.10) 式]. 在后面所举例子或不同的系统中会有不同的 Dyson 方程, 但它们都表达着同一个物理思想: 整体格林函数和基态格林函数通过微扰项联系在一起.

上述单粒子系统中的格林函数微扰论思想同样可以应用在多体物理中, 为此人们定义了适用于多体物理的格林函数 [2,3]. 求解出多体系统中的格林函数后便可得到可观测物理量的信息. 我们这里直接给出格林函数的定义. 第一种推迟格林函数定义为

$$G^r(t,t') = -\mathrm{i}\theta(t-t')\langle[c(t),c^\dagger(t')]_{B,F}\rangle, \tag{1.14}$$

其中, $c(t)$ 是海森伯绘景中的算符, 定义为 $c(t)=\mathrm{e}^{\mathrm{i}Ht}c\mathrm{e}^{-\mathrm{i}Ht}$. 角标 B 指对易关系, F 指反对易关系, 定义为

$$\begin{aligned}[A,B]_B &= [A,B] = AB - BA,\\ [A,B]_F &= \{A,B\} = AB + BA.\end{aligned}$$

相应有超前格林函数:

$$G^a(t,t') = \mathrm{i}\theta(t'-t)\langle[c(t),c^\dagger(t')]_{B,F}\rangle, \tag{1.15}$$

第二类格林函数定义为小于和大于格林函数:

$$\begin{aligned}G^<(t,t') &= -\mathrm{i}(\pm1)\langle c^\dagger(t')c(t)\rangle,\\ G^>(t,t') &= -\mathrm{i}\langle c(t)c^\dagger(t')\rangle.\end{aligned} \tag{1.16}$$

可以看见推迟格林函数可以用大于小于格林函数表示出来:

$$G^r(t,t') = \theta(t-t')[G^>(t,t') - G^<(t,t')].$$

上面定义的推迟、超前格林函数还经常被称为传播子, 这是因为它们给出了从 t 到 t' 的传播概率幅, 而 "推迟" 格林函数得名是因为它要求 $t>t'$.

作为一个例子, 我们考虑自由电子系统的格林函数如何计算. 自由电子系统的哈密顿量为

$$H = \sum_{k\sigma}\varepsilon_k c^\dagger_{k\sigma}c_{k\sigma}, \tag{1.17}$$

其中, $c^\dagger_{k\sigma}(c_{k\sigma})$ 代表动量空间中电子的产生 (湮灭) 算符. 我们先算大于格林函数:

$$\begin{aligned}g^>_{k\sigma}(t,t') &= -\mathrm{i}\langle c_{k\sigma}(t)c^\dagger_{k\sigma}(t')\rangle\\ &= -\mathrm{i}\langle \mathrm{e}^{\mathrm{i}Ht}c_{k\sigma}\mathrm{e}^{-\mathrm{i}Ht}\mathrm{e}^{\mathrm{i}Ht'}c^\dagger_{k\sigma}\mathrm{e}^{-\mathrm{i}Ht'}\rangle\\ &= -\mathrm{i}\langle \mathrm{e}^{\mathrm{i}H(t-t')}c_{k\sigma}\mathrm{e}^{-iH(t-t')}c\rangle\\ &= -\mathrm{i}\langle c_{k\sigma}(t-t')c^\dagger_{k\sigma}\rangle,\end{aligned}$$

其中, 最后一步用到了算符求迹的轮换性, 从最后一步可以看出人们通常把双时格林函数写成 $G(t-t')$ 形式的缘故. 由于哈密顿量的简单性, 我们利用海森伯运动方程,

$$\frac{\mathrm{d}\hat{A}(t)}{\mathrm{d}t}=\mathrm{i}[H,A](t), \tag{1.18}$$

很容易求得电子的运动方程:

$$\begin{aligned}\dot{c}_{k\sigma}(t)&=\mathrm{i}[H,c_{k\sigma}](t)=\mathrm{i}\mathrm{e}^{\mathrm{i}Ht}[H,c_{k\sigma}]\mathrm{e}^{-\mathrm{i}Ht}\\&=\mathrm{i}\mathrm{e}^{\mathrm{i}Ht}\sum_{k'\sigma'}\varepsilon_{k'}[c^{\dagger}_{k'\sigma'}c_{k'\sigma'}c_{k\sigma}]\mathrm{e}^{-\mathrm{i}Ht}\\&=\mathrm{i}\mathrm{e}^{\mathrm{i}Ht}\sum_{k'\sigma'}\varepsilon_{k'}(-\delta_{k'\sigma',k\sigma})c_{k'\sigma'}\mathrm{e}^{-\mathrm{i}Ht}\\&=-\mathrm{i}\mathrm{e}^{\mathrm{i}Ht}\varepsilon_k c_{k\sigma}\mathrm{e}^{-\mathrm{i}Ht}\\&=-\mathrm{i}\varepsilon_k c_{k\sigma}(t),\end{aligned}$$

积分此一阶微分方程, 我们得到

$$c_{k\sigma}(t)=c_{k\sigma}\mathrm{e}^{-\mathrm{i}\varepsilon_k t}.$$

所以大于格林函数变成

$$g^{>}_{k\sigma}(t-t')=-\mathrm{i}\langle c_{k\sigma}c^{\dagger}_{k\sigma}\rangle\mathrm{e}^{-\mathrm{i}\varepsilon_k(t-t')}, \tag{1.19}$$

其中, $\langle c_{k\sigma}c^{\dagger}_{k\sigma}\rangle=1-\langle c^{\dagger}_{k\sigma}c_{k\sigma}\rangle$, 而 $\langle c^{\dagger}_{k\sigma}c_{k\sigma}\rangle$ 代表自由电子在 $k\sigma$ 态上的占据数, 正是费米–狄拉克分布函数, 即 $f(\varepsilon_k)=1/[\mathrm{e}^{\beta\varepsilon_k}+1]\equiv f_k$, 其中 $\beta=1/k_{\mathrm{B}}T$. 所以 $g^{>}_{k\sigma}(t-t')=-\mathrm{i}(1-f_k)\mathrm{e}^{-\mathrm{i}\varepsilon_k(t-t')}$. 同理, 我们得到其他三个格林函数:

$$\begin{aligned}g^{<}_{k\sigma}(t-t')&=-\mathrm{i}f_k\mathrm{e}^{-\mathrm{i}\varepsilon_k(t-t')},\\g^{r}_{k\sigma}(t-t')&=-\mathrm{i}\theta(t-t')\mathrm{e}^{-\mathrm{i}\varepsilon_k(t-t')},\\g^{a}_{k\sigma}(t-t')&=\mathrm{i}\theta(t'-t)\mathrm{e}^{-\mathrm{i}\varepsilon_k(t-t')}.\end{aligned} \tag{1.20}$$

通过傅里叶变换, 从时间域变到频率域, 我们得到

$$\begin{aligned}g^{>}_{k\sigma}(\omega)&=-\mathrm{i}(1-f_k)2\pi\delta(\varepsilon_k-\omega),\\g^{<}_{k\sigma}(\omega)&=-\mathrm{i}f_k2\pi\delta(\varepsilon_k-\omega),\\g^{r}_{k\sigma}(\omega)&=\frac{1}{\omega-\varepsilon_k+\mathrm{i}\eta},\\g^{a}_{k\sigma}(\omega)&=\frac{1}{\omega-\varepsilon_k-\mathrm{i}\eta}.\end{aligned} \tag{1.21}$$

接下来我们就简单介绍一下电流如何与格林函数建立联系 [4–8]. 考虑一个与金属电极相连的量子系统. 系统总的哈密顿量表示为 $H = H_{\text{Leads}} + H_{\text{cen}} + H_{\text{T}}$ 三个部分. 其中, $H_{\text{Leads}} = \sum\limits_{k\alpha\sigma} \varepsilon_{k\alpha} c_{k\alpha\sigma}^{\dagger} c_{k\alpha\sigma} (\alpha = L, R)$ 描述左右电极的哈密顿量, $c_{k\alpha\sigma}^{\dagger}(c_{k\alpha\sigma})$ 是 α 电极上的电子的产生 (湮灭) 算符, $\varepsilon_{k\alpha}$ 是 α 电极的电子能量; $H_{\text{cen}} = H(d_{\sigma}^{+}, d_{\sigma})$ 是中间系统的哈密顿量, 它包含了各种相互作用 (如电子–电子相互作用, 电子–声子相互作用等); $d_{\sigma}^{+}(d_{\sigma})$ 是中间系统电子的产生 (湮灭) 算符; $H_{\text{T}} = \sum\limits_{k\alpha\sigma} (t_{k\alpha} c_{k\alpha\sigma}^{\dagger} d_{\sigma} + H.c.)$ 描述中间系统和电极之间的隧穿相互作用, 第二项 $H.c.$ 指第一项的厄米共轭, $t_{k\alpha}$ 是电极与中间系统的耦合系数. 因此在左电极上的粒子总数是

$$\langle N_L \rangle = \sum_{k,\sigma} \langle c_{kL\sigma}^{\dagger} c_{kL\sigma} \rangle, \tag{1.22}$$

它对时间的导数就是这根导线上通过的电流:

$$\begin{aligned} I_L &= -e \frac{\mathrm{d}}{\mathrm{d}t} \langle N_L \rangle = \mathrm{i}e \langle [N_L, H] \rangle \\ &= \mathrm{i}e \sum_{k,\alpha \in L,\sigma} [t_{k\alpha} \langle c_{k\alpha\sigma}^{\dagger}(t) d_{\sigma}(t) \rangle - t_{k\alpha}^{*} \langle d_{\sigma}^{\dagger}(t) c_{k\alpha\sigma}(t) \rangle], \end{aligned} \tag{1.23}$$

定义两个小于格林函数:

$$\begin{aligned} G_{\sigma,k\alpha\sigma}^{<}(t,t') &= \mathrm{i} \langle c_{k\alpha\sigma}^{\dagger}(t') d_{\sigma}(t) \rangle, \\ G_{k\alpha\sigma,\sigma}^{<}(t,t') &= \mathrm{i} \langle d_{\sigma}^{\dagger}(t') c_{k\alpha\sigma}(t) \rangle, \end{aligned} \tag{1.24}$$

电流表示成

$$\begin{aligned} I_L &= e \sum_{k,\alpha \in L,\sigma} [t_{k\alpha} G_{\sigma,k\alpha\sigma}^{<}(t,t) - t_{k\alpha}^{*} G_{k\alpha\sigma,\sigma}^{<}(t,t)] \\ &= e \sum_{k,\alpha \in L,\sigma} [t_{k\alpha} G_{\sigma,k\alpha\sigma}^{<}(t,t) - t_{k\alpha}^{*} G_{\sigma,k\alpha\sigma}^{<*}(t,t)] \\ &= 2e\mathrm{Re} \sum_{k,\alpha \in L,\sigma} t_{k\alpha} G_{\sigma,k\alpha\sigma}^{<}(t,t), \end{aligned} \tag{1.25}$$

其中, 用到了一个性质, $G_{k\alpha\sigma,\sigma}^{<}(t,t) = -G_{\sigma,k\alpha\sigma}^{<*}(t,t)$, 可以从定义式出发证明.

利用运动方程的方法, 可以得到如下方程, 称为回路上的复编时格林函数:

$$G_{\sigma,k\alpha\sigma}(\tau,\tau') = t_{k\alpha}^{*} \int_C \mathrm{d}\tau_1 G_{\sigma}(\tau,\tau_1) g_{k\alpha\sigma}(\tau_1,\tau'), \tag{1.26}$$

此式中的回路格林函数是定义在复平面上的, 其中的时间指标 τ、τ' 代表复平面上的指标, 关于编时格林函数的讨论涉及了非平衡格林函数较深层次的理论, 可以参

考 Haug 一书 [9] 的第 4.3 节；上式的推导过程可以在 Meir 一文 [5] 的附录 B 中找到；而关于运动方程方法, 我们在接下来的小节中会详细介绍. 复编时格林函数还要与建立在实数域的实时格林函数相联系, 这就需要用到 Lengreth 定理, 其详细的推导论证同样可在 Haug 书中找到, 而这里所谓的实时格林函数就是本节前面部分引入的那些格林函数. Lengreth 定理给出如下: 如果复编时格林函数在积分路径 C 上满足

$$C(\tau_1,\tau_2)=\int_C \mathrm{d}\tau A(\tau_1,\tau)B(\tau,\tau_2), \tag{1.27}$$

那么, 在实时间轴上的实时格林函数有

$$\begin{aligned}
C^<(t_1,t_2)&=\int_{-\infty}^{\infty}\mathrm{d}t[A^R(t_1,t)B^<(t,t_2)+A^<(t_1,t)B^A(t,t_2)],\\
C^>(t_1,t_2)&=\int_{-\infty}^{\infty}\mathrm{d}t[A^R(t_1,t)B^>(t,t_2)+A^>(t_1,t)B^A(t,t_2)],\\
C^R(t_1,t_2)&=\int_{-\infty}^{\infty}\mathrm{d}t[A^R(t_1,t)B^R(t,t_2)],\\
C^A(t_1,t_2)&=\int_{-\infty}^{\infty}\mathrm{d}t[A^A(t_1,t)B^A(t,t_2)].
\end{aligned}\tag{1.28}$$

人们通常也称此式为解析延拓规则. 利用解析延拓规则, (1.26) 式变为

$$\begin{aligned}
&G^<_{\sigma,k\alpha\sigma}(t,t')\\
=&t^*_{k\alpha}\int \mathrm{d}t_1[G^r_\sigma(t,t_1)g^<_{k\alpha\sigma}(t_1,t')+G^<_\sigma(t,t_1)g^a_{k\alpha\sigma}(t_1,t')].
\end{aligned}\tag{1.29}$$

其中,

$$\begin{aligned}
g^{r,a}_{k\alpha\sigma}(t,t')&=\mp\mathrm{i}\theta(\pm t\mp t')\langle c_{k\alpha\sigma}(t)c^\dagger_{k\alpha\sigma}(t')\rangle,\\
g^<_{k\alpha\sigma}(t,t')&=\mathrm{i}\langle c^\dagger_{k\alpha\sigma}(t')c_{k\alpha\sigma}(t)\rangle,\\
g^>_{k\alpha\sigma}(t,t')&=-\mathrm{i}\langle c_{k\alpha\sigma}(t)c^\dagger_{k\alpha\sigma}(t')\rangle,
\end{aligned}$$

是与中间系统脱耦合后自由电极上电子的格林函数, 其求解我们已经在前面作为例子给出.

将 (1.29) 式代入 (1.25) 式, 并做傅里叶变换, 我们得到如下电流公式:

$$I_L=\mathrm{ie}\sum_\sigma\int\frac{\mathrm{d}\varepsilon}{2\pi}\Gamma_L\left\{G^<_\sigma(\omega)+f_{\mathrm{L}}(\omega)\left[G^r_\sigma(\omega)-G^a_\sigma(\omega)\right]\right\}. \tag{1.30}$$

由于这个代入过程和傅里叶变换推导在很多博士论文 [6−8] 里重复出现, 作者在这里就不做赘述. 最后, 考虑左右电极对称耦合, 我们得到本文中常用的电流公式:

$$I = -\frac{2e}{h}\sum_{\sigma=\uparrow,\downarrow}\int \mathrm{d}\omega\Gamma_\sigma\left[f_{\mathrm{L}}(\omega) - f_{\mathrm{R}}(\omega)\right]\mathrm{Im}G_\sigma^r(\omega). \tag{1.31}$$

此化简过程同样不再赘述 [6−8].

至此, 我们已经把电流和推迟格林函数联系起来了, 所有的问题便归结为如何求解各个具体模型的推迟格林函数, 这也是本文要讨论的核心问题.

1.2 推迟格林函数的运动方程解和几种常用截断近似

通过上面的介绍, 可以看到问题的核心是如何得到推迟格林函数, 本节介绍推迟格林函数的运动方程 (EOM) 解法以及几种常用的截断近似.

我们以量子点模型为例, 其哈密顿量为

$$\begin{aligned} H = &\sum_{k,\alpha,\sigma}\varepsilon_{k\alpha}c_{k\alpha\sigma}^\dagger c_{k\alpha\sigma} + \sum_{k,\alpha,\sigma}\left(t_{k\alpha}c_{k\alpha\sigma}^\dagger d_\sigma + t_{k\alpha}^* d_\sigma^\dagger c_{k\alpha\sigma}\right) \\ &+ \varepsilon_0(\hat{n}_\uparrow + \hat{n}_\downarrow) + U\hat{n}_\uparrow\hat{n}_\downarrow, \end{aligned} \tag{1.32}$$

其中, 第一项描述的是金属电极中自由运动的电子, $c_{k\alpha\sigma}^\dagger(c_{k\alpha\sigma})$ 是电极中电子的产生 (湮灭) 算符; 第二项描述电极和量子点间的耦合, $t_{k\alpha}$ 指耦合强度; 第三项和第四项描述量子点, 其中 $n_\sigma = d_\sigma^\dagger d_\sigma(\sigma = \uparrow,\downarrow)$ 是量子点上的电子数算符. 在半填满量子点时, 可以占据一个电子, 这时能量为 ε_0, 并且这个能量可以通过外加的门电压 V_{g} 来调节. 当再增加一个电子时, 其自旋方向须与先前电子自旋方向相反 (泡利不相容原理), 并且需克服两个电子间的库仑排斥能 U. 占据一个电子的情形称为单占据, 占据两个电子的情形称为双占据.

频率域格林函数运动方程的一般形式为

$$\omega\langle\langle A|B\rangle\rangle^r = \langle\{A,B\}\rangle + \langle\langle[A,H]|B\rangle\rangle^r, \tag{1.33}$$

其中, $\langle\{A,B\}\rangle$ 是 A, B 两个算符反对易关系的热力学平均. 这个式子由海森伯运动方程结合推迟格林函数的定义得来, 这里稍讲一下由来. 根据时间域推迟格林函数的定义, 其海森伯运动方程为

$$\begin{aligned} &\mathrm{i}\partial_t\langle\langle A(t)|B(t')\rangle\rangle^r \\ =&[\partial_t\theta(t-t')]\langle\{A(t),B(t')\}\rangle + \langle\langle \mathrm{i}\partial_t A(t)|B(t')\rangle\rangle^r \\ =&\delta(t-t')\langle\{A,B\}\rangle + \langle\langle[A,H](t)|B(t')\rangle\rangle^r, \end{aligned}$$

其中, 最后一步大括号里面的 A, B 不带时间标记是由于 δ 函数特性 — 在 $t \neq t'$ 时, 第一项整体为零; 在 $t = t'$ 时, 大括号内的时间消去. 上式的傅里叶变换正是 (1.33) 式. 在计算 EOM 时, 因模型里有相互作用, 我们需截断高阶格林函数, 而只有无相互作用模型的运动方程才会自动闭合.

对量子点上的推迟格林函数 $\langle\langle d_\sigma | d_\sigma^\dagger \rangle\rangle^r$ 应用频率域运动方程 (1.33) 式, 代入 (1.32) 式, 我们得到

$$(\omega - \varepsilon_0)\langle\langle d_\uparrow | d_\uparrow^\dagger \rangle\rangle^r = 1 + U\langle\langle d_\uparrow n_\downarrow | d_\uparrow^\dagger \rangle\rangle^r + \sum_{k,\alpha} t_{k\alpha}^* \langle\langle c_{k\alpha\uparrow} | d_\uparrow^+ \rangle\rangle^r. \tag{1.34}$$

为了简明起见, 这里我们给出了自旋向上推迟格林函数的结果, 自旋向下的推导类似. 运动方程算到此处为一阶. 可以看到上式右边出现了两个新的格林函数, 我们先计算最后一项的运动方程. 同样由 (1.33) 式得

$$(\omega - \epsilon_{k\alpha})\langle\langle c_{k\alpha\uparrow} | d_\uparrow^\dagger \rangle\rangle^r = t_{k\alpha}\langle\langle d_\uparrow | d_\uparrow^\dagger \rangle\rangle^r, \tag{1.35}$$

可以看到其自动闭合, 没有引出新的格林函数. 此结果代回到 (1.34) 式求和中, 得

$$(\omega - \varepsilon_0 - \varSigma_0)\langle\langle d_\uparrow | d_\uparrow^\dagger \rangle\rangle^r = 1 + U\langle\langle d_\uparrow n_\downarrow | d_\uparrow^\dagger \rangle\rangle^r, \tag{1.36}$$

其中, 自能 $\varSigma_0$ 定义为

$$\varSigma_0 = \sum_{k,\alpha} \frac{|t_{k\alpha}|^2}{\omega - \epsilon_{k\alpha} + \mathrm{i}\eta}. \tag{1.37}$$

所谓自能, 就作者的理解, 就是相互作用的物体 A 与 B 间, 相互作用后 A 对 B 产生的影响的衡量就是 B 的自能, 这里的 $\varSigma_0$ 是量子点与电极相互作用后的自能, 在进一步的计算后我们能看出其物理意义有两个, 一个是对量子点的能级产生移动效应, 另一个是对量子点能级产生展宽效应. 其计算如下:

$$\begin{aligned}
\varSigma_0 &= \sum_{k,\alpha} \frac{|t_{k\alpha}|^2}{\omega - \epsilon_{k\alpha} + \mathrm{i}\eta} \\
&= \sum_{\alpha} \int \mathrm{d}\varepsilon \rho(\varepsilon) \frac{|t_\alpha(\varepsilon)|^2}{\omega - \varepsilon + \mathrm{i}\eta} \\
&= \sum_{\alpha} \int \mathrm{d}\varepsilon \frac{\rho(\varepsilon)\,|t_\alpha(\varepsilon)|^2}{\omega - \varepsilon} - \mathrm{i}\sum_{\alpha} \int \mathrm{d}\varepsilon \frac{\eta\rho(\varepsilon)\,|t_\alpha(\varepsilon)|^2}{(\omega - \varepsilon)^2 + \eta^2} \\
&= \sum_{\alpha} \int \mathrm{d}\varepsilon \frac{\rho(\varepsilon)\,|t_\alpha(\varepsilon)|^2}{\omega - \varepsilon} - \mathrm{i}\sum_{\alpha} \rho(\omega)\,|t_\alpha(\omega)|^2 \\
&= \sum_{\alpha} \int \mathrm{d}\varepsilon \frac{\rho(\varepsilon)\,|t_\alpha(\varepsilon)|^2}{\omega - \varepsilon} - \mathrm{i}\sum_{\alpha} \frac{\varGamma_\alpha}{2}.
\end{aligned}$$

其中, 第一行用到了求和化积分, 并用到了电极的态密度 $\rho(\varepsilon)$; 第二行是把实部虚部

分成两项；第三行用到了 $\frac{\eta}{(\omega-\varepsilon)^2+\eta^2} \overset{\eta\to 0}{=} \pi\delta(\omega-\varepsilon)$；第四行用了宽带近似，即认为电极电子的态密度在带宽 $2D$ 范围内是常数 $\rho(\varepsilon)=1/2D$，在此范围外则为零，同时认为耦合 $t_{k\alpha}$ 是常数，这样就有 $\Gamma_\alpha \equiv \pi|t|^2/2D$. 这里第一项就是能级移动效应，第二项是能级展宽效应. 通常在计算中忽略掉能级移动效应，有 $\Sigma_0=-\mathrm{i}\frac{\Gamma_{\mathrm{L}}+\Gamma_{\mathrm{R}}}{2}$，这正是文献中经常用到的一个结果.

我们先介绍第一个截断近似，称为一阶截断近似. 在一阶式子 (1.34) 式处把格林函数 $\langle\langle d_\uparrow n_\downarrow|d_\uparrow^\dagger\rangle\rangle^r$ 截断如下：

$$\langle\langle d_\uparrow n_\downarrow|d_\uparrow^\dagger\rangle\rangle^r \approx \langle n_\downarrow\rangle\,\langle\langle d_\uparrow|d_\uparrow^\dagger\rangle\rangle^r, \tag{1.38}$$

可见此截断已经让运动方程闭合，不再有新的格林函数. 此结果代回到 (1.34) 式有

$$\langle\langle d_\uparrow|d_\uparrow^\dagger\rangle\rangle^r = \frac{1}{\omega-\varepsilon_0-U\langle n_\downarrow\rangle-\Sigma_0}. \tag{1.39}$$

这样我们就得到了量子点的推迟格林函数. 此一阶截断近似又称为平均场近似，原因如下：把哈密顿量 (1.32) 式做平均场近似，

$$\begin{aligned} H=&\sum_{k,\alpha,\sigma}\epsilon_{k\alpha}c_{k\alpha\sigma}^\dagger c_{k\alpha\sigma}+\sum_{k,\alpha,\sigma}(t_{k\alpha}c_{k\alpha\sigma}^\dagger d_\sigma+t_{k\alpha}^* d_\sigma^\dagger c_{k\alpha\sigma})+\epsilon_0(\hat{n}_\uparrow+\hat{n}_\downarrow)\\ &+U\langle\hat{n}_\uparrow\rangle\hat{n}_\downarrow+U\hat{n}_\uparrow\langle\hat{n}_\downarrow\rangle-U\langle\hat{n}_\uparrow\rangle\langle\hat{n}_\downarrow\rangle. \end{aligned} \tag{1.40}$$

可见，其中对库仑相互作用项做了平均场近似，以此平均场哈密顿量为出发点，用运动方程方法，容易得到推迟格林函数如下：

$$\langle\langle d_\uparrow|d_\uparrow^\dagger\rangle\rangle^r = \frac{1}{\omega-\varepsilon_0-U\langle n_\downarrow\rangle-\Sigma_0}. \tag{1.41}$$

可见与 (1.39) 式结果一样，所以称其为平均场近似.

接下来我们给出计算到二阶时用到的截断近似. 若不把 $\langle\langle d_\uparrow n_\downarrow|d_\uparrow^\dagger\rangle\rangle^r$ 做平均场近似，而是对其继续计算运动方程，其结果为

$$\begin{aligned} (\omega-\varepsilon_0-U)\langle\langle d_\uparrow n_\downarrow|d_\uparrow^\dagger\rangle\rangle^r =&\langle n_\downarrow\rangle+\sum_{k,\alpha}t_{k\alpha}^*\langle\langle c_{k\alpha\uparrow}d_\downarrow^+ d_\downarrow|d_\uparrow^+\rangle\rangle^r\\ &+\sum_{k,\alpha}t_{k\alpha}^*\langle\langle c_{k\alpha\downarrow}d_\uparrow d_\downarrow^+|d_\uparrow^+\rangle\rangle^r\\ &-\sum_{k,\alpha}t_{k\alpha}\langle\langle d_\uparrow c_{k\alpha\downarrow}^\dagger d_\downarrow|d_\uparrow^\dagger\rangle\rangle^r. \end{aligned} \tag{1.42}$$

算到此处为二阶，这里有两种截断近似方法. 首先讲 Hartree-Fock 近似. 可观察到上式右端又出现了三个新的格林函数，每个都含有一个电极电子算符，我们称其为

一 k 项. 这里稍提一句, 后面算到近藤区时, 还会出现两 k 项. 我们把一 k 项里的量子点算符拿到格林函数外面, 并把其看作是平均值, 这就是 Hartree-Fock 近似. 即

$$\begin{aligned}
&\langle\langle c_{k\alpha\uparrow}d_\downarrow^\dagger d_\downarrow|d_\uparrow^\dagger\rangle\rangle^r \approx \langle d_\downarrow^\dagger d_\downarrow\rangle\langle\langle c_{k\alpha\uparrow}|d_\uparrow^\dagger\rangle\rangle^r,\\
&\langle\langle c_{k\alpha\downarrow}d_\uparrow d_\downarrow^\dagger|d_\uparrow^\dagger\rangle\rangle^r \approx \langle d_\uparrow d_\downarrow^\dagger\rangle\langle\langle c_{k\alpha\downarrow}|d_\uparrow^\dagger\rangle\rangle^r = 0,\\
&\langle\langle c_{k\alpha\downarrow}^\dagger d_\uparrow d_\downarrow|d_\uparrow^\dagger\rangle\rangle^r \approx \langle d_\uparrow d_\downarrow\rangle\langle\langle c_{k\alpha\downarrow}^\dagger|d_\uparrow^\dagger\rangle\rangle^r = 0.
\end{aligned} \tag{1.43}$$

所以 (1.42) 式用 Hartree-Fock 近似截断后有

$$\begin{aligned}
(\omega-\varepsilon_0-U)\langle\langle d_\uparrow n_\downarrow|d_\uparrow^\dagger\rangle\rangle^r &= \langle n_\downarrow\rangle + \langle d_\downarrow^\dagger d_\downarrow\rangle\sum_{k,\alpha} t_{k\alpha}^*\langle\langle c_{k\alpha\uparrow}|d_\uparrow^+\rangle\rangle^r\\
&= \langle n_\downarrow\rangle + \langle n_\downarrow\rangle\Sigma_0\langle\langle d_\uparrow|d_\uparrow^\dagger\rangle\rangle^r.
\end{aligned} \tag{1.44}$$

这里最后一步用到了 (1.35) 式处的结果. 可以看到此处运动方程已经封闭, 代回到 (1.36) 式, 得到推迟格林函数:

$$\langle\langle d_\uparrow|d_\uparrow^\dagger\rangle\rangle^r = \frac{1}{\dfrac{(\omega-\varepsilon_0)(\omega-\varepsilon_0-U)}{\omega-\varepsilon_0-U+U\langle n_\downarrow\rangle}-\Sigma_0}. \tag{1.45}$$

算到二阶时, 除了 Hartree-Fock 近似, 还有一种截断近似, 我们称其为二阶近似, 取此名字只是为了与 Hartree-Fock 近似相区别. 此近似的思想是忽略运动方程中的一 k 翻转项. 例如, (1.42) 式中后两个一 k 项涉及量子点两个电子算符的翻转, 如 $d_\uparrow d_\downarrow^\dagger$, $d_\uparrow d_\downarrow$, 我们就把这两个一 k 项忽略掉. 这样就有

$$(\omega-\varepsilon_0-U)\langle\langle d_\uparrow n_\downarrow|d_\uparrow^\dagger\rangle\rangle^r = \langle n_\downarrow\rangle + \sum_{k,\alpha} t_{k\alpha}^*\langle\langle c_{k\alpha\uparrow}d_\downarrow^+ d_\downarrow|d_\uparrow^+\rangle\rangle^r, \tag{1.46}$$

而 $\langle\langle c_{k\alpha\uparrow}d_\downarrow^\dagger d_\downarrow|d_\uparrow^\dagger\rangle\rangle^r$ 的运动方程为

$$\begin{aligned}
(\omega-\epsilon_{k\alpha})\langle\langle c_{k\alpha\uparrow}d_\downarrow^\dagger d_\downarrow|d_\uparrow^\dagger\rangle\rangle^r =& t_{k\alpha}\langle\langle d_\uparrow n_\downarrow|d_\uparrow^\dagger\rangle\rangle^r\\
&+\sum_{k'\alpha'} t_{k'\alpha'}^*\langle\langle d_\downarrow^+ c_{k'\alpha'\downarrow}c_{k\alpha\uparrow}|d_\uparrow^+\rangle\rangle^r\\
&+\sum_{k'\alpha'} t_{k'\alpha'}\langle\langle d_\downarrow c_{k'\alpha'\downarrow}^\dagger c_{k\alpha\uparrow}|d_\uparrow^\dagger\rangle\rangle^r.
\end{aligned} \tag{1.47}$$

这里出现了两 k 项格林函数, 在顺序区我们不考虑, 近似掉后有

$$(\omega-\epsilon_{k\alpha})\langle\langle c_{k\alpha\uparrow}d_\downarrow^\dagger d_\downarrow|d_\uparrow^\dagger\rangle\rangle^r = t_{k\alpha}\langle\langle d_\uparrow n_\downarrow|d_\uparrow^\dagger\rangle\rangle^r.$$

到此已经封闭. 代回到 (1.46) 式的求和中有

$$\sum_{k,\alpha} t_{k\alpha}^*\langle\langle c_{k\alpha\uparrow}n_\downarrow|d_\uparrow^+\rangle\rangle^r = \Sigma_0\langle\langle d_\uparrow n_\downarrow|d_\uparrow^+\rangle\rangle^r. \tag{1.48}$$

最后代回到 (1.36) 式得到如下格林函数:

$$\begin{aligned}\langle\langle d_\uparrow|d_\uparrow^\dagger\rangle\rangle^r &= \frac{1+U\langle n_\downarrow\rangle/(\omega-\varepsilon_0-U-\Sigma_0)}{\omega-\varepsilon_0-\Sigma_0} \\ &= \frac{1-\langle n_\downarrow\rangle}{\omega-\varepsilon_0-\Sigma_0}+\frac{\langle n_\downarrow\rangle}{\omega-\varepsilon_0-U-\Sigma_0}. \end{aligned} \tag{1.49}$$

上式最后一步用到了分解因式. 此式也是文献中一个常用结果. 在单占据情况下, 即 $U\to\infty$ 时, 上式简化为

$$\langle\langle d_\uparrow|d_\uparrow^\dagger\rangle\rangle^r = \frac{1-\langle n_\downarrow\rangle}{\omega-\varepsilon_0-\Sigma_0}. \tag{1.50}$$

到此稍微总结一下. 算到一阶的平均场近似比较粗糙, 因此只能得到一些粗糙的物理, 适合于初步分析系统的物理, 但其优点是运算量小, 能经过简单的运算直接洞察到系统的一些性质. 算到二阶的两种截断近似适合于讨论顺序隧穿物理, 并且其得到的物理是与主方程方法一致的. 这里提到的主方程, 也叫泡利主方程、密度矩阵方程或者率方程, 最初是泡利导出的. 其导出的出发点是系统整体的密度算符, 通过约化和近似得到中间系统的约化密度算符, 并在中间系统本征态的基础上得到此约化算符的矩阵形式的运动方程, 密度矩阵方程因此得名. 由于中间导出时用到了马尔科夫近似, 忽略掉了多体关联信息, 此方法只能考虑顺序隧穿区的物理. 最后导出的一般形式的方程结果的物理意义很明显, 能很明显地看出各个态间的跃迁速率, 率方程方法因此得名 [10−12]. 主方程一般形式的结果为

$$\begin{aligned}\dot{P}_i =& \sum_{i'}\sum_{\alpha\sigma}\Gamma_\alpha\left|\langle i\,|d_\sigma|\,i'\rangle\right|^2 f(\Delta_{ii'}+\mu_\alpha)P_{i'} \\ &+\sum_{i'}\sum_{\alpha\sigma}\Gamma_\alpha\left|\langle i'\,|d_\sigma|\,i\rangle\right|^2 f(\Delta_{ii'}-\mu_\alpha)P_{i'} \\ &-\sum_{i'}\sum_{\alpha\sigma}\Gamma_\alpha\left|\langle i\,|d_\sigma|\,i'\rangle\right|^2 f(\Delta_{i'i}-\mu_\alpha)P_{i} \\ &-\sum_{i'}\sum_{\alpha\sigma}\Gamma_\alpha\left|\langle i'\,|d_\sigma|\,i\rangle\right|^2 f(\Delta_{i'i}+\mu_\alpha)P_{i}, \end{aligned} \tag{1.51}$$

式中, $\Delta_{ii'}=E_i-E_{i'}$ 满足 $H_{\rm cen}\,|i\rangle=E_i\,|i\rangle$, 其中 E_i、$|i\rangle$ 为中间系统的本征能量、本征态. 还是以量子点为例, 且为了简单我们只考虑单占据情形, 这样系统的本征态构成的完备基为 $\{|0\rangle,|\uparrow\rangle,|\downarrow\rangle\}$. 在基矢 $|\uparrow\rangle$ 下 (1.51) 式变为

$$\dot{P}_\uparrow = \sum_\alpha \Gamma_\alpha f(\Delta_{\uparrow 0}-\mu_\alpha)P_0 - \sum_\alpha \Gamma_\alpha f(\Delta_{0\uparrow}+\mu_\alpha)P_\uparrow. \tag{1.52}$$

我们再简化一点, 只考虑平衡态和对称耦合情形, 即 $\mu_{\rm L}=\mu_{\rm R}=0, \Gamma_{\rm L}=\Gamma_{\rm R}$. 在稳态情形下, 即本征态的占据概率不随时间变化, $\dot{P}_i=0$, 上式简化为

$$f(\varepsilon_\uparrow)P_0 - f(-\varepsilon_\uparrow)P_\uparrow = 0. \tag{1.53}$$

同理, 在基矢 $|\downarrow\rangle$ 下有

$$f(\varepsilon_\downarrow)P_0 - f(-\varepsilon_\downarrow)P_\downarrow = 0. \tag{1.54}$$

考虑到系统所有本征态的占据率总和是 1, 即

$$P_0 + P_\uparrow + P_\downarrow = 1. \tag{1.55}$$

把此式代入 (1.53) 式、(1.54) 式中消去 P_0, 有

$$\begin{aligned} P_\uparrow + f(\varepsilon_\uparrow)P_\downarrow &= f(\varepsilon_\uparrow), \\ P_\downarrow + f(\varepsilon_\downarrow)P_\uparrow &= f(\varepsilon_\downarrow). \end{aligned} \tag{1.56}$$

而从格林函数角度来计算向上电子占据率, 由 (1.50) 式有

$$\begin{aligned} \langle n_\uparrow \rangle &= -\frac{1}{\pi}\int \mathrm{d}\omega f(\omega)\mathrm{Im}\langle\langle d_\uparrow | d_\uparrow^\dagger \rangle\rangle^r \\ &= -\frac{1}{\pi}\int \mathrm{d}\omega f(\omega)\mathrm{Im}\frac{1-\langle n_\downarrow\rangle}{\omega - \varepsilon_\uparrow + \mathrm{i}\Gamma_\mathrm{L}} \\ &= -\frac{1}{\pi}\int \mathrm{d}\omega f(\omega)(-\pi)\delta(\omega-\varepsilon_\uparrow)(1-\langle n_\downarrow\rangle) \\ &= f(\varepsilon_\uparrow)(1-\langle n_\downarrow\rangle), \end{aligned} \tag{1.57}$$

其中, 第一步用到了涨落耗散定理, 其证明可参考 Bruus 书 [1] 第 135–136 页, 这一步只适用于平衡态, 而扩展到非平衡态情形时只需要做一个替换 $f(\omega) \to [f_\mathrm{L}(\omega) + f_\mathrm{L}(\omega)]/2$ 即可, 可见此替换考虑了左右电极的非平衡化学势, 能够较好地满足计算非平衡情形下平均值的需要, 并且以后涉及非平衡情形下的讨论时我们默认用此式计算平均值; 第三步用到了 $\Gamma_\mathrm{L} \to 0$ 的极限下的 δ 函数化简, 即 Γ_L 相较于 $\varepsilon_\uparrow$ 等物理量比较小时, 或者说 $\Gamma_{\mathrm{L/R}}$ 代表与电极的耦合强度, 它比较小时正是顺序隧穿物理 (弱耦合) 的情形. 其中 $\langle n_\downarrow\rangle$ 的物理意义正是向上电子的占据概率, (1.57) 式与 (1.56) 式对比, 可见一致. 所以我们以例证的方式证明了格林函数方法和主方程方法在顺序隧穿区的等价性.

上面我们讨论了顺序区的截断近似, 接下来讨论在近藤区的截断近似. 接着前面算到二阶时的 (1.42) 式, 若不在此处忽略一 k 翻转项, 接着再往下算一阶, 会出现什么结果? 这正是前人尝试过的, 得到结果就是近藤物理. (1.42) 式中有三个一 k 求和项, 第一项的运动方程为

$$\begin{aligned} (\omega - \epsilon_{k\alpha})\langle\langle c_{k\alpha\uparrow} d_\downarrow^\dagger d_\downarrow | d_\uparrow^\dagger \rangle\rangle^r =& t_{k\alpha}\langle\langle d_\uparrow n_\downarrow | d_\uparrow^\dagger\rangle\rangle^r \\ &+ \sum_{k'\alpha'} t_{k'\alpha'}^* \langle\langle d_\downarrow^\dagger c_{k'\alpha'\downarrow} c_{k\alpha\uparrow} | d_\uparrow^\dagger\rangle\rangle^r \\ &+ \sum_{k'\alpha'} t_{k'\alpha'} \langle\langle d_\downarrow c_{k'\alpha'\downarrow}^\dagger c_{k\alpha\uparrow} | d_\uparrow^\dagger\rangle\rangle^r, \end{aligned} \tag{1.58}$$

第二、第三项是翻转项, 其运动方程为

$$\begin{aligned}(\omega-\epsilon_{k\alpha})\langle\langle c_{k\alpha\downarrow}d_{\uparrow}d_{\downarrow}^{+}|d_{\uparrow}^{+}\rangle\rangle^{r}=&\langle d_{\downarrow}^{+}c_{k\alpha\downarrow}\rangle+t_{k\alpha}\langle\langle d_{\uparrow}n_{\downarrow}|d_{\uparrow}^{+}\rangle\rangle^{r}\\&+\sum_{k'\alpha'}t_{k'\alpha'}^{*}\langle\langle c_{k'\alpha'\uparrow}d_{\downarrow}^{+}c_{k\alpha\downarrow}|d_{\uparrow}^{+}\rangle\rangle^{r}\\&-\sum_{k'\alpha'}t_{k'\alpha'}\langle\langle d_{\uparrow}c_{k'\alpha'\downarrow}^{+}c_{k\alpha\downarrow}|d_{\uparrow}^{+}\rangle\rangle^{r},\\(\omega+\epsilon_{k\alpha}-2\varepsilon_{0}-U)\langle\langle d_{\uparrow}c_{k\alpha\downarrow}^{+}d_{\downarrow}|d_{\uparrow}^{+}\rangle\rangle^{r}=&\langle c_{k\alpha\downarrow}^{+}d_{\downarrow}\rangle-t_{k\alpha}^{*}\langle\langle d_{\uparrow}n_{\downarrow}|d_{\uparrow}^{+}\rangle\rangle^{r}\\&+\sum_{k'\alpha'}t_{k'\alpha'}^{*}\langle\langle d_{\uparrow}c_{k\alpha\downarrow}^{+}c_{k'\alpha'\downarrow}|d_{\uparrow}^{+}\rangle\rangle^{r}\\&+\sum_{k'\alpha'}t_{k'\alpha'}^{*}\langle\langle c_{k'\alpha'\uparrow}c_{k\alpha\downarrow}^{+}d_{\downarrow}|d_{\uparrow}^{+}\rangle\rangle^{r}.\end{aligned}\tag{1.59}$$

算到此处可见这三个式子里出现了前面提到过的两 k 项, 即格林函数中出现了两个电极电子算符. 算到此处称为三阶. 我们把两 k 项里的电极电子算符拿到格林函数外面, 并看成平均值, 从而把运动方程截断. 此三阶截断又叫 Meir 近似, 因为此近似首先在 Meir 的工作中用到 [13,14]. 运用此近似后, 上面三式变为

$$\begin{aligned}(\omega-\epsilon_{k\alpha})\langle\langle c_{k\alpha\uparrow}d_{\downarrow}^{\dagger}d_{\downarrow}|d_{\uparrow}^{\dagger}\rangle\rangle^{r}=&t_{k\alpha}\langle\langle d_{\uparrow}n_{\downarrow}|d_{\uparrow}^{\dagger}\rangle\rangle^{r},\\(\omega-\epsilon_{k\alpha})\langle\langle c_{k\alpha\downarrow}d_{\uparrow}d_{\downarrow}^{\dagger}|d_{\uparrow}^{\dagger}\rangle\rangle^{r}=&t_{k\alpha}\langle\langle d_{\uparrow}n_{\downarrow}|d_{\uparrow}^{\dagger}\rangle\rangle^{r}\\&-t_{k\alpha}f_{k\alpha}\langle\langle d_{\uparrow}|d_{\uparrow}^{\dagger}\rangle\rangle^{r},\\(\omega+\epsilon_{k\alpha}-2\varepsilon_{0}-U)\langle\langle d_{\uparrow}c_{k\alpha\downarrow}^{+}d_{\downarrow}|d_{\uparrow}^{+}\rangle\rangle^{r}=&-t_{k\alpha}^{*}\langle\langle d_{\uparrow}n_{\downarrow}|d_{\uparrow}^{+}\rangle\rangle^{r}\\&+t_{k\alpha}^{*}f_{k\alpha}\langle\langle d_{\uparrow}|d_{\uparrow}^{+}\rangle\rangle^{r}.\end{aligned}\tag{1.60}$$

其中, $f_{k\alpha}\equiv\langle c_{k'\alpha'\downarrow}^{\dagger}c_{k\alpha\downarrow}\rangle$. 可见到此处运动方程封闭. 把此结果代回到 (1.42) 式并与 (1.36) 式联立, 我们得到

$$\begin{aligned}(\omega-\varepsilon_{0}-U-\Sigma_{\alpha0}-\Sigma_{\alpha3})\langle\langle d_{\uparrow}n_{\downarrow}|d_{\uparrow}^{\dagger}\rangle\rangle^{r}&=\langle n_{\downarrow}\rangle-\Sigma_{\alpha1}\langle\langle d_{\uparrow}|d_{\uparrow}^{\dagger}\rangle\rangle^{r},\\(\omega-\varepsilon_{0}-\Sigma_{\alpha0})\langle\langle d_{\uparrow}|d_{\uparrow}^{\dagger}\rangle\rangle^{r}&=1+U\langle\langle d_{\uparrow}n_{\downarrow}|d_{\uparrow}^{\dagger}\rangle\rangle^{r}.\end{aligned}\tag{1.61}$$

其中, 各个自能定义为

$$\Sigma_{\alpha i}(\omega)=\sum_{k,\alpha}A_{k\alpha}^{i}\left|t_{k\alpha}\right|^{2}\left(\frac{1}{\omega-\varepsilon_{k\alpha}}+\frac{1}{\omega-2\varepsilon_{0}-U+\varepsilon_{k\alpha}}\right),\quad i=1,2,3.$$

其中, $A_{k\alpha}^{1}=f_{k\alpha},A_{k\alpha}^{2}=1-f_{k\alpha},A_{k\alpha}^{3}=1$. 联立解得量子点推迟格林函数为

$$
\begin{aligned}
\langle\langle d_\uparrow | d_\uparrow^\dagger \rangle\rangle^r =& \frac{\omega-\varepsilon_0-U(1-n_\downarrow)-\Sigma_{\alpha 0}-\Sigma_{\alpha 3}}{(\omega-\varepsilon_0-\Sigma_{\alpha 0})(\omega-\varepsilon_0-U-\Sigma_{\alpha 0}-\Sigma_{\alpha 3})+U\Sigma_{\alpha 1}} \\
=& \frac{1-n_\downarrow}{\omega-\varepsilon_0-\Sigma_{\alpha 0}+\dfrac{U\Sigma_{\alpha 1}}{\omega-\varepsilon_0-U-\Sigma_{\alpha 0}-\Sigma_{\alpha 3}}} \\
&+\frac{n_\downarrow}{\omega-\varepsilon_0-\Sigma_{\alpha 0}-U-\dfrac{U\Sigma_{\alpha 2}}{\omega-\varepsilon_0-\Sigma_{\alpha 0}-\Sigma_{\alpha 3}}}.
\end{aligned}
\tag{1.62}
$$

上式第一步到第二步经过了一些分解因式运算. 在此我们讨论一个简化情形, $U \to \infty$, 则上式简化为

$$
\langle\langle d_\uparrow | d_\uparrow^\dagger \rangle\rangle^r = \frac{1-n_\downarrow}{\omega-\varepsilon_0-\Sigma_0-\Sigma_1}. \tag{1.63}
$$

其中, $\Sigma_1(\omega)=\sum\limits_{k,\alpha}\dfrac{|t_{k\alpha}|^2 f_{k\alpha}}{\omega-\varepsilon_{k\alpha}}$ 是三阶截断得到的自能, 其包含了近藤关联信息. 我们首先给出其数值计算方法:

$$
\begin{aligned}
\Sigma_1(\omega) &= \sum_{k,\alpha}\frac{|t_{k\alpha}|^2 f_{k\alpha}}{\omega-\varepsilon_{k\alpha}} \\
&= -\sum_{\alpha}\frac{\Gamma_\alpha}{2\pi}\left[\mathrm{i}\pi f_\alpha(\omega)+\ln\frac{2\pi T}{W}+\Psi\left(\frac{1}{2}-\mathrm{i}\frac{\omega-\mu_\alpha}{2\pi T}\right)\right].
\end{aligned}
\tag{1.64}
$$

其中, Ψ 为双伽马函数, 可在 Mathematica 中直接找到其用法. 这里简述一下此式的推导. 首先是求和化积分, 在积分的分母上有极点, 围绕极点取围道, 应用留数定理, 得到的结果用双伽马函数表示. 我们以此为出发点讨论一下态密度 (density of state, DOS). 态密度的定义为 $\rho_\sigma(\omega)=-(1/\pi)\mathrm{Im}G_\sigma^r(\omega)$, 其物理意义在于我们可以通过它洞察到一些隧穿过程, 如单粒子弹性 (非弹性) 隧穿过程, 这里的弹性 (非弹性) 是指隧穿过程中电子有没有与玻色子库 (如晶格振动、分子原子本身的振动、电声耦合、光电耦合等) 做能量交换, 若没有则称为弹性过程, 若有则称为非弹性过程; 又如多体隧穿过程, 最典型的就是近藤两体隧穿过程, 如前面提到过的, 在隧穿过程中涉及到耦合成自旋单态的两个电子. 以态密度定义为出发点, 图 1.1 给出了量子点的态密度图. 可以看见, 在 $\omega\approx\varepsilon_0$ 处有一个转折比较平缓的峰, 其位置不是严格在 -2 处, 而是向费米面附近移动了一些, 这是因为近藤自能对能级的重整效应. 这个峰对应着单粒子弹性隧穿过程. 在费米面 $(\omega=0)$ 处有一个尖峰, 这就是人们常常提到的近藤峰. 此峰的形成便涉及到了两个电子形成的自旋单态, 其隧穿过程在第 2 章中我们会进一步介绍.

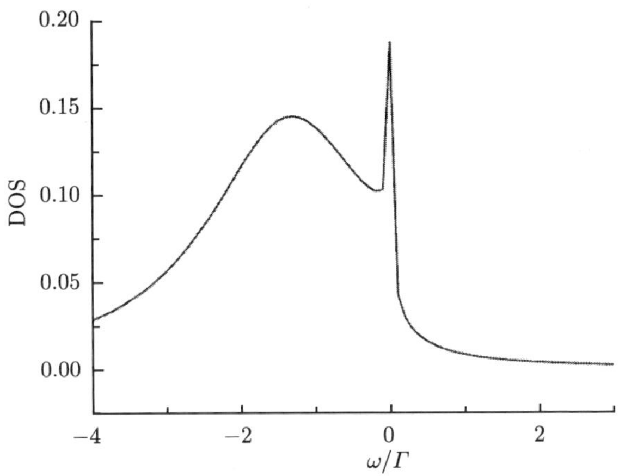

图 1.1 量子点上电子态密度图. 参数选为 $\varepsilon_0 = -2, W = 100, T = 0.005\mu_{\mathrm{L/R}} = 0$. 能量单位为 $\Gamma = \Gamma_{\mathrm{L}} + \Gamma_{\mathrm{R}} = 1$

1.3 态矢语言表述的格林函数方法

1.2 节我们详细讨论了运动方程方法中常用的几种截断近似. 那里的哈密顿量和格林函数都是用二次量子化算符形式表示的, 但可以想见这种表述方式不是唯一的. 这一节我们讨论用另一种语言表述哈密顿量和格林函数, 这就是哈伯德 (Hubbard) 算符. 并且在这一节最后的讨论中我们可以看见这两种语言的表述下得到的结果是一致的.

所谓哈伯德算符, 首先是由哈伯德 (Hubbard) 提出的 [15−17], 其实就是狄拉克态矢 "背靠背" 组成的算符, 举个例子, 设 $\{|p\rangle\} = \{|1\rangle, |2\rangle, \cdots, |n\rangle\}$ 中间孤立系统的完备基, 则哈伯德算符定义为

$$X^{pq} = |p\rangle\langle q|. \tag{1.65}$$

这里顺便给出哈伯德算符的几个运算性质:

(1) $X^{pq}X^{p'q'} = |p\rangle\langle q|\,|p'\rangle\langle q'| = \delta_{qp'}\,|p\rangle\langle q'|\,.$ (1.66)

(2) $\sum_{p} X^{pp} = 1.$ (1.67)

第二个运算性质是完备性关系, 用此关系可以把任意算符表示成哈伯德算符形式, 如:

$$\hat{Q} = \hat{1}\cdot\hat{Q}\cdot\hat{1} = \sum_{pq}|p\rangle\,\langle p|\hat{Q}\,|q\rangle\,\langle q| = \sum_{pq}\langle p|\hat{Q}\,|q\rangle\,X^{pq}. \tag{1.68}$$

现在我们回到量子点模型, 其完备基为 $\{|0\rangle, |\uparrow\rangle, |\downarrow\rangle, |2\rangle\}$, 分别表示量子点上没有占据电子, 占据一个向上、向下电子, 占据两个电子. 其中双占据 $|2\rangle \equiv |\uparrow\downarrow\rangle = d_\uparrow^\dagger d_\downarrow^\dagger|0\rangle$, 注意 $|\uparrow\downarrow\rangle = -|\downarrow\uparrow\rangle$, 即费米子满足反对易关系, 调位置时出负号. 有了这些简单的准备, 我们便可以把二次量子化算符表示成哈伯德算符形式了, 如

$$d_\uparrow = d_\uparrow \cdot \hat{1} = d_\uparrow \left(X^{00} + X^{\uparrow\uparrow} + X^{\downarrow\downarrow} + X^{22}\right) = X^{0\uparrow} + X^{\downarrow 2}, \tag{1.69}$$

同理, 我们得到

$$\begin{aligned} d_\sigma &= X^{0\sigma} + \delta_\sigma X^{\bar{\sigma}2}, \\ d_\sigma^\dagger &= X^{\sigma 0} + \delta_\sigma X^{2\bar{\sigma}}, \\ n_\sigma &= X^{\sigma\sigma} + X^{22}. \end{aligned} \tag{1.70}$$

其中, $\sigma =\uparrow (\downarrow)$ 时, $\delta_\sigma = +1(-1)$. 这样, 我们把 (1.32) 式的哈密顿量表示成哈伯德算符形式:

$$\begin{aligned} H = &\sum_{k,\alpha,\sigma} \epsilon_{k\alpha} c_{k\alpha\sigma}^\dagger c_{k\alpha\sigma} + \sum_{k,\alpha,\sigma} [t_{k\alpha} c_{k\alpha\sigma}^\dagger (X^{0\sigma} + \delta_\sigma X^{\bar{\sigma}2}) + H.c.] \\ &+ \epsilon_0 (X^{\uparrow\uparrow} + X^{\downarrow\downarrow}) + (2\epsilon_0 + U) X^{22}. \end{aligned} \tag{1.71}$$

可见其物理意义还是很清楚的, 其中单占据能量是 ε_0, 双占据能量是 $2\epsilon_0 + U$. 相应的, 推迟格林函数 $\langle\langle d_\sigma | d_\sigma^\dagger \rangle\rangle^r$ 在哈伯德算符表象改写为

$$\langle\langle d_\sigma | d_\sigma^\dagger \rangle\rangle^r = \langle\langle X^{0\sigma} | d_\sigma^\dagger \rangle\rangle^r + \delta_\sigma \langle\langle X^{\bar{\sigma}2} | d_\sigma^\dagger \rangle\rangle^r. \tag{1.72}$$

这里在推迟格林函数的表示里我们用了混合表象, 即哈伯德算符和二次量子化算符同时出现在等式右边的格林函数里. 相较于等式右边完全用哈伯德算符表示, 这样做的优点在于能减少格林函数的数目, 进而减少运算量.

若我们只考虑单占据情形 ($U \to \infty$), 则二次量子化算符、哈密顿量以及推迟格林函数可简化为

$$d_\sigma = X^{0\sigma}, d_\sigma^+ = X^{\sigma 0}, \tag{1.73}$$

$$H = \sum_{k,\alpha,\sigma} \epsilon_{k\alpha} c_{k\alpha\sigma}^\dagger c_{k\alpha\sigma} + \sum_{k,\alpha,\sigma} (t_{k\alpha} c_{k\alpha\sigma}^\dagger X^{0\sigma} + H.c.) + \epsilon_0 X^{\uparrow\uparrow} + \epsilon_0 X^{\downarrow\downarrow}, \tag{1.74}$$

$$\langle\langle d_\sigma | d_\sigma^\dagger \rangle\rangle^r = \langle\langle X^{0\sigma} | d_\sigma^\dagger \rangle\rangle^r. \tag{1.75}$$

同前面一样, 我们给出对量子点上的推迟格林函数的频率域运动方程. 为了简单起见, 我们以 (1.74) 式、(1.75) 式为出发点, 与考虑双占据后的思路是一样的, 只是运算量变成了单占据时的二倍.

推迟格林函数的运动方程为

$$\begin{aligned}(\omega-\epsilon_0)\langle\langle X^{0\uparrow}|d_\uparrow^\dagger\rangle\rangle^r=&\langle X^{00}\rangle+\langle X^{\uparrow\uparrow}\rangle\\&+\sum_{k,\alpha}t_{k\alpha}^*\langle\langle(X^{00}+X^{\uparrow\uparrow})c_{k\alpha\uparrow}|d_\uparrow^+\rangle\rangle^r\\&+\sum_{k,\alpha}t_{k\alpha}^*\langle\langle X^{\downarrow\uparrow}c_{k\alpha\downarrow}|d_\uparrow^+\rangle\rangle^r.\end{aligned}\tag{1.76}$$

其中, $\langle X^{00}\rangle$、$\langle X^{\uparrow\uparrow}\rangle$ 为空占据态和向上单占据态的占据概率. 上式第二个求和项里的格林函数涉及了量子点上电子算符的翻转, 即它是一 k 翻转项, 按前面的讨论, 这一项会引起近藤物理, 我们先讨论顺序区, 故而把它忽略掉, 而第一个求和项的运动方程为

$$\begin{aligned}(\omega-\epsilon_{k\alpha})\langle\langle\left(X^{00}+X^{\uparrow\uparrow}\right)c_{k\alpha\uparrow}|d_\uparrow^\dagger\rangle\rangle^r=&t_{k\alpha}\langle\langle X^{0\uparrow}|d_\uparrow^\dagger\rangle\rangle^r\\&+\sum_{k'\alpha'}t_{k'\alpha'}\langle\langle c_{k'\alpha'\downarrow}^+X^{0\downarrow}c_{k\alpha\uparrow}|d_\uparrow^+\rangle\rangle^r\\&-\sum_{k'\alpha'}t_{k'\alpha'}^*\langle\langle X^{\downarrow0}c_{k'\alpha'\downarrow}c_{k\alpha\uparrow}|d_\uparrow^+\rangle\rangle^r,\end{aligned}\tag{1.77}$$

上式中出现了两 k 项格林函数, 按照前面讨论过的顺序隧穿区近似, 上式截断为

$$(\omega-\epsilon_{k\alpha})\langle\langle\left(X^{00}+X^{\uparrow\uparrow}\right)c_{k\alpha\uparrow}|d_\uparrow^\dagger\rangle\rangle^r=t_{k\alpha}\langle\langle X^{0\uparrow}|d_\uparrow^\dagger\rangle\rangle^r,\tag{1.78}$$

这样, 顺序区的运动方程自然封闭, 把此结果代回到 (1.76) 式我们得到推迟格林函数为

$$\langle\langle X^{0\uparrow}|d_\uparrow^\dagger\rangle\rangle^r=\frac{\langle X^{00}\rangle+\langle X^{\uparrow\uparrow}\rangle}{\omega-\epsilon_0-\Sigma_0}.\tag{1.79}$$

其中, $\langle X^{00}\rangle+\langle X^{\uparrow\uparrow}\rangle=1-\langle n_\downarrow\rangle$, 对比 (1.50) 式, 可见结果一致. 此外, 我们发现此处的运算量很小, 这是因为用态矢格林函数时我们能在计算之初就把 $U\to\infty$ 考虑进去, 而二次量子化形式的表述方法要带着双占据到计算最后才把 $U\to\infty$ 考虑进去. 此简化在模型变得复杂而又需要考虑近藤效应时很有用, 例如, 在下文我们讨论分子磁体在近藤区的物理时就会用到.

若不忽略掉 (1.76) 式中的翻转项, 则其运动方程为

$$\begin{aligned}&(\omega-\epsilon_{k\alpha})\langle\langle X^{\downarrow\uparrow}c_{k\alpha\downarrow}|d_\uparrow^\dagger\rangle\rangle^r\\=&\langle c_{k\alpha\downarrow}X^{\downarrow0}\rangle+\sum_{k'\alpha'}t_{k'\alpha'}\langle\langle c_{k'\alpha'\downarrow}^+c_{k\alpha\downarrow}X^{0\uparrow}|d_\uparrow^\dagger\rangle\rangle^r.\end{aligned}\tag{1.80}$$

运用 Meir 近似有

$$(\omega-\epsilon_{k\alpha})\langle\langle X^{\downarrow\uparrow}c_{k\alpha\downarrow}|d_\uparrow^\dagger\rangle\rangle^r=t_{k\alpha}f_{k\alpha}\langle\langle X^{0\uparrow}|d_\uparrow^\dagger\rangle\rangle^r.\tag{1.81}$$

把此结果连同 (1.78) 式代回到 (1.76) 式, 我们得到近藤区推迟格林函数

$$\langle\langle X^{0\uparrow}|d_{\uparrow}^{\dagger}\rangle\rangle^{r}=\frac{\langle X^{00}\rangle+\langle X^{\uparrow\uparrow}\rangle}{\omega-\epsilon_{0}-\Sigma_{0}-\Sigma_{1}}. \tag{1.82}$$

对比 (1.63) 式, 可见结果仍然一致. 至此我们以举例的形式证明了二次量子化形式的运动方程方法和哈伯德算符形式的运动方程方法的等价性.

1.4 本章小结

本章介绍了非平衡格林函数在单粒子系统、多体系统中的定义, 并给出了量子输运中电流和多体格林函数的联系. 在介绍运动方程方法时, 我们以实例的形式给出了推迟格林函数的运动方程解, 并详细介绍了几种常用的截断近似, 同时给出它们适用的范围, 如顺序隧穿区、近藤区等. 另外, 我们介绍了态矢表象下的格林函数方法, 并讨论其与二次量子化算符为语言的格林函数方法以及主方程方法之间的联系和区别, 为下面章节介绍大自旋系统中的态矢格林函数方法做准备.

参考文献

[1] Bruus H, Flensberg K. Many-body Quantum Theory in Condensed Matter Physics: An Introduction. Oxford: Oxford University Press, 2007.

[2] Kadanoff L P, Baym G. Quantum Statistical Mechanics: Green's Function Methods in Equilibrium and Nonequilibrium Problems. New York: Benjamin, 1962.

[3] Keldysh L V. Diagram technique for nonequilibrium processes. Zh. Eksp. Teor. Fiz, 1964, 47: 1515.

[4] Meir Y, Wingreen N S. Landauer formula for the current through an interacting electron region. Phys. Rev. Lett., 1992, 68: 2512.

[5] Jauho A P, Wingreen N S, Meir Y. Time-dependent transport in interacting and non-interacting resonant-tunneling systems. Phys. Rev. B, 1994, 50: 5528.

[6] 于慧. 介观系统中的自旋极化输运. 山西大学博士学位论文, 2007.

[7] 房铁峰. 介观 Kondo 输运. 兰州大学博士学位论文, 2007.

[8] 常博. 宏观量子效应调控的单分子磁体电子输运. 山西大学博士学位论文, 2011.

[9] Haug H, Jauho A P. Quantum Kinetics in Transport and Optics of Semiconductors. Berlin: Springer Press, 2008.

[10] Elste F, Timm C. Theory for transport through a single magnetic molecule: Endohedral N@C60. Phys. Rev. B, 2005, 71: 155403.

[11] Elste F, Timm C. Spin amplification, reading, and writing in transport through anisotropic magnetic molecules. Phys. Rev. B, 2006, 73: 235304.

[12] Li X Q, Luo J Y, Yang Y G. Quantum master-equation approach to quantum transport through mesoscopic systems. Phys. Rev. B, 2005, 71: 205304.

[13] Meir Y, Wingreen N S, Patrick A L. Transport through a strongly interacting system: Theory of periodic conductance oscillations. Phys. Rev. Lett., 1991, 66: 3048.

[14] Meir Y, Wingreen N S, Patrick A L. Low-temperature transport through a quantum dot: The Anderson model out of equilibrium. Phys. Rev. Lett., 1993, 70: 2601.

[15] Ovchinnikov S G, Valko V V. Hubbard Operators in the Theory of Strongly Correlated Electrons. British: Imperial College Press, 2004.

[16] Kostyrko T, Bulka B R. Hubbard operators approach to the transport in molecular junctions. Phys. Rev. B, 2005, 71: 235306.

[17] Fransson J. Nonequilibrium Nano-Physics: A Many-Body Approach. Dordrecht: Springer Press, 2010.

第 2 章 大自旋输运系统介绍

2.1 人工分子磁体

人工分子磁体属于一类特殊的量子点, 其上的载流子会与量子点中掺杂的锰自旋相互作用, 产生一些类似于分子磁体的、与大自旋相关的输运特性. 为此, 本节先从介绍量子点输运开始, 然后转入人工分子磁体输运特性的介绍.

量子点, 通常被人们称为人工原子 (artificial atom)[1]. 它由一定数量的原子组成, 其外观恰似一极小的点状物. 传统制作工艺采用的材料是硒化合物 (如硒化镉) 或硫化合物 (如硫化锌), 其制作方法目前主要有四种: 化学溶胶法 (chemical colloidal method), 以化学溶胶方法合成, 可制作多层量子点, 过程简单, 且能大量生产; 自组织法 (self-assembly method), 采用分子束外延 (molecular-beam epitaxy) 或化学气相沉积 (chemical vapor deposition) 方法, 并利用晶格失配 (lattice mismatch) 原理, 使量子点在特定基质表面上自聚生长, 可大量生产出排列规则的量子点; 微影蚀刻法 (lithography and etching), 以光束或电子束直接在基质上蚀刻制作出所要求的量子点图案, 由于相当费时而无法大量生产, 可满足特定的科学研究需求; 分闸法 (split-gate approach) , 用外加电压在二维量子井平面上产生二维势, 可通过控制闸极改变量子点的形状和大小, 同样适合用于学术研究且无法大量生产. 量子点的直径大小为 2~5nm(约五十个原子的排列宽度), 人们用它来模拟单个原子的性质, 最典型的如量子点能模拟原子的光学性质: 处于激发状态的量子点可以辐射出肉眼可见的光, 并且这种可见光的颜色 (即波长) 不是由量子点的材料决定, 而是由量子点的尺寸决定. 人们能够精确控制量子点的尺寸, 从而得到从红到蓝的任意颜色的光, 此外, 肉眼不可见的红外光或紫外光也可产生. 当然, 本文主要关心的是量子点的电学性质, 例如, 连上源极和漏极两个电极, 让其通电, 测量其电流–电压特性等. 当然, 还可以在量子点附近连上一个电容, 即人们通常说的门电压电极, 这个电极可以精确控制量子点上的载流子数目, 其精确度可达到单个电子, 即在量子点上增减一个电子, 使其上的总电荷数改变为基本电荷单位 e. 当然, 量子点上的能级是离散的, 单个电子的增减还涉及离散能量的变化. 当然, 这种离散特性在小的金属颗粒和单个分子中也存在, 而后者正是本文讨论的另一个重点, 将在下面章节中进一步介绍. 量子点在制作过程中不可避免地要产生一些无序或混入一些杂质. 当然, 随着制作工艺的提高, 人们现在已经能制造出很干净的量子点. 实验测量表明量子点上的电子排布遵循洪特 (Hund) 定则: 在电子半填满量子点之前, 所有电子的自旋方向都是相同的, 并且尽可能占据多的电子轨道数目, 这时遵循的是能量最低原理; 继续增加电子, 这时所有轨道已都占据一个电子, 新增加的电子和原先的电子分享轨道, 其自旋方向必须和原先电子的自旋方向相反, 这时将同时遵循泡利不相容原理. 这和自然界的原子是一致的.

上述连接三个电极的量子点可以用一个简化的理论模型来描述:

$$
\begin{aligned}
H = & \sum_{k\alpha\sigma} \varepsilon_{k\alpha} c_{k\alpha\sigma}^{\dagger} c_{k\alpha\sigma}^{+} \sum_{k\alpha\sigma} (t_{k\alpha} c_{k\alpha\sigma}^{\dagger} d_{\sigma}^{+} t_{k\alpha}^{*} d_{\sigma}^{\dagger} c_{k\alpha\sigma}) \\
& + \sum_{\sigma} (\varepsilon - eV_{\mathrm{g}}) n_{\sigma} + U n_{\uparrow} n_{\downarrow}.
\end{aligned}
\tag{2.1}
$$

其中, 第一项描述的是金属电极中自由运动的电子, $\alpha = \mathrm{L}, \mathrm{R}$ 指左右电极, 即源极和漏极, $c_{k\alpha\sigma}^{\dagger}(c_{k\alpha\sigma})$ 是电极中电子的产生 (湮灭) 算符; 第二项描述电极和量子点间的耦合, $t_{k\alpha}$ 指耦合强度, 若 $t_{k\alpha} = 0$, 则表示电极和量子点之间没有耦合; 第三项和第四项描述量子点, 这里为了模型的简单我们只考虑一个轨道, 其中 $n_{\sigma} = d_{\sigma}^{\dagger} d_{\sigma}$ $(\sigma = \uparrow, \downarrow)$ 是量子点上的电子数算符. 在半填满这个轨道时, 量子点上可以占据一个电子, 这时轨道的能量是 ε, 并且这个轨道能量可以通过外加的门电压 V_{g} 来调节. 这个电子的自旋方向是任意的, 可以向上, 也可以向下. 当再增加一个电子时, 其自旋方向必须与先前电子的自旋方向相反, 并且需要克服两个电子间的库仑排斥能 U. 占据一个电子的情形称为单占据, 占据两个电子的情形称为双占据, 这是下文经常用到的概念.

接下来我们介绍一些量子点中基本的输运特性, 了解这些特性会对本文后面几章的理解起到帮助作用. 首先介绍上面提到过的电流–电压特性. 通过量子点的电流可以由偏压和门电压共同控制, 所以实验上给出的结果通常是一个两参量的平面图, 见图 2.1(a)[1], 不过此实验给出的是电导 (即电流对电压的导数) 随偏压和门电压的变化图. 图 2.1(b) 是从 (2.1) 式出发用理论方法给出的微分电导图. 可见左右图中都有明显的菱形结构, 左图中的菱形结构从 $N = 0$ 标记到了 $N = 12$, 表示此量子点有六个轨道, 共能占据 12 个电子; 右图中电压的能量单位是宽带近似下导线上自由电子态密度的半宽度 D, 其中的亮线代表电导峰, 即电流增大的地方. $N = 0, 1, 2$ 区域表示这时量子点上占据 N 个电子, 即没有电子 (空占据)、单占据和双占据, 并且此区域是没有电流的, 而对角线区域是有电流的.

量子点本身的振动自由度不可避免的会导致载流子和量子点本身进行能量交换的, 这可以用声子吸收放出能量来解释. 因此, 在有电流通过时, 有两种相互作用对量子点的输运特性起着重要影响, 一种是电子–电子相互作用, 另一种是电子–声子相互作用.

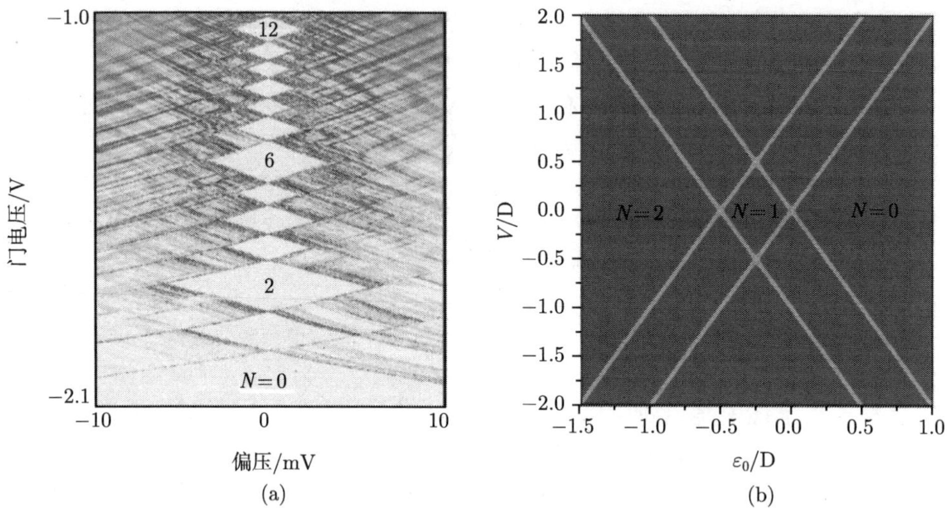

图 2.1 量子点的微分电导图: (a) 实验 [1]; (b) 理论 (扫描封底二维码可看彩图)

电子–电子相互作用导致的效应有库仑阻塞效应, 共隧穿效应和近藤 (Kondo) 效应等 [2−11]. 电子–声子相互作用导致的声子辅助效应有声子辅助的顺序隧穿效应 [12,13]、声子辅助的近藤效应 [14,15] 等. 有电声耦合时量子点的哈密顿量写为

$$H_{\mathrm{QD}}=\sum_{\sigma}(\varepsilon-eV_{\mathrm{g}})n_{\sigma}+Un_{\uparrow}n_{\downarrow}+\xi n(b^{\dagger}+b)+\omega_0 b^{\dagger}b. \tag{2.2}$$

其中, $n=\sum_{\sigma}d_{\sigma}^{\dagger}d_{\sigma}$ 是量子点上电子数算符; ε 指量子点单占据能级; 可以通过外加门电压 V_{g} 调节其高低; U 是占据两个电子时的库仑排斥能; $b^{\dagger}(b)$ 在量子点上产生 (湮灭) 一个频率为 ω 的声子; ξ 指电子–声子耦合常数.

接下来我们就对这些效应做一简单介绍. 在了解库仑阻塞效应前, 我们先介绍一个概念——顺序隧穿区 (sequential tunneling regime), 简称顺序区, 这个概念在后面的讨论中会经常用到. 在讨论量子点与电极的耦合强度时, 人们大体把耦合分为弱耦合和强耦合两个区, 这里介绍的顺序区就属于弱耦合区. 当外加偏压合适时, 量子点中会有电子通过, 如图 2.2 所示. 图中示意的正是顺序隧穿过程: 电子一个一个的通过量子点, 从左电极隧穿到量子点能级上, 再从量子点隧穿到右电极. 注意到电子隧穿时满足能量守恒, 是通过能量共振隧穿过去的. 若我们减小图 2.2 中左电极偏压, 使其费米面 (图中矩形框顶部位置即示意费米面) 低于量子点能级, 则由于电极中的电子能量不够, 不能通过隧穿跳到能级较高的量子点上, 也就没有电流通过, 此即所谓的库仑阻塞区, 也就是图 2.1(b) 中提到的 $N=0$ 区域. 当然, 进一步可知若量子点能级低于左右费米面能级, 则对应 $N=1$ 区域. 最初人们把发生在顺序隧穿区的、没有电流通过的情形称为库仑阻塞区, 是指量子点上因库仑排斥一个电子阻止了另一个电子隧穿的区域, 后来人们便一直沿用这个名称.

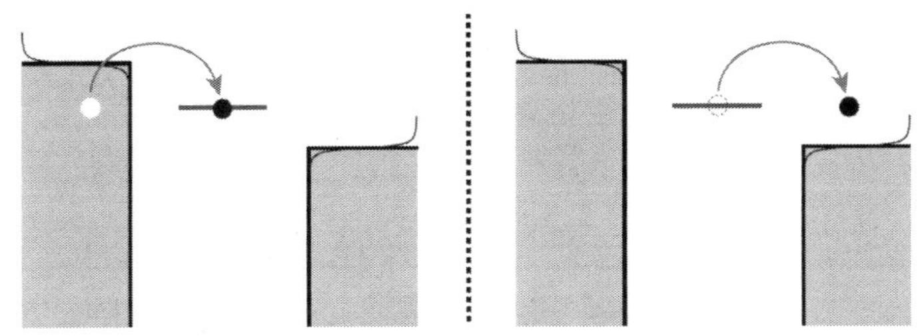

图 2.2 顺序隧穿过程示意图

虽然顺序隧穿过程在库仑阻塞情况下不能发生, 但共隧穿 (cotunneling) 过程却能在库仑阻塞区发生, 见图 2.3. 图 2.3 中 (a) 图示意弹性 (elastic) 共隧穿过程, (b) 图示意非弹性 (inelastic) 共隧穿过程. 其中狄拉克态矢 $|n,q\rangle$ 指量子点的状态, n 指量子点上的电子数, q 指量子点上的声子数. 2.3(a) 图中, 虽然一阶隧穿过程被禁止, 但通过二阶或三阶隧穿过程, 电子仍然可以从左电极隧穿到右电极, 这里所谓的二阶三阶过程, 是指其中涉及了能量涨落的过程. 具体来说, 左电极中的电子通过能量涨落隧穿到位置较高 (或较低) 的量子点能级上, 然后又把 "借" 来的能量还回去, 隧穿到了右电极, 整个过程仍然是能量守恒的. 2.3(b) 图中的解释是类似的, 只不过电子在隧穿到量子点时通过电声耦合作用与声子发生了能量交换.

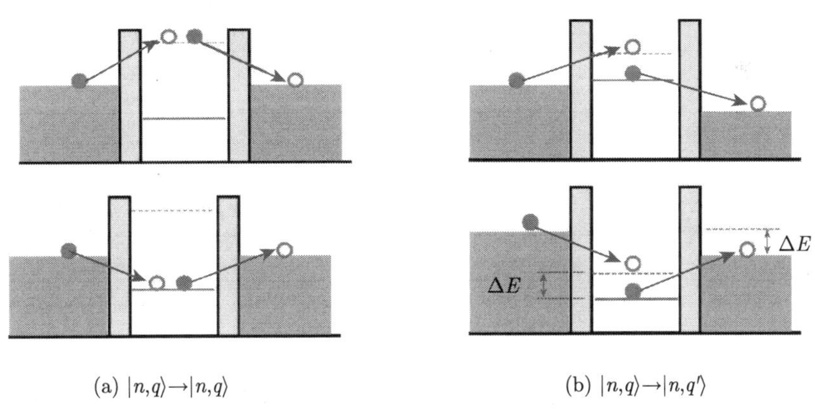

(a) $|n,q\rangle \to |n,q\rangle$　　(b) $|n,q\rangle \to |n,q'\rangle$

图 2.3 共隧穿过程示意图

在强耦合区我们介绍一下近藤效应. 当电极中的自由电子和局域在量子点上的电子相互作用足够强, 它们之间会形成自旋单态, 这里的自旋单态就是量子力学教科书中两个电子自旋耦合形成的单态. 在隧穿过程中, 这个单态会整体通过量子点, 这也是人们常说近藤效应是多体物理中一个最基本模型的原因. 而相较于近藤效应, 前面讨论的顺序隧穿和共隧穿都是单体物理过程. 近藤隧穿过程示意图如图

2.4 所示. 初态时 (A1), 量子点中占据着一个向上的电子, 其与左电极费米面上自旋向下的电子形成自旋单态; 量子点中的电子通过能量涨落隧穿到右电极 (A2), 而与此同时, 左电极中的向下电子也通过能量涨落隧穿到量子点上 (A3). 这样二者作为一个整体完成了隧穿过程, 且此过程是能量守恒的.

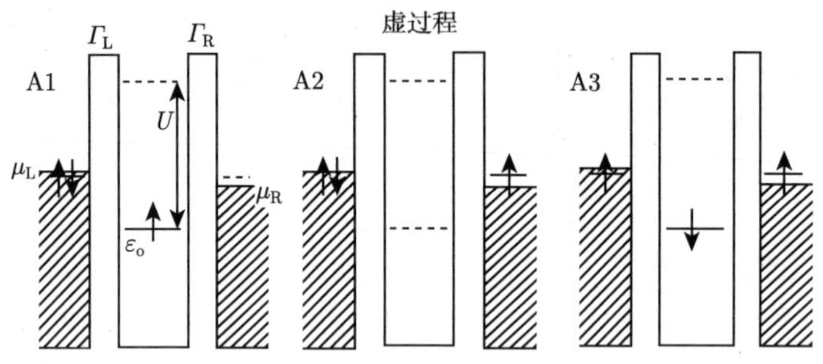

图 2.4　近藤隧穿过程示意图 [16]

接下来我们介绍有声子效应的物理过程. 首先, 在顺序隧穿区有电声耦合后, 量子点上的输运过程涉及了声子的吸收和放出, 见图 2.5. 图中曲线代表声子, 左电极中的电子隧穿到量子点上, 不同于图 2.2 的是, 其隧穿位置不是正对着量子点能级 ε, 而是在 $\varepsilon + \Omega$ 处, 其中 Ω 是声子的能量. 电子在隧穿到量子点上后, 放出一个能量为 Ω 的声子, 到达量子点能级, 完成了一个有声子放出的顺序隧穿过程; 此电子又通过能量共振从量子点隧穿到右电极. 吸收声子的隧穿过程的解释类似, 不再赘述.

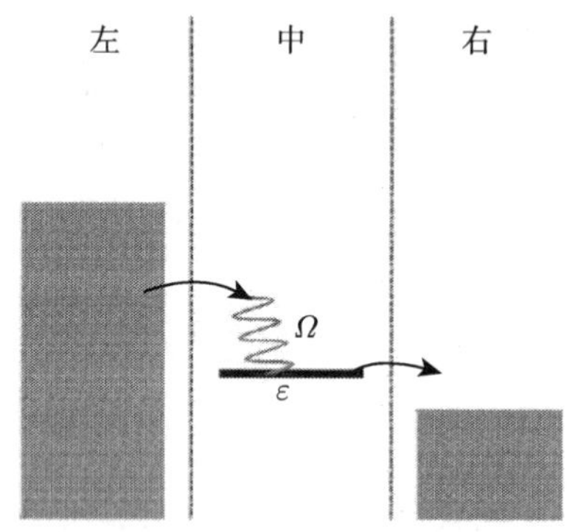

图 2.5　顺序隧穿区声子辅助隧穿过程示意图

前面介绍的输运性质都是基于 (2.1) 式、(2.2) 式的模型, 并且可以在此模型基础上用理论方法计算得到. 这里稍微提一下, 研究时除了可以改变中间的量子点模型, 另一个研究思路是改变连接量子点的电极, 例如, 把金属电极换成铁磁电极 [17−23], 超导电极 [24], 甚至近来人们研究的拓扑超导电极 [25] 和 Majorana 电

极 [26].

接下来我们介绍人工分子磁体. 同量子点是单个原子的对应物一样, 人工分子磁体 (artificial SMM) 是单个分子磁体的对应物. 虽然最近的实验研究 [27] 表明人们能够把单个分子嵌入到金属电极之间, 从而研究其输运性质, 但这种做法也有局限性, 那就是把分子嵌在电极中间后, 由于分子本身的特性是确定的, 没法对分子本身参数做连续的调制. 因此人们自然想到寻求另一条出路, 研究单分子磁体的人工对应物. 人工分子磁体的出现正是基于这个想法, 最早实现这个想法的研究人员是 Rossier 小组 [28−30], 他们的工作始于六年前, 这期间取得了一系列成果, 下面我们就做一简单介绍.

我们首先介绍人工分子磁体的制备. Rossier 小组提出的制备方法 [28] 是: 在一个 II-VI 族半导体材料制作的量子点中, 通过化学方法掺杂一些锰 (Mn) 原子, 通过电学或光学方法掺杂载流子. 这样制备出来的量子点在测量中表现出了分子磁体特有的磁滞回线. 掺杂的锰原子以正二价阳离子形式存在. 同原先的阳离子相比, 此时的锰原子就表现为一个自旋为 5/2 的杂质. 在 Rossier 小组制备的掺锰量子点中, 这些锰原子之间的距离足够远, 因而它们之间的相互作用可以忽略不计. 然而, 通过交换相互作用, 这些独立的锰原子是能与量子点中导带电子和 (或) 价带空穴耦合在一起的. 通过控制量子点中载流子, 就可以控制此量子点的磁学性质. 后来, 他们又进一步制作出了掺杂单个锰原子的量子点, 由于自旋轨道耦合, 其中, 空穴和锰原子之间的交换相互作用是各向异性的, 因而表现出了典型的单分子磁体特性 [31−35].

人工分子磁体可以用如下的简化模型来描述 [36]:

$$H_{\mathrm{ASMM}} = \sum_{\sigma=\uparrow,\downarrow} \varepsilon_0 c_\sigma^\dagger c_\sigma + U n_\uparrow n_\downarrow + J s_z S_z + \frac{\gamma J}{2}\left(s_+ S_- + s_- S_+\right). \tag{2.3}$$

其中, 前两项描述量子点中的空穴载流子, 当双占据时其库仑排斥能为 U, 后两项描述空穴和锰原子之间的交换耦合, 可以看到其耦合是各向异性的, 即 z 方向和垂直于 z 方向的耦合强度是不同的, 其中 $0 \leqslant \gamma \leqslant 1$, 用以描述各向异性的大小, 这里的各向异性是由于自旋轨道耦合作用产生的.

基于此模型, 我们介绍一些人工分子磁体量子输运的研究现状, 主要介绍顺序区和近藤区的已有的研究工作, 在本文最后两章则主要介绍作者在人工分子磁体输运方面的工作. 首先介绍一下顺序区的理论研究工作. 2010 年, Pulido 等讨论了人工分子磁体的噪声特性 [36]. 噪声测量的是电流涨落, 通过噪声测量, 可以得到更多人工分子磁体的信息, 例如, 人工分子磁体的各种时间尺度和内部信息, 最典型的就是 Pulido 等发现大的超泊松噪声, 表明在输运中锰自旋并没有达到完全弛豫. 具体来说, 他们讨论了零频噪声和有限频率噪声, 相应的有零频 Fano 因子和有限频率

Fano 因子, 见图 2.6. 此图讨论的是 $\gamma=0$ 的情形, 即忽略了大自旋和载流子之间的翻转效应, 从而大自旋表现的像是一个量子化的磁场, 此磁场有三个值, 使得原先无耦合时的能级劈裂成三条, 出现了不同于量子点的三峰结构, 见图 2.6(a)$V=0$ 对应的一条线. 在图 2.6(b) 中出现了依赖于大自旋的噪声特性. 例如, 在 $|V_{\mathrm{g}}|\leqslant 5$ 时, 噪声是次泊松的; 而 $|V_{\mathrm{g}}|>5$ 区域则出现了超泊松噪声. $\gamma\neq 0$ 时, 大自旋和空穴间的翻转相互作用出现, 表现在噪声里则是随着 γ 的增大, 超泊松噪声更容易出现. 尤其是在讨论 $\gamma\neq 0$ 情况下的有限频率噪声时, Pulido 等得到了一个有趣的结果: 通过测量噪声, 可以得到空穴自旋和锰自旋的弛豫时间. 这个结果可以用量子光学中的 Dicke 效应来解释: 两个原先独立的弛豫通道的耦合导致了两个新的弛豫通道. 这里的两个独立通道指空穴的弛豫 (比较快, 称为快通道) 和锰自旋的弛豫 (比较慢, 称为慢通道). 从一个比较宽的通道的宽度可以得到空穴的自旋弛豫时间, 从比较窄的峰的宽度可以得到锰自旋的弛豫时间.

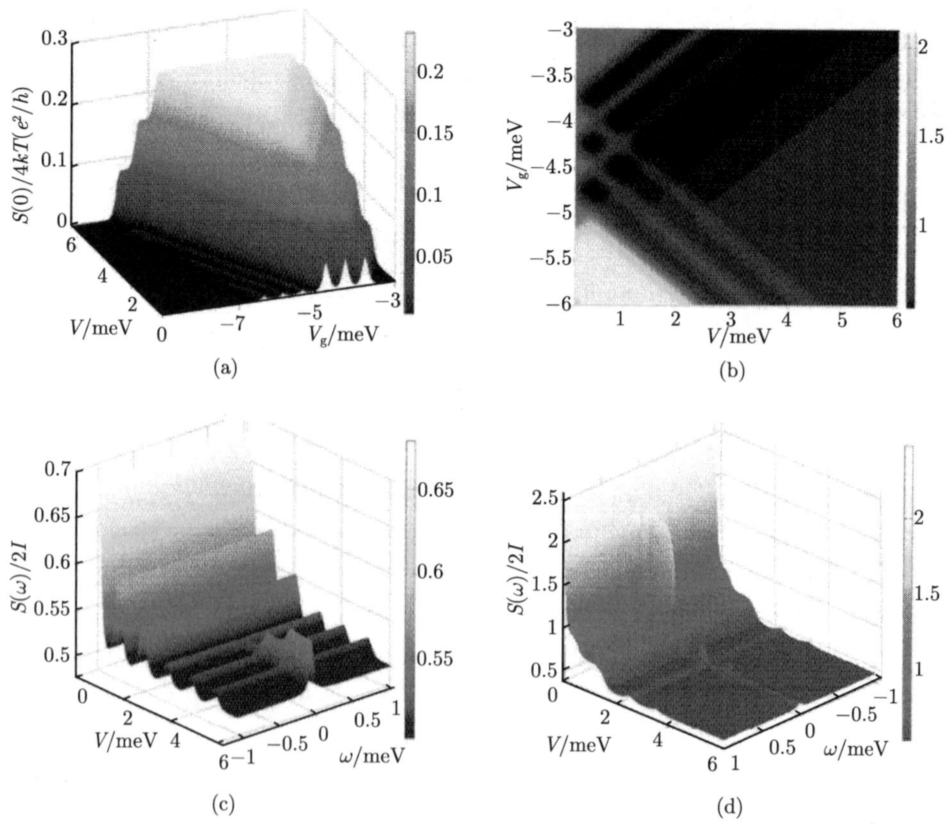

图 2.6 顺序隧穿区人工分子磁体的噪声特性 [36](扫描封底二维码可看彩图)

接下来我们介绍一下近藤区人们的工作 [37]. 在此区域, Vernek 等讨论了各向同性的情形, 即 $\gamma = 1$. 此文用的方法是数值重整化群 [22,38−41], 用此法的重点同样在于求出中间系统的推迟格林函数, 然后便可计算各种物理量, 如熵、人工分子磁体的磁矩、态密度、电流电导以及噪声等. Vernek 等在此文中着重讨论了 Mn 自旋和局域载流子之间交换耦合强度 J 对各种物理量的影响. 可以预期, 随着 J 的变化, 系统会表现出不同的近藤物理. 例如, 当 $|J| \ll T_{\rm K}$ 时 (这里的 $T_{\rm K}$ 指近藤温度, 当温度小于 $T_{\rm K}$ 时才能出现近藤物理), Mn 自旋与量子点上的电子接近于无耦合, 则导带自由电子与局域电子形成通常量子点中的近藤单态. 当 $|J| \gg T_{\rm K}$ 时, Mn 自旋和局域电子又会形成一个整体磁矩, 此磁矩与导带电子形成不完全屏蔽的近藤效应. 这里的不完全屏蔽, 是指此整体局域磁矩没有被近藤效应完全屏蔽掉, 而通常量子点中的局域磁矩是被近藤效应完全屏蔽的. 而介于这两种极限之间的 $|J| \approx T_{\rm K}$ 情形, 则属于中间区了. 我们着重介绍一下人工分子磁体在近藤区的态密度, 见图 2.7. 图中实线是 $J = 0$ 的情形, 可以看见与通常量子点情形一样, 在费米面处 ($\omega = 0$) 出现了近藤峰. 而 $J \neq 0$ 时, 态密度出现了三峰结构, 而且不论 $|J| \gg T_{\rm K}$ 还是 $|J| \ll T_{\rm K}$, 三峰结构都是保持出现的, 这与本文作者得到的结论是一致的 [42].

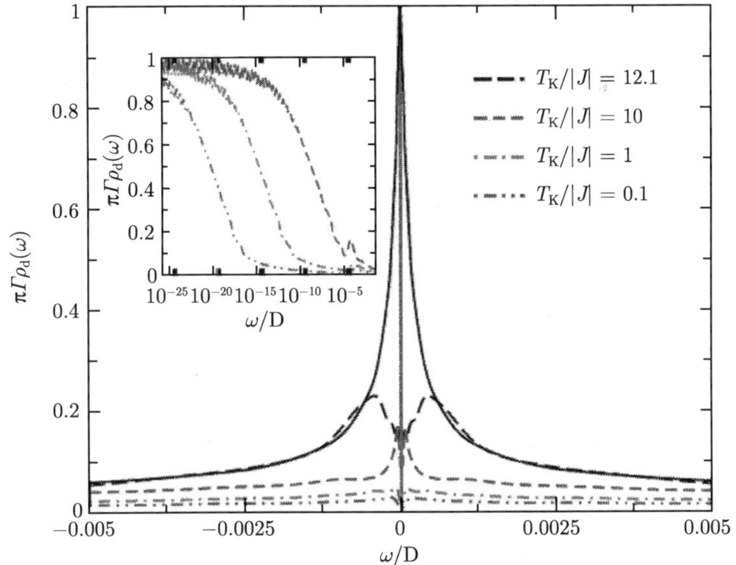

图 2.7 人工分子磁体近藤区的态密度 [37]

2.2　单分子磁体

单分子磁体是分子电子学的一个分支. 所谓分子电子学 [43−48], 是指把分子放在电极之间做成输运结构, 如分子二极管、分子三极管等. 随着科技的进步、制作工艺的提高以及电子学器件的不断小型化, 分子电子学的出现是一种必然.

我们在本节简介一下分子磁体量子输运的研究现状, 其中有实验方面的工作, 也有理论方面的工作. 我们先从单分子磁体的实验介绍起. 在众多分子磁体中, 经常用来研究和讨论的是 Mn_{12} 单分子磁体 [49−52] 和 Fe_8[53,54]. Mn_{12} 的外观是一个由 100 个碳、氢、氧原子围成的一个笼子, 内部包围着一个 $Mn_{12}O_{12}$ 团簇 [55]. 其中 Mn 原子处于正 3 或正 4 价, 因此它的自旋总量子数是 $S = 3/2$ 或 $S = 2$. 由于 Mn 原子之间的超交换作用, 它们形成了一个总自旋为 $S = 10$ 的整体, 因此它有 $2S + 1 = 21$ 个可能的自旋态. 由于自旋轨道耦合, 这 21 个态根据 $E = -DS_Z^2$ 被劈裂开来, 其中 S_Z 是沿着晶轴 Z 方向的大自旋算符 [50]. 最初人们做实验时发现, 当温度大于分子间力时, 由 Mn_{12} 构成的晶体仍然表现出磁滞回线, 这意味着单个 Mn_{12} 分子表现出了磁性 [50], 由此引起了许多科学家的注意. 在 2006 年, 人们终于能够把单个 Mn_{12} 分子镶嵌在电极间, 做成三终端结构的分子三极管. 这个工作是由 Heersche 小组报道的 [27]. 实验中, 他们在绝缘体衬底上通过电子迁移法把单个 Mn_{12} 分子磁体镶嵌在了由金做成的电极间, 在 4K 低温下测得了单分子磁体的电流和电导特性. 在测得的电流电导图中, 他们发现在特定偏压范围内会出现电流抑制和负微分电导, 如图 2.8(a) 所示. 并且为了解释上述实验现象, Heersche 等建立了 Mn_{12} 分子磁体的唯像大自旋模型, 并在此基础上初步给出了实验数据的理论解释. 不久之后, Jo 实验小组 [56] 也测量了 Mn_{12} 单分子磁体的输运特性, 如图 2.8(b) 所示. 通过测量微分电导与外加磁场的关系, 他们能够区分出分子的各个自旋态并能够测量出沿晶轴方向的各向异性能量的大小；同时, 他们发现隧穿电子能

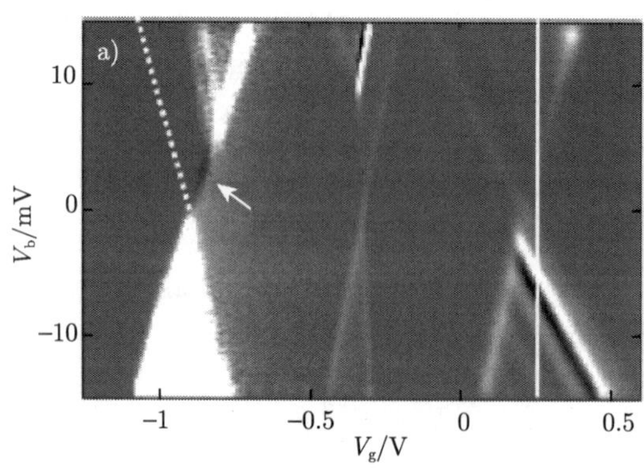

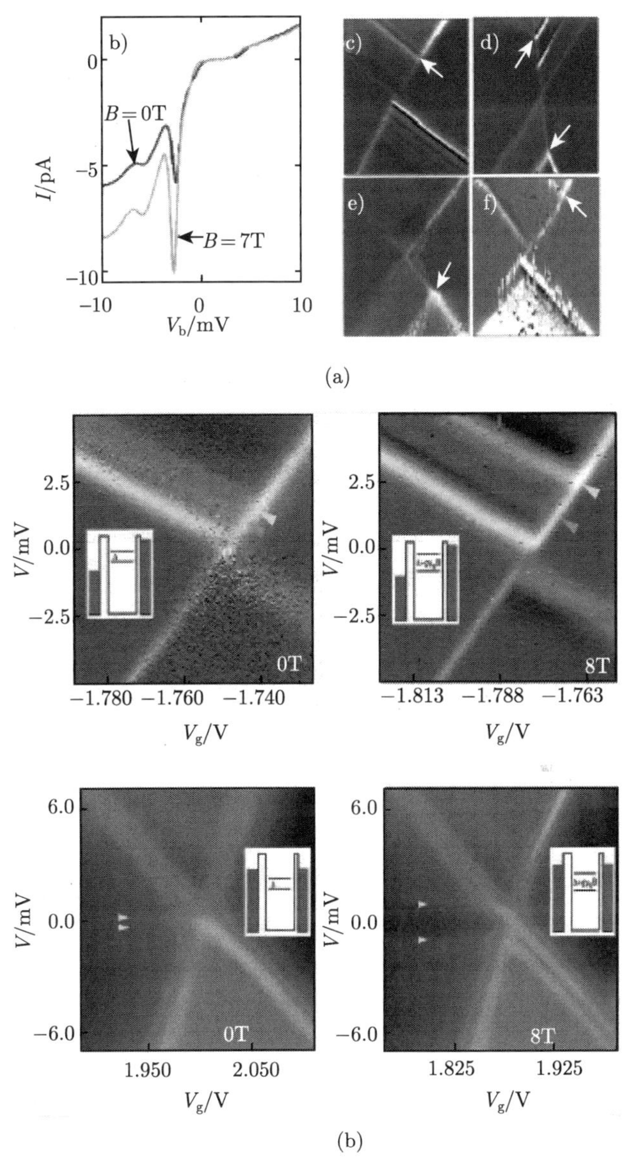

图 2.8 (a)Mn_{12} 分子磁体的微分电导实验结果图 [27]；(b)Jo 实验小组报道的 Mn_{12} 分子磁体微分电导图 [56](扫描封底二维码可看彩图)

够影响甚至延长分子磁体的弛豫时间.

从这些实验报道后, 一轮研究单分子磁体输运的热潮就此掀起, 到目前已有很多有趣的工作, 尤其是理论方面. 接下来我们就介绍理论方面已有的工作, 思路是这样的: 我们会以哈密顿量为主线, 由简单到复杂, 介绍已有的理论成果. 最简单的理论模型当属各向同性耦合模型, 其哈密顿量为

$$H_{\text{center}} = \sum_{\sigma} (\epsilon - eV_{\text{g}})\hat{n}_{\sigma} + U\hat{n}_{\uparrow}\hat{n}_{\downarrow} - J\boldsymbol{s}\cdot\boldsymbol{S}. \tag{2.4}$$

相较于量子点模型 (2.1) 式, 这里多了一项耦合项, 此即为输运电子与局域大自旋的各向同性耦合. 其中, $\boldsymbol{s}$ 为输运电子的自旋算符; $\boldsymbol{S}$ 为分子的大自旋算符. 这个模型的实际对应物为 C_{60}, 早先是由 Timm 和 Elste 用主方程方法提出的 [57]. 在此文章中, 他们考虑一个 C_{60} 分子与金属电极耦合, 并讨论了其输运特性. 例如, 他们计算了此模型的电流、电导, 除了通常所知的库仑阻塞现象, 他们还发现各向同性耦合项会导致库仑阻塞峰的劈裂, 从而出现一些精细结构, 如图 2.9 所示.

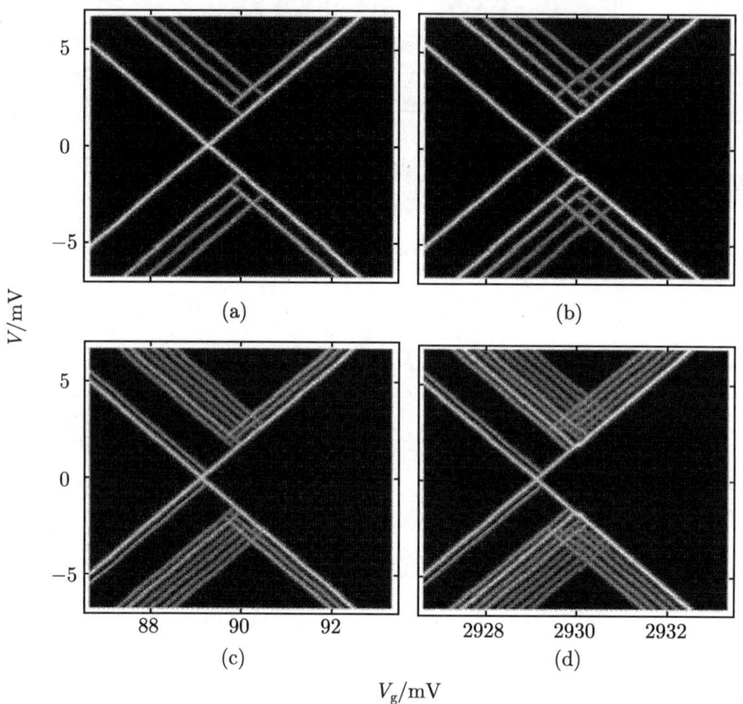

图 2.9　各向同性耦合项导致电导峰出现精细结构 [57]

如果考虑弱的各向异性效应, 则上述哈密顿量变为 [58]

$$H_{\text{center}} = \sum_{\sigma} (\epsilon - eV_{\text{g}})\hat{n}_{\sigma} + U\hat{n}_{\uparrow}\hat{n}_{\downarrow} - J\boldsymbol{s}\cdot\boldsymbol{S} - DS_Z^2. \tag{2.5}$$

其中, 最后一项代表沿 Z 方向的各向异性能量项. Timm 小组在此文的讨论中用的仍是主方程方法, 与分子相连的电极也是金属电极, 与上述 C_{60} 一文不同的是, 这

里他们主要关注的是如何利用此各向异性分子实现信息的读出、写入和存储. 如果把上述的金属电极换成铁磁电极, 讨论的内容便又有所不同. 首先考虑分子磁体耦合铁磁电极的小组是 Misiorny 和 Barnas 等 [17−20]. 他们的主要贡献是发现了极化输运电流可以导致分子磁体的翻转, 同时, 他们还发现即使考虑了分子磁体本身的自旋弛豫效应, 极化电流仍然能够引起分子磁体的翻转. 他们的工作为将来实验实现用分子磁体作为存储器件奠定了坚实的理论基础. 这里还要提到国内邢定钰等的工作 [59]. 他们讨论分子磁体中的热电效应, 并发现分子磁体的各向异性能量项可以引起热功随着门电压和偏压振荡以及对 Wiedeman-Franz 定律的超越; 同时, 在考虑了极化电流输运后, 他们发现可以通过调节门电压得到自旋流. 上述一系列工作讨论的是顺序区的物理, 可以想到, 把问题扩展到近藤区还会有新的发现, 这方面的工作同样有报道 [22,60]. 在 Misiorny 等近来的工作中 [22,61], 他们率先用数值重整化群方法得到了近藤区的推迟格林函数, 从而能够讨论此区域的各种物理量, 如态密度、电导、隧穿磁阻等. 而 Timm 等 [60] 在近藤区的贡献在于他们用费曼图方法计算了大自旋相关的近藤物理, 并发现各向异性能量项可以导致新的近藤峰的出现.

如果进一步考虑垂直于 Z 方向的横向各向异性能量项, 上述 (2.5) 式的哈密顿量变为

$$\begin{aligned}H_{\rm center} =& \sum_{\sigma}(\epsilon - eV_{\rm g})\hat{n}_{\sigma} + U\hat{n}_{\uparrow}\hat{n}_{\downarrow}\\ &-J\boldsymbol{s}\cdot\boldsymbol{S} - DS_Z^2 + B_2(S_+^2 + S_-^2) + B_4(S_+^4 + S_-^4).\end{aligned} \tag{2.6}$$

其中, 最后两项为沿 x、y 方向的横向各向异性项, 它们破坏了沿 Z 方向的易轴对称性, 从而能够导致分子磁体自身自旋态之间的量子隧穿. 相关讨论横向项所引起的物理特性的工作也很多, 首先我们先介绍顺序区 [62−64]. 卢海舟等 [62] 讨论了分子磁体耦合自旋偏压后所产生的新奇效应, 例如, 他们利用自旋偏压实现了分子磁体的翻转和对分子磁体磁矩取向的非破坏测量, 同时他们考虑发现横向异性项后上述结论仍然成立. 还有作者讨论横向项所引起的自旋态相互隧穿后所引起的干涉效应对分子磁体输运电流的影响, 即宏观量子隧穿效应对电流的影响, 该方面的工作是 Gonzalez 和 Leuenberger 等所做 [63]. 在宏观量子隧穿效应中, 分子磁体的初始自旋态和末态不再保持相干性, 这可以用 Berry 相来解释: 用相干态路径积分的语言, 人们能够讨论自旋态隧穿时的相干性, 而上述宏观量子隧穿中的退相干性就是由于自旋态在隧穿过程中所产生的绕数是相反的, 从而包含此信息的两个 Berry 相引起了干涉相消. 然而在 Gonzalez 等的工作中, 他们发现此相消的 Berry 相可以引发电流的完全阻塞, 为此他们称之为 Berry 相阻塞, 这其中涉及的物理效应不同于库仑阻塞, 是包含拓扑学理论在内的. 此外, Romeike 等讨论了如何在电流和噪声谱中分辨出横向项所引起的自旋态量子隧穿 [64]. 此文中他们发现量子隧穿过程

导致了电流和噪声谱的振荡, 同时, 他们也发现量子隧穿可以导致电流的抑制, 这和 Gonzalez 等的结论不谋而合. 最后, 我们介绍一下近藤区现有的工作 [65–69]. 这方面的工作同样主要是由上述 Romeike 和 Gonzalez 两个小组做出的. Romeike 小组主要关注横向项对近藤效应的影响. 在文章 [65] 和 [66] 中, 他们用穷人标度律 (Poor-man scaling) 方法和数值重整化群方法讨论分子磁体在近藤区的行为, 发现横向项导致所有的分子态都参与到了近藤输运中. 具体来说, 他们的发现有: 近藤温度可以远远大于分子态能级宽度; 随着横向项参数的变化, 近藤效应会受到显著的影响; 分子磁体的整数自旋或半整数自旋会产生不同的近藤效应, 同时横向项会对其产生一个选择效应, 对某些特定的自旋值才会出现近藤效应; 通过外加磁场可以确定分子磁体的自旋值和一些其他磁学参数; 易轴和横向各向异性项会抑制近藤效应, 然而分子磁体的大自旋却能补偿这种抑制, 使近藤效应表现出来等. Gonzalez 等在近藤区关注的仍然是 Berry 相会导致的效应 [67,68]. 在文章中, 他们发现能够通过外加垂直于易轴的磁场来控制 Berry 相, 从而抑制或增强近藤效应, 此外, 在文章中他们给出了各向异性近藤模型的详细推导. 国内也有一些工作值得提到, 例如, Wang Rui-Qiang 等 [69] 讨论了在横向项上加上一个相位因子 (角度) 后会出现的变化, 他们发现近藤效应与此角度密切相关, 随着角度的变化近藤效应出现振荡, 在特殊的角度下近藤效应还会被完全抑制, 因而他们建议实验上需要把这个角度的影响消除掉才能观测到近藤效应.

2.3 本章小结

本章简介了两种大自旋系统: 人工分子磁体和单分子磁体. 人工分子磁体类似于分子磁体, 其优点是可控性强; 单分子磁体在分子电子学理论和实践中都占有重要地位. 除了介绍这两种大自旋系统的研究现状, 本章还介绍了一些基本概念, 如库仑阻塞、共隧穿、近藤效应等.

参考文献

[1] Kouwenhoven L P, Oosterkamp T H, Danoesastro M W S, et al. Excitation spectra of circular, few-electron quantum dots. Science, 1997, 278: 1788.

[2] Alhassid Y. The statistical theory of quantum dots. Rev. Mod. Phys., 2000, 72: 000895.

[3] Fukuyama H, Ando T. Transport Phenomena in Mesoscopic Systems. Kluwer, Dordrecht: Springer, 1992.

[4] Grabert H, Devoret M H. Single Charge Tunneling in Coulomb Blockade Phenomena in Nanostructures. New York/London: Plenum Press, 1992.

[5] Turek M, Matveev K A. Cotunneling thermopower of single electron transistors. Phys.

Rev. B, 2002, 65: 115332.

[6] Matveev K A, Andreev A V. Thermopower of a single-electron transistor in the regime of strong inelastic cotunneling. Phys. Rev. B, 2002, 66: 045301.

[7] Misiorny M, Barnas J. Current-induced magnetic switching of an arbitrary oriented single-molecule magnet in the cotunneling regime. Journal of Magnetism and Magnetic Materials, 2010, 322: 1265.

[8] Koch J. Quantum transport through single-molecule devices. Freie Vniversität Berlin Doctor Thesis, 2006.

[9] Kondo J. Resistance minimum in dilute magnetic alloys. Prog. Theor. Phys., 1964, 32: 37.

[10] Meir Y, Wingreen N S, Lee P A. Transport through a strongly interacting system: Theory of periodic conductance oscillations. Phys. Rev. Lett., 1991, 66: 3048.

[11] Meir Y, Wingreen N S, Lee P A. Low-temperature transport through a quantum dot: The Anderson model out of equilibrium. Phys. Rev. Lett., 1993, 70: 2601.

[12] Zhu J X, Balatsky A V. Theory of current and shot-noise spectroscopy in single-molecular quantum dots with a phonon mode. Phys. Rev. B, 2003, 67: 165326.

[13] Hartle R, Benesch C, Thoss M. Vibrational nonequilibrium effects in the conductance of single molecules with multiple electronic states. Phys. Rev. Lett., 2009, 102: 146801.

[14] Wang R Q, Zhou Y Q, Wang B G, et al. Spin-dependent inelastic transport through single-molecule junctions with ferromagnetic electrodes. Phys. Rev. B, 2007, 75: 045318.

[15] Kogan A, Amasha S, Kastner M A. Photon-induced Kondo satellites in a single-electron transistor. Science, 2004, 304: 1293.

[16] Cronenwett S M, Oosterkamp T H, Kouwenhoven L P. A tunable Kondo effect in quantum dots. Science, 1998, 281: 540.

[17] Misiorny M, Barnas J. Spin polarized transport through a single-molecule magnet: Current-induced magnetic switching. Phys. Rev. B, 2007, 76: 054448.

[18] Misiorny M, Barnas J. Magnetic switching of a single molecular magnet due to spin-polarized current. Phys. Rev. B, 2007, 75: 134425.

[19] Misiorny M, Barnas J. Effects of intrinsic spin-relaxation in molecular magnets on current-induced magnetic switching. Phys. Rev. B, 2008, 77: 172414.

[20] Misiorny M, Weymann I, Barnas J. Spin effects in transport through single-molecule magnets in the sequential and cotunneling regimes. Phys. Rev. B, 2009, 79: 224420.

[21] Misiorny M, Weymann I, Barnas J. Spin diode behavior in transport through single-molecule magnets. EPL, 2010, 89: 18003.

[22] Misiorny M, Weymann I, Barnas J. Interplay of the Kondo effect and spin-polarized transport in magnetic molecules, adatoms, and quantum dots. Phys. Rev. Lett., 2011, 106: 126602.

[23] Misiorny M, Weymann I, Barnas J. Temperature dependence of electronic transport through molecular magnets in the Kondo regime. Phys. Rev. B, 2012, 86: 035417.

[24] Sun Q F, Guo H, Lin T H. Excess Kondo resonance in a quantum dot device with normal and superconducting leads: The physics of andreev-normal co-tunneling. Phys. Rev. Lett., 2001, 87: 176601.

[25] Golub A, Kuzmenko I, Avishai Y. Kondo correlations and Majorana bound states in a metal to quantum-dot to topological-superconductor junction. Phys. Rev. Lett., 2011, 107: 176802.

[26] Bolech C J, Demler Eugene. Observing Majorana bound states in p-wave superconductors using noise measurements in tunneling experiments. Phys. Rev. Lett., 2007, 98: 237002.

[27] Heersche H B, Groot Z de, Folk J A, et al. Electron transport through single Mn_{12} molecular magnets. Phys. Rev. Lett., 2006, 96: 206801.

[28] Fernández-Rossier J, Aguado R. Mn-doped II-VI quantum dots: Artificial molecular magnets. Phys. Stat. Sol. (c), 2006, 3: 3734.

[29] Fernández-Rossier J, Aguado R. Single-electron transport in electrically tunable nanomagnets. Phys. Rev. Lett., 2007, 98: 106805.

[30] Léger Y, Besombes L, Fernández-Rossier J, et al. Electrical control of a single Mn atom in a quantum dot. Phys. Rev. Lett., 2006, 97: 107401.

[31] Besombes L, Léger Y, Maingault L, et al. Probing the spin state of a single magnetic ion in an individual quantum dot. Phys. Rev. Lett., 2004, 93: 207403.

[32] Besombes L, Leger Y, Maingault L, et al. Carrier-induced spin splitting of an individual magnetic atom embedded in a quantum dot. Phys. Rev. B, 2005, 71: 161307(R).

[33] Léger Y, Besombes L, Maingault L, et al. Geometrical effects on the optical properties of quantum dots doped with a single magnetic atom. Phys. Rev. Lett., 2005, 95: 047403.

[34] Besombes L, Leger Y, Bernos J, et al. Optical probing of spin fluctuations of a single paramagnetic Mn atom in a semiconductor quantum dot. Phys. Rev. B, 2008, 78: 125324.

[35] Le G C, Besombes L, Boukari H, et al. Optical spin orientation of a single manganese atom in a semiconductor quantum dot using quasiresonant photoexcitation. Phys. Rev. Lett., 2009, 102: 127402.

[36] Contreras-Pulido L D, Aguado R. Shot noise spectrum of artificial single-molecule magnets: Measuring spin relaxation times via the Dicke effect. Phys. Rev. B, 2010, 81: 161309(R).

[37] Vernek E, Qu F, Souza F M, et al. Kondo screening regimes of a quantum dot with a single Mn ion. Phys. Rev. B, 2011, 83: 205422.

[38] Toth A I, Moca C P, Legeza O, et al. Density matrix numerical renormalization group for non-Abelian symmetries. Phys. Rev. B, 2008, 78: 245109.

[39] Lee M, Jonckheere T, Martin T. Josephson effect through an isotropic magnetic molecule. Phys. Rev. Lett., 2008, 101: 146804.

[40] Roosen D, Wegewijs M R, Hofstetter W. Nonequilibrium dynamics of anisotropic large spins in the Kondo regime: Time-dependent numerical renormalization group analysis. Phys. Rev. Lett., 2008, 100: 087201.

[41] Legeza O, Moca C P, Toth A I, et al. Manual for the flexible DM-NRG code, Version 1.0.0. arXiv: 0809.3143.

[42] Niu P B, Zhang Y Y, Wang Q et al. Quantum transport through anisotropic molecular magnets: Hubbard Green function approach. Phys. Lett. A, 2012, 376: 1481.

[43] Aviram A, Ratner M. Molecular rectifiers. Chem. Phys. Lett., 1974, 29: 277.

[44] Reed M A, Zhou C, Muller C J, et al. Conductance of a molecular junction. Science, 1997, 278: 252.

[45] Chen J, Reed M A, et. al.. Large on-off ratiosand negative differential resistance in a molecular electronic device. Seienee, 1999, 286: 1550.

[46] Chen J, Wang Q. Room-temperature negative differential resistance in nanoscale molecular junctions. Appl. Phys. Lett., 2000, 77: 1224.

[47] Reed M A, Tour J M. Computing with molecules. Scientific American, 2000, 282: 86.

[48] Dadosh T, Gordin Y, et. al.. Measurement of the conductance of single conjugated molecule. Nature, 2005, 436: 677.

[49] Paulsen C, Parka J G, Barbara B, et al. Novel features in the relaxation times of Mn_{12}Ac. J. Magn. Magn. Mater., 1995, 379: 140–144.

[50] Friedman J R, Sarachik M P, Tejada J, et al. Macroscopic measurement of resonant magnetization tunneling in high-spin molecules. Phys. Rev. Lett., 1996, 76: 3830.

[51] Thomas L, Lionti F, Ballou R, et al. Novel features in the relaxation times of Mn_{12}Acetate. Nature (London), 1996, 383: 145.

[52] Barco E del, Kent A D, Hill S,et al. Magnetic quantum tunneling in the single-molecule magnet Mn_{12}-Acetate. J. Low Temp. Phys., 2005, 140: 119.

[53] Sangregorio C, Ohm T, Paulsen C, et al. Quantum tunneling of the magnetization in an iron cluster nanomagnet. Phys. Rev. Lett., 1997, 78: 4645.

[54] Wernsdorfer W, Sessoli R. Quantum phase interference and parity effects in magnetic molecular clusters. Science, 1999, 284: 133.

[55] Fernandez-Rossier J, Aguado R. Mn-doped II-VI quantum dots: Artificial molecular magnets. Phys. Stat. Sol. (c), 2006, 3: 3734.

[56] Jo M H, Grose J E, Baheti K, et al. Signatures of molecular magnetism in single-molecule transport spectroscopy. Nano Lett., 2006, 6: 2014.

[57] Elste F, Timm C. Theory for transport through a single magnetic molecule: Endohedral N@C60. Phys. Rev. B, 2005, 71: 155403.

[58] Elste F, Timm C. Spin amplification, reading, and writing in transport through anisotropic magnetic molecules. Phys. Rev. B, 2006, 73: 235304.

[59] Wang R Q, Sheng L, Shen R, et al. Thermoelectric effect in single-molecule-magnet junctions. Phys. Rev. Lett., 2010, 105: 057202.

[60] Elste F, Timm C. Resonant and Kondo tunneling through molecular magnets. Phys. Rev. B, 2010, 81: 024421.

[61] Misiorny M, Weymann I, Barnas J. Influence of magnetic anisotropy on the Kondo effect and spin-polarized transport through magnetic molecules, adatoms, and quantum dots. Phys. Rev. B, 2011, 84: 035445.

[62] Lu H Z, Zhou B, Shen S Q. Spin-bias driven magnetization reversal and nondestructive detection in a single molecular magnet. Phys. Rev. B, 2009, 79: 174419.

[63] Gonzalez G, Leuenberger M N. Berry-phase blockade in single-molecule magnets. Phys. Rev. Lett., 2007, 98: 256804.

[64] Romeike C, Wegewijs M R, Schoeller H. Spin quantum tunneling in single molecular magnets: Fingerprints in transport spectroscopy of current and noise. Phys. Rev. Lett., 2006, 96: 196805.

[65] Romeike C, Wegewijs M R, Hofstetter W, et al. Kondo-transport spectroscopy of single molecule magnets. Phys. Rev. Lett., 2006, 97: 206601.

[66] Romeike C, Wegewijs M R, Hofstetter W et al. Quantum tunneling induced Kondo effect in single molecular magnets. Phys. Rev. Lett., 2006, 96: 196601.

[67] Leuenberger M N, Mucciolo E R. Berry-Phase oscillations of the Kondo effect in single-molecule magnets. Phys. Rev. Lett., 2006, 97: 126601.

[68] Gonzalez G, Leuenberger M N, Mucciolo E R. Kondo effect in single-molecule magnet transistors. Phys. Rev. B, 2008, 78: 054445.

[69] Wang R Q, Xing D Y. Misalignment of transverse anisotropies as a mechanism for suppression of Kondo effect in large spin single molecule magnets. Phys. Rev. B, 2009, 79: 193406.

第 3 章　单分子磁体中的态矢格林函数方法

3.1　引　言

如前文所述, 单分子磁体的特点是由一个局域大自旋和各向异性能量项来描述的. 由于分子磁体所具有的宏观量子干涉 [1,2] 和宏观量子隧穿 [3] 性质, 单分子磁体早在二十年前就进入了研究者的视野. 而随着纳米技术的进步, 人们能在越来越小的尺度上做出输运结构, 因而分子电子学 (当然也包括单分子磁体输运结) 自然成了新的研究热点. 自从有研究小组 [4,5] 报道他们将单个分子磁体嵌在金属电极间做出三终端输运结以来, 巨大的研究热潮便就此掀起, 也自然发现了许多有趣的结果, 如负微分电导 [4,6,7], 近藤效应 [8−13], 极化电流导致的分子磁体翻转 [14−16], 几何相位 (Berry 相) 导致的自旋阻塞和振荡 [17] 等. 近来, Candini 小组 [18] 把单个分子磁体放置在单层石墨表面, 做成了一种新的自旋电子学器件. 在此实验报道中, 他们可以通过石墨层的电流来控制分子磁体极化方向的翻转. 可以预期, 刚刚获得诺贝尔奖的单层石墨和单分子磁体的联姻将会引起新一轮的研究热潮. 另一个关于分子磁体的研究热点是热电效应 [19], 在此报道中研究人员发现分子磁体的各向异性能量项可以引起热功随着门电压和偏压振荡以及对威德曼–弗朗兹 (Wiedemann-Franz) 定律的超越; 同时, 在考虑了极化电流输运后, 他们发现可以通过调节门电压得到自旋流. 因此, 单分子磁体在自旋电子学和分子电子学方面的应用前景还是很吸引人的.

单分子磁体的量子输运的理论研究方法主要有主方程方法 [6,20,21] 和重整化群方法 [13,22−25]. 尽管非平衡格林函数方法 [26−29] 在介观系统 (如量子点、量子线等系统) 的量子输运问题中已经有广泛的应用, 但是, 这种方法很少用来处理分子磁体量子输运问题. 最近文献 [30] 讨论了量子点掺杂一个自旋 $S=1/2$ 的杂质模型的输运问题, 把杂质自旋用二次量子化的产生湮灭算符来表示, 从而使运动方程方法得以应用. 然而, 其方法不能直接推广到杂质自旋 $S>1/2$ 的情形, 因为 $S>1/2$ 时, 自旋算符无法简单地表示为产生、湮灭算符.

本章讨论如何把格林函数方法扩展到分子磁体的输运中, 其中会遇到两个关键难点: 大自旋的处理和平均值的处理. 随后给出了解决办法. 首先, 作者给出了一种大自旋的量子化方法, 即用哈伯德 (Hubbard) 算符量子化大自旋; 其次, 在计算平均值问题时, 作者引入了两个新的格林函数, 从而使问题得以解决. 本章的具体内容如下: 首先介绍如何把分子磁体哈密顿量 (包括大自旋、各向异性项)、推迟格林函数表示成哈伯德算符的形式, 并基于此通过运动方程方法得到了顺序隧穿区和近藤区推迟格林函数的解析表达式; 然后介绍如何处理平均值, 在此基础上我们讨论了本章的方法和主方程方法的联系; 最后我们把本章的方法应用到近藤区, 讨论了一个简单的各向同性耦合的问题.

3.2 理论模型和计算过程

本节首先介绍分子磁体的模型哈密顿量以及其本征问题, 然后给出大自旋的哈伯德表示形式和详细的运动方程解, 在给出两种截断近似的基础上, 我们得到了顺序隧穿区和近藤区推迟格林函数的解析解. 在推导过程中作者将给出如何引入两个新的格林函数来计算平均值.

单分子磁体的三终端输运结由两个金属电极、一个门电压电极和中间的分子磁体组成, 其哈密顿量表示如下 [6,7]:

$$H = \sum_{k,\alpha,\sigma} \epsilon_{k\alpha} c^{\dagger}_{k\alpha\sigma} c_{k\alpha\sigma} + \sum_{k,\alpha,\sigma} (t_{k\alpha} c^{\dagger}_{k\alpha\sigma} c_{\sigma} + H.c.) + \sum_{\sigma} (\epsilon - eV_{\mathrm{g}}) \hat{n}_{\sigma} + U \hat{n}_{\uparrow} \hat{n}_{\downarrow} - J\boldsymbol{s}\cdot\boldsymbol{S} - K(S^z)^2. \tag{3.1}$$

其中, 等式右边第一项描述两个金属电极中的自由电子. 第二项描述电极和分子磁体之间地隧穿耦合, 其中 $c^{\dagger}_{k\alpha\sigma}(c_{k\alpha\sigma})$ 指左右电极 ($\alpha = \mathrm{L, R}$) 中电子的产生湮灭算符, $c^{\dagger}_{\sigma}(c_{\sigma})$ 指分子磁体轨道能级上电子的产生湮灭算符. 为简便, 本章只考虑一个分子轨道, 轨道能级 ϵ 可以通过门电压来调控, 即 $\epsilon - eV_{\mathrm{g}}$, 轨道上最多能占据两个电子, 其库仑排斥能为 U. 最后两项描述隧穿到分子磁体能级上的电子与局域大自旋的交换耦合和各向异性能量项, 其中交换耦合强度和各向异性势垒高度分别用 J 和 K 来表示. $\hat{n}_{\sigma} = c^{\dagger}_{\sigma} c_{\sigma} (\sigma = \uparrow, \downarrow)$ 是粒子数算符. $\boldsymbol{s} = \sum_{\sigma\sigma'} c^{\dagger}_{\sigma} (\boldsymbol{\tau}_{\sigma\sigma'}/2) c_{\sigma'}$ 是电子自旋算符, 其中 $\boldsymbol{\tau}_{\sigma\sigma'} = (\tau^x_{\sigma\sigma'}, \tau^y_{\sigma\sigma'}, \tau^z_{\sigma\sigma'})$ 是泡利矩阵. $\boldsymbol{S}$ 是大自旋算符. 交换耦合项 $J\boldsymbol{s}\cdot\boldsymbol{S}$ 可以写成 $Js^zS^z + Js^+S^-/2 + Js^-S^+/2$, 其中 $S^{\pm} = S^x \pm \mathrm{i}S^y$ 是自旋翻转算符. 在本章下面的推导中我们默认取 $e = \hbar = 1$ 为单位, 在例外情况时则会明确指出.

在不连接电极时, 即 (3.1) 式中 $t_{k\alpha} = 0$ 时, 我们简单给出中间孤立分子磁体的本征问题 [6]. 孤立分子磁体的本征态分为四支, 其中空占据和双占据各有一支, 单占据态有两支, 分别标记为 $|0,m\rangle$, $|2,m\rangle$, $|1,m\rangle^{\pm}$. 如空占据态

$$|0,m\rangle \equiv |0\rangle \otimes |m\rangle, \tag{3.2}$$

是以分子轨道空占据态 $|0\rangle$ 和局域大自旋态 $|m\rangle$ 直积而成的. 同理, 双占据态

$$|2,m\rangle \equiv |\uparrow\downarrow\rangle \otimes |m\rangle. \tag{3.3}$$

空占据态和双占据态对应的本征能量分别为 $\varepsilon_{0,m} = -Km^2$ 和 $\varepsilon_{2,m} = 2(\epsilon - eV_{\rm g}) + U - Km^2$, 其中 $m \in [-S, S]$. 我们重点看单占据态这两支. 其中 $m = \pm(S+1/2)$ 时, 称为全极化态, 因为这时局域自旋取值为 $\pm S$, 处于完全极化状态. 这时对应的本征态和本征能量为 $|1, \pm(S+1/2)\rangle = |\alpha_\pm, \pm S\rangle$ $(\alpha_+ = \uparrow, \alpha_- = \downarrow)$ 和 $\varepsilon_{1,\pm(S+1/2)} = (\varepsilon - eV_{\rm g}) - JS/2 - KS^2$. 当 $m \in [-S+1/2, S-1/2]$ 时, 对应的本征态和本征能量为

$$|1,m\rangle^\pm \equiv A_m^\pm |\downarrow\rangle \otimes |m+\frac{1}{2}\rangle + B_m^\pm |\uparrow\rangle \otimes |m-\frac{1}{2}\rangle, \tag{3.4}$$

$$\varepsilon_{1,m}^\pm = \epsilon - eV_{\rm g} + \frac{J}{4} - K\left(m^2 + \frac{1}{4}\right) \pm \Delta E(m). \tag{3.5}$$

其中, $\Delta E(m) \equiv [K(K-J)m^2 + (J/4)^2(2S+1)^2]^{1/2}$. 两支单占据本征态中的系数

$$A_m^\pm \equiv \mp\frac{\sqrt{2\Delta E \mp (2K-J)m}}{2\sqrt{\Delta E}}, \quad B_m^\pm \equiv \frac{J\sqrt{S(S+1) - m^2 + 1/4}}{2\sqrt{\Delta E}\sqrt{2\Delta E \mp (2K-J)m}} \tag{3.6}$$

称为广义 C-G 系数, 与角动量理论中的 C-G 系数含义一致. 需要指出 (3.4) 式左端是角动量理论中的耦合态, 右端是角动量理论中的直积态. 在本章下面的讨论中可以看出主方程方法是在耦合态表象下讨论问题, 而本章的方法实际上是在直积态表象下讨论问题, 从而能够揭示出两种方法的联系.

按照非平衡格林函数方法的思想, 讨论分子磁体的量子输运问题时, 电流的表达式为 (详细推导见第 1 章)

$$I = -\frac{2e}{h}\sum_{\sigma=\uparrow,\downarrow}\int {\rm d}\omega \varGamma_\sigma \left[f_{\rm L}(\omega) - f_{\rm R}(\omega)\right] {\rm Im} G_\sigma^r(\omega). \tag{3.7}$$

其中 $G_\sigma^r(\omega) \equiv \langle\langle c_\sigma | c_\sigma^\dagger \rangle\rangle^r$ 是 $G_\sigma^r(t) \equiv \langle\langle c_\sigma(t) | c_\sigma^\dagger \rangle\rangle^r = -{\rm i}\theta(t)\langle\{c_\sigma(t), c_\sigma^\dagger(0)\}\rangle$ 的傅里叶变换对应函数. $f_\alpha(\omega) = [{\rm e}^{\beta(\omega-\mu_\alpha)} + 1]^{-1}$ 是电子的费米分布函数. 在本章中, 为简单起见, 我们只考虑最简单的输运电子无极化 $(\varGamma_\uparrow = \varGamma_\downarrow)$ 和与电极的对称耦合 $(\varGamma_{\rm L} = \varGamma_{\rm R} = 2\pi|t|^2\rho)$ 这种情况, 而把本章的方法扩展到有自旋极化的铁磁电极以及超导电极的情形是直接了当的. 这里 $\rho = 1/2D$ 是金属电极上电子的态密度, 我们已经用了宽带近似, 即在带宽 $2D$ 范围内默认电子的态密度是常数, 而在此范围外电子的态密度是零. 由电导的定义 $G \equiv {\rm d}I/{\rm d}V$ 可知, 只要求出电流, 便可求出微分电导. 因此, 问题的关键便归结为了如何求解分子磁体的推迟格林函数 $G_\sigma^r(\omega)$.

我们先给出顺序隧穿区推迟格林函数的运动方程解, 然后再讨论近藤区.

如第 1 章所述, 频率域格林函数运动方程的一般形式为

$$\omega\langle\langle A|B\rangle\rangle^r = \langle\{A,B\}\rangle + \langle\langle[A,H]|B\rangle\rangle^r. \tag{3.8}$$

其中, $\langle\{A,B\}\rangle$ 是 A,B 两个算符反对易关系的热力学平均.

首先我们讨论 EOM 方法在分子磁体模型中遇上的第一个困难: 在引言中已提到, 局域自旋为 $S=1/2$ 时, 自旋算符可以借助于产生湮灭算符来表示:

$$\begin{aligned} S^+ &= c_\uparrow^\dagger c_\downarrow, \\ S^- &= c_\downarrow^\dagger c_\uparrow, \\ S^z &= \frac{1}{2}(c_\uparrow^\dagger c_\uparrow - c_\downarrow^\dagger c_\downarrow). \end{aligned} \tag{3.9}$$

因而运动方程方法在算对易关系时可以进行下去; 而 $S>1/2$ 时, 会遇到大自旋算符的乘积形式, 例如, 求 $\langle\langle c_\uparrow|c_\uparrow^\dagger\rangle\rangle^r$ 时, 把 (3.1) 式代入:

$$[c_\uparrow, H] = \varepsilon_0 c_\uparrow + U c_\uparrow n_\downarrow - \frac{J}{2}c_\uparrow S^z - \frac{J}{2}c_\downarrow S^- + \sum_{k\alpha} t_{k\alpha}^* c_{k\alpha\uparrow},$$

其中, $\varepsilon_0 \equiv \varepsilon - eV_{\mathrm{g}}$. 从而有运动方程:

$$\begin{aligned} &(\omega-\varepsilon_0)\langle\langle c_\uparrow|c_\uparrow^\dagger\rangle\rangle^r \\ =&1 + U\langle\langle c_\uparrow n_\downarrow|c_\uparrow^+\rangle\rangle^r - \frac{J}{2}\langle\langle c_\uparrow S^z|c_\uparrow^+\rangle\rangle^r \\ &- \frac{J}{2}\langle\langle c_\downarrow S^-|c_\uparrow^+\rangle\rangle^r + \sum_{k\alpha} t_{k\alpha}^*\langle\langle c_{k\alpha\uparrow}|c_\uparrow^+\rangle\rangle^r. \end{aligned}$$

可是再往下算时对易关系就进行不下去了, 举例来说, 我们看等式右边第三项的对易关系:

$$[c_\uparrow S^z, H] = \cdots - \frac{J}{2}c_\uparrow n_\downarrow + \frac{J}{2}c_\uparrow S^z S^z + \frac{J}{2}c_\downarrow S^- S^z,$$

其中, 出现了大自旋算符的乘积形式 S^zS^z, S^-S^z 等, 这种乘积形式会越积累越多. 为此, 我们想到把大自旋算符表示为哈伯德算符形式:

$$\begin{aligned} S^z &= \sum_{m=-S}^{S} mY^{m,m}, \\ S^+ &= \sum_{m=-S}^{S} \sqrt{(S+m+1)(S-m)}Y^{m+1,m}, \\ S^- &= \sum_{m=-S}^{S} \sqrt{(S-m+1)(S+m)}Y^{m-1,m}. \end{aligned} \tag{3.10}$$

其中, $Y^{m,m'} \equiv |Sm\rangle\langle Sm'|$, $|Sm\rangle$ 代表自旋为 S、在 Z 方向投影为 m 的自旋态. 可以验证上述哈伯德算符满足角动量基本对易关系 $[S^+, S^-] = 2S^z$. 当局域自旋 $S = 1/2$ 时, 上式简化为

$$\begin{aligned} S^z &= \frac{1}{2}(Y^{\frac{1}{2},\frac{1}{2}} - Y^{-\frac{1}{2},-\frac{1}{2}}), \\ S^+ &= Y^{\frac{1}{2},-\frac{1}{2}}, \\ S^- &= Y^{-\frac{1}{2},\frac{1}{2}}, \end{aligned} \tag{3.11}$$

此式可以与 (3.9) 式和 (3.10) 式比较. 另外我们指出大自旋的处理方法不止一种, 如霍普 (Holstein-Primakoff) 变换 [31], 施温格 (Schwinger) 变换 [32], 半经典处理方法 [33](即把大自旋处理为经典量) 以及二次量子化方法 [34]. 值得一提的是, 本文找到的大自旋表示方法不是二次量子化方法, 因为 Hubbard 算符在一般定义下既不是费米子算符, 也不是玻色子算符, 然而在运动方程方法的框架下, 这种表示方法在处理大自旋问题时效果会很好. 在大自旋自由度引入了哈伯德算符后, 电子自由度也应该引入一套哈伯德算符, 即把电子的产生湮灭算符也用哈伯德算符表示出来 [35−37]: 在考虑电子双占据时, 分子磁体上的电子算符很容易用哈伯德算符表示为

$$\begin{aligned} c_\sigma &= X^{0\sigma} + \delta_\sigma X^{\bar{\sigma}2}, \\ c_\sigma^\dagger &= X^{\sigma 0} + \delta_\sigma X^{2\bar{\sigma}}, \\ s_+ &= X^{\uparrow\downarrow}, \\ s_- &= X^{\downarrow\uparrow}, \\ s_z &= \frac{1}{2}(X^{\uparrow\uparrow} - X^{\downarrow\downarrow}). \end{aligned} \tag{3.12}$$

其中, 哈伯德算符 $X^{\lambda\lambda'} \equiv |\lambda\rangle\langle\lambda'|$ 是以电子的占据数态为基, 即 $|\lambda\rangle(\lambda = 0, \uparrow, \downarrow, 2)$, 且满足完备性关系 $\sum_\lambda X^{\lambda\lambda} = 1$. $\sigma = \uparrow(\downarrow)$ 时 $\delta_\sigma = +1(-1)$, $\bar{\sigma}$ 与 σ 取向相反. 在上述两个自由度引入两套哈伯德算符后, 哈密顿量被重新表述为

$$\begin{aligned} H = &\sum_{k,\alpha,\sigma} \epsilon_{k\alpha} c_{k\alpha\sigma}^\dagger c_{k\alpha\sigma} + \sum_{k,\alpha,\sigma} [t_{k\alpha} c_{k\alpha\sigma}^\dagger (X^{0\sigma} + \delta_\sigma X^{\bar{\sigma}2}) + H.c.] \\ &+ \sum_{\sigma=\uparrow,\downarrow} \varepsilon_0 X^{\sigma\sigma} + (2\epsilon_0 + U) X^{22} \\ &- \frac{J}{2} \sum_{m=-S}^{S} m X^{\uparrow\uparrow} Y^{m,m} + \frac{J}{2} \sum_{m=-S}^{S} m X^{\downarrow\downarrow} Y^{m,m} \\ &- \frac{J}{2} \sum_{m=-S}^{S} C_m^- X^{\uparrow\downarrow} Y^{m-1,m} - \frac{J}{2} \sum_{m=-S}^{S} C_m^+ X^{\downarrow\uparrow} Y^{m+1,m} \end{aligned}$$

$$- K \sum_{m=-S}^{S} m^2 Y^{m,m}, \tag{3.13}$$

其中, $C_m^{\pm} \equiv \sqrt{(S \pm m + 1)(S \mp m)}$. 可以看出单占据能量是 ε_0, 双占据能量是 $2\epsilon_0 + U$, 由于交换耦合电子翻转的同时伴随着大自旋磁量子数的改变, 改变量为 1, 最后一项各向异性能量项随着 m 变化是一个抛物线型势垒, 表明基态时分子磁体处于 $m = \pm S$ 的能量最低态.

同理, 推迟格林函数也被重新表述如下

$$\begin{aligned} G_\sigma^r(\omega) =& \langle\langle X^{0\sigma} | c_\sigma^+ \rangle\rangle^r + \delta_\sigma \langle\langle X^{\bar{\sigma}2} | c_\sigma^+ \rangle\rangle^r \\ =& \sum_m \langle\langle X^{0\sigma} Y^{m,m} | c_\sigma^+ \rangle\rangle^r \\ &+ \delta_\sigma \sum_m \langle\langle X^{\bar{\sigma}2} Y^{m,m} | c_\sigma^+ \rangle\rangle^r. \end{aligned} \tag{3.14}$$

其中, 等式第二步是插入了大自旋自由度的完备集 $\sum_m Y^{m,m} = 1$. 因此下一步的任务便是求 $\langle\langle X^{o\sigma} Y^{m,m} | c_\sigma^+ \rangle\rangle^r$ 和 $\langle\langle X^{\bar{\sigma}2} Y^{m,m} | c_\sigma^+ \rangle\rangle^r$ 的运动方程. 应用运动方程 (3.8) 式, 我们首先得到 $\langle\langle X^{0\sigma} Y^{m,m} | c_\sigma^+ \rangle\rangle^r$ 的运动方程

$$\begin{aligned} &\left(\omega - \epsilon_0 + \delta_\sigma \frac{J}{2} m\right) \langle\langle X^{0\sigma} Y^{m,m} | c_\sigma^+ \rangle\rangle^r \\ =& P_{0m} + P_{\sigma m} - \frac{J}{2} C_{m\pm1}^{\mp} \langle\langle X^{0\bar{\sigma}} Y^{m,m\pm1} | c_\sigma^+ \rangle\rangle^r \\ &+ \sum_{k\alpha} t_{k\alpha}^* \langle\langle (X^{00} + X^{\sigma\sigma}) c_{k\alpha\sigma} Y^{m,m} | c_\sigma^+ \rangle\rangle^r \\ &+ \sum_{k\alpha} t_{k\alpha}^* \langle\langle X^{\bar{\sigma}\sigma} c_{k\alpha\bar{\sigma}} Y^{m,m} | c_\sigma^+ \rangle\rangle^r. \end{aligned} \tag{3.15}$$

其中, $\sigma =\uparrow (\downarrow)$ 是取向上 (向下) 的符号, 也即上式包含自旋向上和自旋向下两个方程, 需要分别求出 $\langle\langle X^{0\uparrow} Y^{m,m} | c_\uparrow^+ \rangle\rangle^r$ 和 $\langle\langle X^{0\downarrow} Y^{m,m} | c_\downarrow^+ \rangle\rangle^r$ 的运动方程, 再把它们组合在一起. 上式出现了两个平均值, 定义为 $P_{0m} \equiv \langle X^{00} Y^{m,m} \rangle$, $P_{\sigma m} \equiv \langle X^{\sigma\sigma} Y^{m,m} \rangle$. 这些平均值的计算方法在给出推迟格林函数的解析式后给出. 上式中有两个求和项, 第一项截断近似为

$$\begin{aligned} &\sum_{k\alpha} t_{k\alpha}^* \langle\langle (X^{00} + X^{\sigma\sigma}) c_{k\alpha\sigma} Y^{m,m} | c_\sigma^+ \rangle\rangle^r \\ \approx& \Sigma_0 \langle\langle X^{0\sigma} Y^{m,m} | c_\sigma^+ \rangle\rangle^r \end{aligned} \tag{3.16}$$

其中, 自能定义为 $\Sigma_0 = \sum_{k\alpha} |t_{k\alpha}|^2 / (\omega - \epsilon_{k\alpha} + \mathrm{i}0^+) = -\mathrm{i}\Gamma_\mathrm{L} (\Gamma_\mathrm{L} = \Gamma_\mathrm{R})$. 我们称此截断近似为二阶近似, 其详细论证已经在第 1 章给出, 只不过那里给的是量子点的例

子. 第二个求和项是一 k 翻转项, 若继续对它做运动方程, 得到的结果为近藤区物理, 在顺序区我们自然把它近似掉, 暂不考虑. 因而 (3.15) 式在顺序区截断为

$$\begin{aligned}&\left(\omega-\epsilon_0+\delta_\sigma\frac{J}{2}m-\Sigma_0\right)\langle\langle X^{0\sigma}Y^{m,m}|c_\sigma^+\rangle\rangle^r\\=&P_{0m}+P_{\sigma m}-\frac{J}{2}C_{m\pm1}^{\mp}\langle\langle X^{0\bar{\sigma}}Y^{m,m\pm1}|c_\sigma^+\rangle\rangle^r\end{aligned}\tag{3.17}$$

上式中 $\langle\langle X^{0\sigma}Y^{m,m}|c_\sigma^+\rangle\rangle^r$ 与一个新的格林函数 $\langle\langle X^{0\bar{\sigma}}Y^{m,m\pm1}|c_\sigma^+\rangle\rangle^r$ 耦合, 它的运动方程为

$$\begin{aligned}&\left[\omega-\epsilon_0-\delta_\sigma\frac{J}{2}(m\pm1)\pm K(2m\pm1)\right]\langle\langle X^{0\bar{\sigma}}Y^{m,m\pm1}|c_\sigma^+\rangle\rangle^r\\=&\langle X^{\sigma\bar{\sigma}}Y^{m,m\pm1}\rangle-\frac{J}{2}C_m^{\pm}\langle\langle X^{0\sigma}Y^{m,m}|c_\sigma^+\rangle\rangle^r\\&+\sum_{k\alpha}t_{k\alpha}^*\langle\langle X^{00}c_{k\alpha\bar{\sigma}}Y^{m,m\pm1}|c_\sigma^+\rangle\rangle^r\\&+\sum_{k\alpha}t_{k\alpha}^*\langle\langle X^{\bar{\sigma}\bar{\sigma}}c_{k\alpha\bar{\sigma}}Y^{m,m\pm1}|c_\sigma^+\rangle\rangle^r\\&+\sum_{k\alpha}t_{k\alpha}^*\langle\langle X^{\sigma\bar{\sigma}}c_{k\alpha\sigma}Y^{m,m\pm1}|c_\sigma^+\rangle\rangle^r.\end{aligned}\tag{3.18}$$

这里计算对易关系时会有点冗长. 同样, 忽略掉涉及翻转的一 k 求和项, 而其他两个求和项应用二阶近似, 我们得到

$$\begin{aligned}&\left[\omega-\epsilon_0-\delta_\sigma\frac{J}{2}(m\pm1)\pm K(2m\pm1)-\Sigma_0\right]\langle\langle X^{0\bar{\sigma}}Y^{m,m\pm1}|c_\sigma^+\rangle\rangle^r\\&=\langle X^{\sigma\bar{\sigma}}Y^{m,m\pm1}\rangle-\frac{J}{2}C_m^{\pm}\langle\langle X^{0\sigma}Y^{m,m}|c_\sigma^+\rangle\rangle^r.\end{aligned}\tag{3.19}$$

可以看见运用二阶近似截断后, (3.17) 式和 (3.19) 式已经封闭, 联立这两个方程, 我们得到了两个推迟格林函数的解

$$\begin{aligned}&\langle\langle X^{0\sigma}Y^{m,m}|c_\sigma^+\rangle\rangle^r\\=&\frac{\alpha_{m\pm\frac12}^{\pm}(P_{0m}+P_{\sigma m})-\beta_{m\pm\frac12}\langle X^{\sigma\bar{\sigma}}Y^{m,m\pm1}\rangle}{\omega-\Delta_{|1,m\pm\frac12\rangle^+\to|0,m\rangle}-\Sigma_0}\\&+\frac{\alpha_{m\pm\frac12}^{\mp}(P_{0m}+P_{\sigma m})+\beta_{m\pm\frac12}\langle X^{\sigma\bar{\sigma}}Y^{m,m\pm1}\rangle}{\omega-\Delta_{|1,m\pm\frac12\rangle^-\to|0,m\rangle}-\Sigma_0}\end{aligned}\tag{3.20}$$

$$\begin{aligned}&\langle\langle X^{0\bar{\sigma}}Y^{m,m\pm1}|c_\sigma^+\rangle\rangle^r\\=&\frac{\alpha_{m\pm\frac12}^{\mp}\langle X^{\sigma\bar{\sigma}}Y^{m,m\pm1}\rangle-\beta_{m\pm\frac12}(P_{0m}+P_{\sigma m})}{\omega-\Delta_{|1,m\pm\frac12\rangle^+\to|0,m\rangle}-\Sigma_0}\end{aligned}$$

$$+\frac{\alpha^{\pm}_{m\pm\frac{1}{2}}\langle X^{\sigma\bar{\sigma}}Y^{m,m\pm1}\rangle+\beta_{m\pm\frac{1}{2}}\left(P_{0m}+P_{\sigma m}\right)}{\omega-\Delta_{|1,m\pm\frac{1}{2}\rangle^{-}\to|0,m\rangle}-\Sigma_{0}} \tag{3.21}$$

上式的求解过程会涉及一些分解因式的代数运算. 其中我们定义:

$$\alpha^{\pm}_{m}\equiv[\pm(-J/2+K)m+\Delta E(m)]/2\Delta E(m),$$

$$\beta_{m}\equiv(J/2)\sqrt{(S+1/2)^{2}-m^{2}}/2\Delta E(m).$$

可以验证它满足 $\alpha^{+}_{m}+\alpha^{-}_{m}=1$. 能量差值定义为 $\Delta_{|1,m\pm1/2\rangle^{+}\to|0,m\rangle}=\epsilon^{+}_{1,m\pm1/2}-\epsilon_{0,m}$, $\Delta_{|1,m\pm1/2\rangle^{-}\to|0,m\rangle}=\epsilon^{-}_{1,m\pm1/2}-\epsilon_{0,m}$. 可以看见能量差值代表着基本的顺序隧穿物理: 分子磁体上的电子增加或减少一个; 自旋为 σ 的电子跳到分子磁体上时, 其总磁量子数从 m 变为 $m\pm1/2$. 在上述两个解中会注意到 $X^{\sigma\bar{\sigma}}Y^{m,m\pm1}$ 是非厄米的算符, 即 $\langle X^{\sigma\bar{\sigma}}Y^{m,m\pm1}\rangle\neq\langle X^{\bar{\sigma}\sigma}Y^{m\pm1,m}\rangle$. 为了计算 $\langle X^{\bar{\sigma}\sigma}Y^{m\pm1,m}\rangle$, 我们引入两个新的格林函数: $\langle\langle X^{0\sigma}Y^{m,m}|X^{\bar{\sigma}0}Y^{m\pm1,m}\rangle\rangle^{r}$ 和 $\langle\langle X^{0\bar{\sigma}}Y^{m,m\pm1}|X^{\bar{\sigma}0}Y^{m\pm1,m}\rangle\rangle^{r}$, 因此我们解决了运动方程方法应用到分子磁体时遇上的第二个困难: 计算平均值时缺少条件的问题. 这两个新引入的推迟格林函数的计算过程其实和 $\langle\langle X^{0\sigma}Y^{m,m}|c^{+}_{\sigma}\rangle\rangle^{r}$, $\langle\langle X^{0\bar{\sigma}}Y^{m,m\pm1}|c^{+}_{\sigma}\rangle\rangle^{r}$ 的计算过程一样, 不需要重复计算, 因为求 $X^{0\sigma}Y^{m,m}$、$X^{0\bar{\sigma}}Y^{m,m\pm1}$ 时对易关系没变, 变的只是 (3.8) 式中 $\langle\{A,B\}\rangle$ 的平均值. 因此, 上述两个格林函数的解为

$$\begin{aligned}&\langle\langle X^{0\sigma}Y^{m,m}|X^{\bar{\sigma}0}Y^{m\pm1,m}\rangle\rangle^{r}\\=&\frac{\alpha^{\pm}_{m\pm\frac{1}{2}}\langle X^{\bar{\sigma}\sigma}Y^{m\pm1,m}\rangle-\beta_{m\pm\frac{1}{2}}\left(P_{0m}+P_{\bar{\sigma}m\pm1}\right)}{\omega-\Delta_{|1,m\pm\frac{1}{2}\rangle^{+}\to|0,m\rangle}-\Sigma_{0}}\\&+\frac{\alpha^{\mp}_{m\pm\frac{1}{2}}\langle X^{\bar{\sigma}\sigma}Y^{m\pm1,m}\rangle+\beta_{m\pm\frac{1}{2}}\left(P_{0m}+P_{\bar{\sigma}m\pm1}\right)}{\omega-\Delta_{|1,m\pm\frac{1}{2}\rangle^{-}\to|0,m\rangle}-\Sigma_{0}}.\end{aligned} \tag{3.22}$$

$$\begin{aligned}&\langle\langle X^{0\bar{\sigma}}Y^{m,m\pm1}|X^{\bar{\sigma}0}Y^{m\pm1,m}\rangle\rangle^{r}\\=&\frac{\alpha^{\mp}_{m\pm\frac{1}{2}}\left(P_{0m}+P_{\bar{\sigma}m\pm1}\right)-\beta_{m\pm\frac{1}{2}}\langle X^{\bar{\sigma}\sigma}Y^{m\pm1,m}\rangle}{\omega-\Delta_{|1,m\pm\frac{1}{2}\rangle^{+}\to|0,m\rangle}-\Sigma_{0}}\\&+\frac{\alpha^{\pm}_{m\pm\frac{1}{2}}\left(P_{0m}+P_{\bar{\sigma}m\pm1}\right)+\beta_{m\pm\frac{1}{2}}\langle X^{\bar{\sigma}\sigma}Y^{m\pm1,m}\rangle}{\omega-\Delta_{|1,m\pm\frac{1}{2}\rangle^{-}\to|0,m\rangle}-\Sigma_{0}}.\end{aligned} \tag{3.23}$$

至此 (3.14) 式第一项及与它相关的格林函数的解析式已经求出. 第二项双占据的推导是类似的.

$$\langle\langle X^{\bar{\sigma}2}Y^{m,m}|c^{+}_{\sigma}\rangle\rangle^{r}=\frac{\alpha^{\mp}_{m\mp\frac{1}{2}}\delta_{\sigma}\left(P_{\bar{\sigma}m}+P_{2m}\right)-\beta_{m\mp\frac{1}{2}}\delta_{\sigma}\langle X^{\sigma\bar{\sigma}}Y^{m\mp1,m}\rangle}{\omega-\Delta_{|2,m\rangle\to|1,m\mp\frac{1}{2}\rangle^{+}}-\Sigma_{0}}$$

$$+\frac{\alpha^{\pm}_{m\mp\frac{1}{2}}\delta_\sigma\left(P_{\bar{\sigma}m}+P_{2m}\right)+\beta_{m\mp\frac{1}{2}}\delta_\sigma\langle X^{\sigma\bar{\sigma}}Y^{m\mp1,m}\rangle}{\omega-\Delta_{|2,m\rangle\to|1,m\mp\frac{1}{2}\rangle^-}-\Sigma_0}. \quad (3.24)$$

其中, 双占据态定义为 $P_{2m}=\langle X^{22}Y^{m,m}\rangle$, 能量差值定义为 $\Delta_{|2,m\rangle\to|1,m\mp1/2\rangle^+}=\epsilon_{2,m}-\epsilon^+_{1,m\mp1/2}$, $\Delta_{|2,m\rangle\to|1,m\mp1/2\rangle^-}=\epsilon_{2,m}-\epsilon^-_{1,m\mp1/2}$. 至此我们得到了双占据情形下顺序区的解析结果.

前面我们提到通过引入两个新的格林函数解决了计算平均值的困难, 现在给出计算平均值的具体方法. 出现在解析式 (3.21) 式 ~(3.24) 式中的平均值可以与格林函数联系起来, 例如其中的

$$P_{\sigma m}=\langle c^\dagger_\sigma X^{0\sigma}Y^{m,m}\rangle=-\mathrm{i}\int\frac{\mathrm{d}\omega}{2\pi}G^<_{\sigma m}(\omega). \quad (3.25)$$

可以与小于格林函数 $G^<_{\sigma m}(\omega)$ 联系起来. 这里的小于格林函数定义为 $G^<_{\sigma m}(t)\equiv\langle\langle X^{0\sigma}(t)Y^{m,m}(t)|c^+_\sigma(0)\rangle\rangle^<=\mathrm{i}\langle c^+_\sigma(0)X^{0\sigma}(t)Y^{m,m}(t)\rangle$ 的傅里叶变换. 我们假设 $G^<_{\sigma m}(\omega)$ 遵循格林函数理论中 [38] 熟知的 Keldysh 方程, $G^<_{\sigma m}(\omega)=G^r_{\sigma m}(\omega)\Sigma^<G^a_{\sigma m}(\omega)$. 此方程在无相互作用时是严格成立的. 在有相互作用模型中, 则称其为假设, 因为我们并没有证明, 只是以其为出发点得到了合乎物理的结果, 文献中常用 ansatz 一词表示. 因为上式中已给出了格林函数解析式, 还只需计算出 $\Sigma^<$ 即可得到平均值. 为了建立格林函数方法与主方程方法 [6] 的联系, 我们再用一个 ansatz[39], $\Sigma^<=\mathrm{i}(\Gamma_\mathrm{L}f_\mathrm{L}+\Gamma_\mathrm{R}f_\mathrm{R})$, 从而得到

$$P_{\sigma m}=-\frac{1}{\pi}\int\mathrm{d}\omega\bar{f}(\omega)\mathrm{Im}\langle\langle X^{0\sigma}Y^{m,m}|c^+_\sigma\rangle\rangle^r. \quad (3.26)$$

其中, $\bar{f}(\omega)\equiv[f_\mathrm{L}(\omega)\Gamma_\mathrm{L}+f_\mathrm{R}(\omega)\Gamma_\mathrm{R}]/(\Gamma_\mathrm{L}+\Gamma_\mathrm{R})$, 其物理意义为左右电极的非平衡态费米函数, 因为其考虑了左右电极不同偏压后达到的动态平衡, 给出的平均值也包含了偏压信息.

上面我们给出了顺序隧穿区的解析结果, 接下来我们讨论近藤区的推迟格林函数. 如前面章节所述, 近藤区的物理是多体物理的一个典型例子, 最为人熟知的就是在金属中导带电子与杂质形成了一个近藤单态, 这里的单态就是指量子力学中两个耦合电子形成的自旋三重态和自旋单态中的那个单态. 所谓近藤单态, 只不过是这两个电子的背景不同, 一个来自自由电子库, 一个来自局域杂质. 既然量子点中有近藤效应, 那么, 分子磁体中也应该有近藤效应, 只不过分子磁体中的近藤效应会比量子点中的复杂或者有趣. 为此, 我们把态矢格林函数方法扩展到近藤区. 如前所述, 这只需要把顺序区中已经忽略的翻转项考虑进来, 并做其运动方程. 在近藤区我们仍能给出推迟格林函数的解析式.

为了简化运算量, 我们考虑无穷大库仑排斥能极限, 即 $U\to\infty$, 如前面章节所述, 二次量子化方法计算近藤推迟格林函数时是先在计算过程中带着 U, 在算到最

后截断后才把取 $U \to \infty$. 而态矢格林函数方法的一个特点是我们可以在计算开始时就把 $U \to \infty$ 考虑进去, 从而减少运算量, 这在计算近藤区时尤为重要. 在此极限下, (3.12) 式中的电子算符简化为

$$\begin{aligned} c_\sigma &= X^{0\sigma}, \\ c_\sigma^\dagger &= X^{\sigma 0}, \\ s_+ &= X^{\uparrow\downarrow}, s_- = X^{\downarrow\uparrow}, s_z = \frac{1}{2}(X^{\uparrow\uparrow} - X^{\downarrow\downarrow}). \end{aligned} \tag{3.27}$$

即双占据被排除. 从而哈伯德形式的哈密顿量也被简化为

$$\begin{aligned} H = &\sum_{k,\alpha,\sigma} \varepsilon_{k\alpha} c_{k\alpha\sigma}^\dagger c_{k\alpha\sigma} + \sum_{k,\alpha,\sigma} [t_{k\alpha} c_{k\alpha\sigma}^\dagger X^{0\sigma} + H.c.] \\ &+ \sum_{\sigma=\uparrow,\downarrow} \varepsilon_0 X^{\sigma\sigma} \\ &- \frac{J}{2} \sum_{m=-S}^{S} m X^{\uparrow\uparrow} Y^{m,m} + \frac{J}{2} \sum_{m=-S}^{S} m X^{\downarrow\downarrow} Y^{m,m} \\ &- \frac{J}{2} \sum_{m=-S}^{S} C_m^- X^{\uparrow\downarrow} Y^{m-1,m} - \frac{J}{2} \sum_{m=-S}^{S} C_m^+ X^{\downarrow\uparrow} Y^{m+1,m} \\ &- K \sum_{m=-S}^{S} m^2 Y^{m,m}. \end{aligned} \tag{3.28}$$

相应还有推迟格林函数简化为 $G_\uparrow^r(\omega) = \langle\langle X^{0\uparrow} | c_\uparrow^\dagger \rangle\rangle^r = \sum\limits_m \langle\langle X^{0\uparrow} Y^{m,m} | c_\uparrow^\dagger \rangle\rangle^r$. 我们只给出自旋向上推迟格林函数的结果, 自旋向下的推导思路是一样的, 不再赘述. 近藤区我们只需做单占据格林函数 $\langle\langle X^{0\uparrow} Y^{m,m} | c_\uparrow^\dagger \rangle\rangle^r$ 的运动方程, 其为

$$\begin{aligned} &\left(\omega - \epsilon_0 + \frac{J}{2} m\right) \langle\langle X^{0\uparrow} Y^{m,m} | c_\uparrow^+ \rangle\rangle^r \\ =& P_{0m} + P_{\uparrow m} - \frac{J}{2} C_{m+1}^- \langle\langle X^{0\downarrow} Y^{m,m+1} | c_\uparrow^+ \rangle\rangle^r \\ &+ \sum_{k\alpha} t_{k\alpha}^* \langle\langle X^{00} c_{k\alpha\uparrow} Y^{m,m} | c_\uparrow^+ \rangle\rangle^r \\ &+ \sum_{k\alpha} t_{k\alpha}^* \langle\langle X^{\uparrow\uparrow} c_{k\alpha\uparrow} Y^{m,m} | c_\uparrow^+ \rangle\rangle^r \\ &+ \sum_{k\alpha} t_{k\alpha}^* \langle\langle X^{\downarrow\uparrow} c_{k\alpha\downarrow} Y^{m,m} | c_\uparrow^+ \rangle\rangle^r, \end{aligned} \tag{3.29}$$

相应的 $\langle\langle X^{0\downarrow} Y^{m,m+1} | c_\uparrow^+ \rangle\rangle^r$ 的运动方程为

$$\left[\omega - \epsilon_0 - \frac{J}{2}(m+1) + K(2m+1)\right] \langle\langle X^{0\downarrow} Y^{m,m+1} | c_\uparrow^+ \rangle\rangle^r$$

$$
\begin{aligned}
=&\langle X^{\uparrow\downarrow}Y^{m,m+1}\rangle - \frac{J}{2}C_m^+\langle\langle X^{0\uparrow}Y^{m,m}|c_\uparrow^+\rangle\rangle^r \\
&+\sum_{k\alpha} t_{k\alpha}^*\langle\langle X^{00}c_{k\alpha\sigma\downarrow}Y^{m,m+1}|c_\uparrow^+\rangle\rangle^r \\
&+\sum_{k\alpha} t_{k\alpha}^*\langle\langle X^{\downarrow\downarrow}c_{k\alpha\downarrow}Y^{m,m+1}|c_\uparrow^+\rangle\rangle^r \\
&+\sum_{k\alpha} t_{k\alpha}^*\langle\langle X^{\uparrow\downarrow}c_{k\alpha\uparrow}Y^{m,m+1}|c_\uparrow^+\rangle\rangle^r.
\end{aligned} \tag{3.30}
$$

(3.29) 式有三个求和项, 其内部包含着一个电极电子 (我们称其为一 k 求和项, 又叫高阶格林函数). 接下来分别计算它们的运动方程, 以第一个为例, 其结果为

$$
\begin{aligned}
&(\omega-\epsilon_{k\alpha})\langle\langle X^{00}c_{k\alpha\uparrow}Y^{m,m}|c_\uparrow^+\rangle\rangle^r \\
=&\langle X^{\uparrow 0}c_{k\alpha\uparrow}Y^{m,m}\rangle \\
&-\sum_{k'\alpha'} t_{k'\alpha'}\langle\langle c_{k'\alpha'\uparrow}^+c_{k\alpha\uparrow}X^{0\uparrow}Y^{m,m}|c_\uparrow^+\rangle\rangle^r \\
&-\sum_{k'\alpha'} t_{k'\alpha'}\langle\langle c_{k'\alpha'\downarrow}^+c_{k\alpha\uparrow}X^{0\downarrow}Y^{m,m}|c_\uparrow^+\rangle\rangle^r \\
&-\sum_{k'\alpha'} t_{k'\alpha'}^*\langle\langle c_{k'\alpha'\uparrow}c_{k\alpha\uparrow}X^{\uparrow 0}Y^{m,m}|c_\uparrow^+\rangle\rangle^r \\
&-\sum_{k'\alpha'} t_{k'\alpha'}^*\langle\langle c_{k'\alpha'\downarrow}c_{k\alpha\uparrow}X^{\downarrow 0}Y^{m,m}|c_\uparrow^+\rangle\rangle^r \\
&+t_{k\alpha}\langle\langle X^{0\uparrow}Y^{m,m}|c_\uparrow^\dagger\rangle\rangle^r.
\end{aligned} \tag{3.31}
$$

注意到此时的求和项里出现了两个电极电子 (我们称其为两 k 求和项), 即算到两 k 求和这一步就可以了, 接着我们应用第 1 章讲到的 Meir 近似 [40,41], 把两 k 求和电子拿到格林函数外面, 做截断近似:

$$
\begin{aligned}
&\langle\langle c_{k'\alpha'\sigma'}^+c_{k\alpha\sigma}X^{0\sigma'}Y^{m,m}|c_\uparrow^+\rangle\rangle^r \\
\approx&\langle c_{k'\alpha'\sigma'}^\dagger c_{k\alpha\sigma}\rangle\langle\langle X^{0\sigma'}Y^{m,m}|c_\uparrow^+\rangle\rangle^r \\
=&\delta_{k'k}\delta_{\alpha'\alpha}\delta_{\sigma'\sigma}f_\alpha(\epsilon_k)\langle\langle X^{0\sigma'}Y^{m,m}|c_\uparrow^+\rangle\rangle^r,
\end{aligned} \tag{3.32}
$$

$$
\begin{aligned}
&\langle\langle c_{k'\alpha'\sigma'}c_{k\alpha\sigma}X^{0\sigma'}Y^{m,m}|c_\uparrow^+\rangle\rangle^r \\
\approx&\langle c_{k'\alpha'\sigma'}c_{k\alpha\sigma}\rangle\langle\langle X^{0\sigma'}Y^{m,m}|c_\uparrow^+\rangle\rangle^r=0.
\end{aligned} \tag{3.33}
$$

因此 (3.31) 式截断为

$$
(\omega-\epsilon_{k\alpha})\langle\langle X^{00}c_{k\alpha\uparrow}Y^{m,m}|c_\uparrow^+\rangle\rangle^r
$$

$$= - t_{k\alpha} f_\alpha(\epsilon_k) \langle\langle X^{0\uparrow} Y^{m,m} | c_\uparrow^+ \rangle\rangle^r + t_{k\alpha} \langle\langle X^{0\uparrow} Y^{m,m} | c_\uparrow^+ \rangle\rangle^r. \tag{3.34}$$

代入到 (3.29) 式的第一个求和项中, 有

$$\begin{aligned}
&\sum_{k\alpha} t_{k\alpha}^* \langle\langle X^{00} c_{k\alpha\uparrow} Y^{m,m} | c_\uparrow^+ \rangle\rangle^r \\
=& - \Sigma_1 \langle\langle X^{0\uparrow} Y^{m,m} | c_\uparrow^+ \rangle\rangle^r + \Sigma_0 \langle\langle X^{0\uparrow} Y^{m,m} | c_\uparrow^+ \rangle\rangle^r.
\end{aligned} \tag{3.35}$$

这里的Σ_0和顺序区那里定义的一样. Σ_1 定义为 $\Sigma_1(\omega) \equiv \sum_{k\alpha} |t_{k\alpha}|^2 f_\alpha(\epsilon_k) / (\omega - \epsilon_{k\alpha})$, 称其为近藤自能, 其计算参见第 1 章. 同样, 我们可以做 $\langle\langle X^{\uparrow\uparrow} c_{k\alpha\uparrow} Y^{m,m} | c_\uparrow^\dagger \rangle\rangle^r$ 的运动方程, 过程是类似的, 不再赘述, 我们直接给出 Meir 近似后的结果

$$\begin{aligned}
&(\omega - \epsilon_{k\alpha}) \langle\langle X^{\uparrow\uparrow} c_{k\alpha\uparrow} Y^{m,m} | c_\uparrow^+ \rangle\rangle^r \\
=& t_{k\alpha} f_\alpha(\epsilon_k) \langle\langle X^{0\uparrow} Y^{m,m} | c_\uparrow^+ \rangle\rangle^r \\
&- \frac{J}{2} C_{m+1}^- \langle\langle X^{\uparrow\downarrow} c_{k\alpha\uparrow} Y^{m,m+1} | c_\uparrow^+ \rangle\rangle^r \\
&+ \frac{J}{2} C_m^+ \langle\langle X^{\downarrow\uparrow} c_{k\alpha\uparrow} Y^{m+1,m} | c_\uparrow^+ \rangle\rangle^r.
\end{aligned} \tag{3.36}$$

注意到不同于 $\langle\langle X^{00} c_{k\alpha\uparrow} Y^{m,m} | c_\uparrow^+ \rangle\rangle^r$, $\langle\langle X^{\uparrow\uparrow} c_{k\alpha\uparrow} Y^{m,m} | c_\uparrow^\dagger \rangle\rangle^r$ 又与两个高阶格林函数耦合, 其运动方程为 (同样只给出 Meir 近似后结果)

$$\begin{aligned}
&\left[\omega - \epsilon_{k\alpha} - \left(K - \frac{J}{2}\right)(2m+1)\right] \langle\langle X^{\downarrow\uparrow} c_{k\alpha\uparrow} Y^{m+1,m} | c_\uparrow^+ \rangle\rangle^r \\
=& \frac{J}{2} C_{m+1}^- \langle\langle X^{\uparrow\uparrow} c_{k\alpha\uparrow} Y^{m,m} | c_\uparrow^+ \rangle\rangle^r \\
&- \frac{J}{2} C_{m+1}^- \langle\langle X^{\downarrow\downarrow} c_{k\alpha\uparrow} Y^{m+1,m+1} | c_\uparrow^+ \rangle\rangle^r,
\end{aligned} \tag{3.37}$$

$$\begin{aligned}
&\left[\omega - \epsilon_{k\alpha} - \left(\frac{J}{2} - K\right)(2m+1)\right] \langle\langle X^{\uparrow\downarrow} c_{k\alpha\uparrow} Y^{m,m+1} | c_\uparrow^+ \rangle\rangle^r \\
=& t_{k\alpha} f_\alpha(\epsilon_k) \langle\langle X^{0\downarrow} Y^{m,m+1} | c_\uparrow^+ \rangle\rangle^r \\
&+ \frac{J}{2} C_m^+ \langle\langle X^{\downarrow\downarrow} c_{k\alpha\uparrow} Y^{m+1,m+1} | c_\uparrow^+ \rangle\rangle^r \\
&- \frac{J}{2} C_m^+ \langle\langle X^{\uparrow\uparrow} c_{k\alpha\uparrow} Y^{m,m} | c_\uparrow^+ \rangle\rangle^r.
\end{aligned} \tag{3.38}$$

这二式中又涉及一个新的高阶格林函数, 其用 Meir 近似后的运动方程为

$$\begin{aligned}
&(\omega - \epsilon_{k\alpha}) \langle\langle X^{\downarrow\downarrow} c_{k\alpha\uparrow} Y^{m+1,m+1} | c_\uparrow^+ \rangle\rangle^r \\
=& \frac{J}{2} C_{m+1}^- \langle\langle X^{\uparrow\downarrow} c_{k\alpha\uparrow} Y^{m,m+1} | c_\uparrow^+ \rangle\rangle^r
\end{aligned}$$

$$-\frac{J}{2}C_m^+\langle\langle X^{\downarrow\uparrow}c_{k\alpha\uparrow}Y^{m+1,m}|c_\uparrow^+\rangle\rangle^r. \tag{3.39}$$

到此运动方程已经封闭, 观察一下 (3.36) 式~(3.39) 式的规律, 会发现这几个一 k 项只涉及 $c_{k\alpha\uparrow}$, 因此可以推测涉及 $c_{k\alpha\downarrow}$ 的一 k 项将会相互耦合. (3.36) 式 ~(3.39) 式需要联立求解, 得到 $\langle\langle X^{\uparrow\uparrow}c_{k\alpha\uparrow}Y^{m,m}|c_\uparrow^\dagger\rangle\rangle^r$、$\langle\langle X^{\uparrow\downarrow}c_{k\alpha\uparrow}Y^{m,m+1}|c_\uparrow^+\rangle\rangle^r$ 的结果后才能代回到 (3.29) 式、(3.30) 式的求和形式中. 由于要手动解四个联立方程组, 同时解出后还需要分解因式化简, 所以这一步有些繁琐.

接下来要做翻转项 $\langle\langle X^{\downarrow\uparrow}c_{k\alpha\downarrow}Y^{m,m}|c_\uparrow^\dagger\rangle\rangle^r$ 的运动方程, 与其耦合的几个高阶格林函数是$\langle\langle X^{\uparrow\uparrow}c_{k\alpha\downarrow}Y^{m-1,m}|c_\uparrow^+\rangle\rangle^r$, $\langle\langle X^{\downarrow\downarrow}c_{k\alpha\downarrow}Y^{m,m+1}|c_\uparrow^+\rangle\rangle^r$, $\langle\langle X^{\uparrow\downarrow}c_{k\alpha\downarrow}Y^{m-1,m+1}|c_\uparrow^+\rangle\rangle^r$. 过程和上面是一样的, 解出后把需要的结果代回到 (3.29) 式、(3.30) 式的求和形式中.

在这计算过程中出现的几个新的近藤自能如下:

$$\Sigma_1^{a\pm}(\omega)\equiv\sum_{k\alpha}\frac{|t_{k\alpha}|^2 f_\alpha(\epsilon_k)}{\omega-\epsilon_{k\alpha}\pm2\Delta E(m)}, \tag{3.40}$$

$$\Sigma_1^{b\pm}(\omega)\equiv\sum_{k\alpha}\frac{|t_{k\alpha}|^2 f_\alpha(\epsilon_k)}{\omega-\epsilon_{k\alpha}+2mK\pm\Delta_1^+(m)}, \tag{3.41}$$

$$\Sigma_1^{c\pm}(\omega)\equiv\sum_{k\alpha}\frac{|t_{k\alpha}|^2 f_\alpha(\epsilon_k)}{\omega-\epsilon_{k\alpha}+2mK\pm\Delta_1^-(m)}, \tag{3.42}$$

$$\Sigma_1^{d}(\omega)\equiv\sum_{k\alpha}\frac{|t_{k\alpha}|^2 f_\alpha(\epsilon_k)}{\omega-\epsilon_{k\alpha}+(2m+1)K}. \tag{3.43}$$

其中 $\Delta^\pm(m)\equiv\Delta E(m)\pm\Delta E(-m)$. 在把所有所需的结果代回到 (3.29) 式、(3.30) 式中, 并联立求解 $\langle\langle X^{0\uparrow}Y^{m,m}|c_\uparrow^+\rangle\rangle^r$、$\langle\langle X^{0\downarrow}Y^{m,m+1}|c_\uparrow^+\rangle\rangle^r$ 后, 我们得到了如下解析式:

$$\begin{aligned}&\langle\langle X^{0\uparrow}Y^{m,m}|c_\uparrow^+\rangle\rangle^r\\&=\frac{\left[\omega-\varepsilon_0-\frac{J}{2}(m+1)+K(2m+1)+\Sigma_d\right](P_{0m}+P_{\uparrow m})}{\det M}\\&\quad-\frac{-\left(\frac{J}{2}C_m^++\Sigma_b\right)\langle X^{\uparrow\downarrow}Y^{m,m+1}\rangle}{\det M},\end{aligned} \tag{3.44}$$

$$\begin{aligned}&\langle\langle X^{0\downarrow}Y^{m,m+1}|c_\uparrow^+\rangle\rangle^r\\&=\frac{-\left(\frac{J}{2}C_m^++\Sigma_c\right)(P_{0m}+P_{\uparrow m})}{\det M}\end{aligned}$$

$$+\frac{\left(\omega-\epsilon_0+\frac{J}{2}m+\Sigma_a\right)\langle X^{\uparrow\downarrow}Y^{m,m+1}\rangle}{\det M}. \tag{3.45}$$

其中, 矩阵 M 定义为

$$M(\omega)\equiv\begin{bmatrix}\omega-\epsilon_0+\frac{J}{2}m+\Sigma_a & \frac{J}{2}C_m^{+}+\Sigma_b \\ \frac{J}{2}C_m^{+}+\Sigma_c & \omega-\epsilon_0-\frac{J}{2}(m+1)+K(2m+1)+\Sigma_d\end{bmatrix}.$$

这里面 $\Sigma_{a,b,c,d}$ 是一些重新定义的自能, 涉及 (3.40) 式 ~(3.43) 式近藤自能的组合, 例如:

$$\begin{aligned}&\Sigma_a(\omega)\\&=\Sigma_1(1-\Omega)-\Sigma_0-\left(\Sigma_1^{a-}+\Sigma_1^{a+}\right)\frac{1-\Omega}{2}\\&\quad-\frac{\Sigma_1^{b-}\Lambda_b^{-}+\Sigma_1^{c-}\Lambda_c^{-}+\Sigma_1^{b+}\Lambda_b^{+}+\Sigma_1^{c+}\Lambda_c^{+}}{8\Delta E(m)\Delta E(-m)},\end{aligned}$$

其中, 我们定义:

$$\begin{aligned}\Omega&=\frac{\left(\frac{J}{2}C_m^{+}\right)^2}{2\Delta E^2(m)}+\frac{\left(\frac{J}{2}-K\right)^2(2m+1)^2}{4\Delta E^2(m)},\\ \Lambda_b^{\pm}&=\left(\Delta^{+}\right)^2\pm 2m\left(\frac{J}{2}-K\right)\Delta^{+}-\left(\frac{J}{2}C_m^{+}\right)^2\\&\quad-\left(\frac{J}{2}C_m^{-}\right)^2-\left(\frac{J}{2}-K\right)^2\mp\frac{\left(\frac{J}{2}-K\right)R(m)}{\Delta^{+}},\\ \Lambda_c^{\pm}&=-\left(\Delta^{-}\right)^2\mp 2m\left(\frac{J}{2}-K\right)\Delta^{-}+\left(\frac{J}{2}C_m^{+}\right)^2\\&\quad+\left(\frac{J}{2}C_m^{-}\right)^2+\left(\frac{J}{2}-K\right)^2\pm\frac{(J-2K)\,R(m)}{2\Delta^{-}},\\ R(m)&=\left(\frac{J}{2}C_m^{+}\right)^2-\left(\frac{J}{2}C_m^{-}\right)^2+2m\left(\frac{J}{2}-K\right)^2.\end{aligned}$$

至此近藤区的结果已经给出, 过程比较长. 在本章接下来的内容中, 我们将做一些数值计算和讨论. 内容主要分两个部分, 首先在顺序隧穿区我们讨论一下本章格林函数方法与主方程方法的联系；然后在近藤区我们举了一个各向同性的例子, 讨论了其中近藤三峰结构涉及的物理；最后做了一下前景展望, 说明本章方法的应用前景.

3.3 结果讨论

接下来我们在前面公式的基础上做一些数值讨论. 首先在顺序区我们讨论一下上面的方法与主方程方法的联系和区别. 在近藤区我们给出一个简单的各向同性的例子.

3.3.1 态矢格林函数方法和率方程方法的联系

在顺序区我们首先讨论态矢格林函数方法与率方程方法的联系. 从 (3.20) 式 ~(3.24) 式, 并结合 (3.26) 式, 我们能得到各个平均值组合在一起的线性方程组. 以 $P_{\sigma m}$ 为例, $P_{\sigma m} = -(1/\pi)\int \mathrm{d}\omega \bar{f}(\omega)\mathrm{Im}\langle\langle X^{0\sigma}Y^{m,m}|c_{\sigma}^{+}\rangle\rangle^{r}$, 把 (3.20) 式代入此式, 并利用一个关系式 $-(1/\pi)\int \mathrm{d}\omega \bar{f}(\omega)\mathrm{Im}\,[1/(\omega-a+\mathrm{i}\Gamma_{\mathrm{L}})]=\bar{f}(a)$(当 $\Gamma_{\mathrm{L}}\to 0$), 我们容易得到

$$\begin{aligned}&P_{\sigma m}-[\alpha^{\pm}_{m\pm\frac{1}{2}}\bar{f}(\Delta_1^+)+\alpha^{\mp}_{m\pm\frac{1}{2}}\bar{f}(\Delta_1^-)](P_{0m}+P_{\sigma m})\\&+\beta_{m\pm\frac{1}{2}}[\bar{f}(\Delta_1^+)-\bar{f}(\Delta_1^-)]\langle X^{\sigma\bar{\sigma}}Y^{m,m\pm1}\rangle=0,\end{aligned}\tag{3.46}$$

同理, 从 (3.21) 式 ~(3.24) 式, 我们得到

$$\begin{aligned}&\beta_{m\pm\frac{1}{2}}\left[\bar{f}(\Delta_1^+)-\bar{f}(\Delta_1^-)\right](P_{0m}+P_{\sigma m})\\&+[1-\alpha^{\mp}_{m\pm\frac{1}{2}}\bar{f}(\Delta_1^+)-\alpha^{\pm}_{m\pm\frac{1}{2}}\bar{f}(\Delta_1^-)]\langle X^{\sigma\bar{\sigma}}Y^{m,m\pm1}\rangle=0,\end{aligned}\tag{3.47}$$

$$\begin{aligned}&\beta_{m\pm\frac{1}{2}}[\bar{f}(\Delta_1^+)-\bar{f}(\Delta_1^-)]\,(P_{0m}+P_{\bar{\sigma}m\pm1})\\&+[1-\alpha^{\pm}_{m\pm\frac{1}{2}}\bar{f}(\Delta_1^+)-\alpha^{\mp}_{m\pm\frac{1}{2}}\bar{f}(\Delta_1^-)]\langle X^{\bar{\sigma}\sigma}Y^{m\pm1,m}\rangle=0,\end{aligned}\tag{3.48}$$

$$\begin{aligned}&P_{\bar{\sigma}m\pm1}-[\alpha^{\mp}_{m\pm\frac{1}{2}}\bar{f}(\Delta_1^+)+\alpha^{\pm}_{m\pm\frac{1}{2}}\bar{f}(\Delta_1^-)]\,(P_{0m}+P_{\bar{\sigma}m\pm1})\\&+\beta_{m\pm\frac{1}{2}}[\bar{f}(\Delta_1^+)-\bar{f}(\Delta_1^-)])\langle X^{\bar{\sigma}\sigma}Y^{m\pm1,m}\rangle=0,\end{aligned}\tag{3.49}$$

$$\begin{aligned}&P_{2m}-\delta_{\sigma}[\alpha^{\mp}_{m\mp\frac{1}{2}}\bar{f}(\Delta_2^+)+\alpha^{\pm}_{m\mp\frac{1}{2}}\bar{f}(\Delta_2^-)]\,(P_{\bar{\sigma}m}+P_{2m})\\&+\beta_{m\mp\frac{1}{2}}\delta_{\sigma}[\bar{f}(\Delta_2^+)-\bar{f}(\Delta_2^-)]\langle X^{\sigma\bar{\sigma}}Y^{m\mp1,m}\rangle=0.\end{aligned}\tag{3.50}$$

其中, m 的取值为 $m\in[-S,S]$. 同时, 为了符号简练, 上面式子中我们定义了一些简写符号, $\Delta_1^+\equiv\Delta_{|1,m\pm1/2\rangle^+\to|0,m\rangle}$, $\Delta_1^-\equiv\Delta_{|1,m\pm1/2\rangle^-\to|0,m\rangle}$, $\Delta_2^+\equiv\Delta_{|2,m\rangle\to|1,m\mp1/2\rangle^+}$, $\Delta_2^-\equiv\Delta_{|2,m\rangle\to|1,m\mp1/2\rangle^-}$. 对 (3.4) 式左右两端取统计平均, 有

$$P_{|1,m\rangle^{\pm}}=(A_m^{\pm})^2P_{\downarrow,m+\frac{1}{2}}+(B_m^{\pm})^2P_{\uparrow,m-\frac{1}{2}}$$

$$+A_m^{\pm}B_m^{\pm}\langle X^{\downarrow\uparrow}Y^{m+\frac{1}{2},m-\frac{1}{2}}\rangle+A_m^{\pm}B_m^{\pm}\langle X^{\uparrow\downarrow}Y^{m-\frac{1}{2},m+\frac{1}{2}}\rangle. \tag{3.51}$$

等号左端是系统本征态的平均值, 右端正是本章中一再讨论的平均值, 这也是我们为什么说本章的态矢格林函数方法是在直积表象中的, 从此公式处得到了清楚的说明. 我们先来数值讨论系统本征态的占据概率. 图 3.1 是用主方程方法和本章格林函数方法做的本征态的占据概率图, 可以看见两种方法给出的结果一致, 这也从数值计算角度证明了本章方法的正确性.

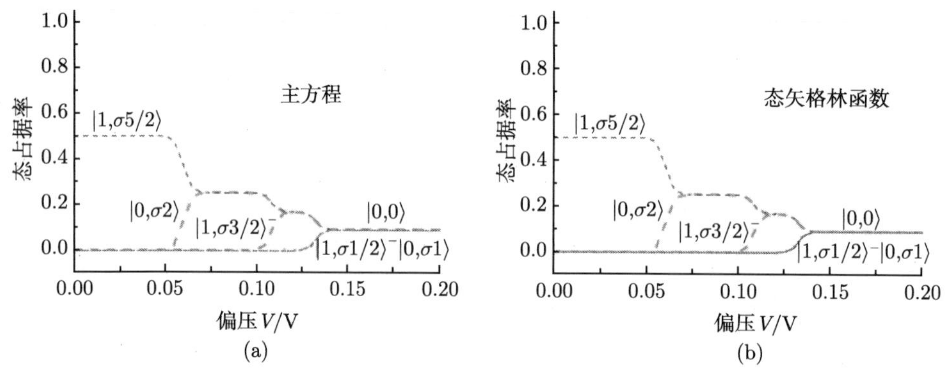

图 3.1 本征态的占据率图: (a) 主方程方法; (b) 和态矢格林函数方法

图 3.1 是本征态占据率随外加偏压的变化关系图, 图中本征态用狄拉克态矢表示, 态矢中的因子 $\sigma=\pm1$. 参数的取值为 $S=2$, $\varepsilon=0.2$, $T=0.001$,$J=0.1$,$K=0.04$,$V_{\rm g}=0.13$, 偏压取为对称偏压, 即 $\mu_{\rm L}=V/2$, $\mu_{\rm R}=-V/2$, 能量的单位取为电子伏. 由于取特定参数的缘故, 在外加偏压为零时分子磁体处于单占据全极化态 $|1,+5/2\rangle/|1,-5/2\rangle$, 二者为简并态, 占据概率各为 0.5, 其他态的占据概率为零. 随着偏压的增大, 其他态也参与到了输运中, 占据概率逐渐被这些态平分. 用主方程方法作图时, 我们从第 1 章介绍的一般形式的率方程 (1.51) 式出发, 找到 $S=2$ 时系统的完备基个数为 $(2S+1)*3=15$, 因此 (1.51) 式以此完备基展开后共得到 15 个方程. 稳态时, 其为一组线性方程, 形式化写为 $MP=0$, 其中, P 为这 15 个基组成的列向量. 同时考虑到各个态总占据概率为 1, 即这 15 个态占据率相加等于 1, 这是第 16 个条件. 为了把这第 16 个条件也考虑进去, 这里用一个技巧, 见参考文献 [42]: 把第 16 个条件写为 $EP=e$ 形式, 这里 E 为 15*15 的矩阵, 每个矩阵元都为 1, e 为 15*1 的列向量, 每个矩阵元都为 1; 也即把第 16 个条件重复了 15 遍, 写成了矩阵形式. $EP=e$ 和 $MP=0$ 相加得 $(M+E)P=e$, 以此式作为数值时的核心, 给一个偏压值 V, 就能让电脑给出一组 P 的值, 最后把数据导入 Origin 作图即可. 这样就得到了图 3.1(a). 作图 3.1(b) 时, 思路是类似的, 只不过出发点是 (3.46) 式 ~(3.50) 式, 在 $S=2$ 时, 这些式子中包含 29 个直积态平均值, 数值得到这些直

积态平均值后, 代回到 (3.51) 式, 就能与率方程方法的数值结果比较了.

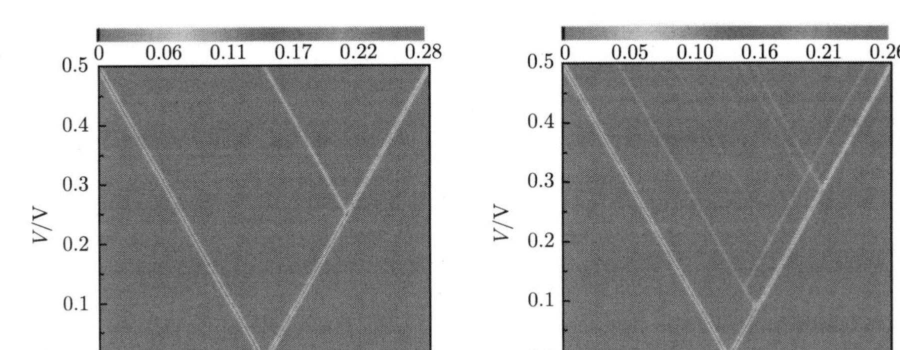

图 3.2 用态矢格林函数方法重复的Timm一文 [6] 的微分电导图 (扫描封底二维码可看彩图)

接下来我们讨论电导图. 图 3.2 是用态矢格林函数方法重复的 Timm 一文的微分电导图. (a) 图中画的是各向同性情形, 即 $K = 0$, 其参数为 $T = 0.001, S = 2, \epsilon = 0.2, U = 1, J = 0.1, \Gamma_{\rm L} = 0.001$. (b) 图中画的是各向异性情形, 即 $K \neq 0$, 其取值为 $K = 0.04$, 其他参数同左图. 能量单位取为电子伏特. 画图的思路很简单, 给出格林函数的解析解后, 代入电导公式中, 给一个偏压值, 出一个数据点. (a) 图中 V 型区域两侧对应着库仑阻塞区, 在 V 型区内部则有稳态电流, 这和第 2 章中图 2.1 的分析是类似的. 当易轴各向异性项出现, 如 (b) 图所示, 其导致了电导峰的劈裂, 出现了很复杂的精细结构. 这里重复出来的电导图和 Timm 的基本一样, 只不过 Timm 一文 [6] 中有一处显示负微分电导, 即电导峰的取向是在坐标零点下方的, 这一点和原文不一致, 希望在进一步的研究中能找出问题所在.

3.3.2 近藤区一个简单例子

考虑到 $K \neq 0$ 时数值计算上的复杂性和物理分析上的难度, 我们这里只讨论 $K = 0$ 的情形, 即各向同性情形. 从下面的讨论可以看出, 这种情形虽然简单, 却也包含着一些有趣的结果. 在这种情形下, 单占据本征能量化简为

$$E^{\pm} = \epsilon_0 + \frac{J}{4} \pm \Delta E, \tag{3.52}$$

其中, $\Delta E = |J|(2S+1)/4$. 可以看见单占据能级分为两条, 与大自旋磁量子数 m 无关. $J < 0$ 时, 交换耦合作用是铁磁耦合的, 即局域电子和大自旋方向相同, 这样使能量最低. 同理, $J < 0$ 时, 交换耦合时反铁磁的. 在 (3.40) 式 ~(3.43) 式中的近

藤自能此时化简为三个:

$$\Sigma_1(\omega) = \sum_{k\alpha} |t_{k\alpha}|^2 f(\epsilon_{k\alpha})/(\omega - \epsilon_{k\alpha}),$$

$$\begin{aligned}\Sigma_1^{\pm}(\omega) &= \sum_{k\alpha} \frac{|t_{k\alpha}|^2 f(\epsilon_{k\alpha})}{\omega - \epsilon_{k\alpha} \pm 2\Delta E} \\ &= -\sum_{\alpha} \frac{\Gamma_\alpha}{2\pi}[\mathrm{i}\pi f_\alpha(\omega \pm \Delta E) + \ln\frac{2\pi T}{D} + \Psi(\frac{1}{2} - \mathrm{i}\frac{\omega \pm 2\Delta E - \mu_\alpha}{2\pi T})].\end{aligned} \tag{3.53}$$

其中, Ψ 是双伽马函数, 在 Mathematica 自带函数中有此函数. 可以预见, 近藤峰将出现在费米面附近, 并且由这三个近藤自能决定. 为此, 我们在图 3.3 中画了自能实部随能量的变化图, 其中, 图 3.3(a) 的参数为 $D = 1000, T = 0.0001, J = 0.4, S = 1$, $\Gamma = \Gamma_{\mathrm{L}} + \Gamma_{\mathrm{R}} = 1$ 作为近藤区能量单位. 图 3.3(b) 的参数为 $J = 0$, 其他参数则相同. 与量子点情形相比 (图 3.3(b)), 我们可以观察到一些新特性: ①图 3.3(a) 中有三个近藤自能峰, 每个近藤自能引起态密度中的一个峰, 这是最为明显的; ②除了在费米面 (即 $\omega = 0$ 处) 的近藤峰, 其他两个峰对称分布在费米面两侧, 其位置是 $\omega = \pm 2\Delta E$. 因此我们预期在态密度中将会出现三个近藤共振峰.

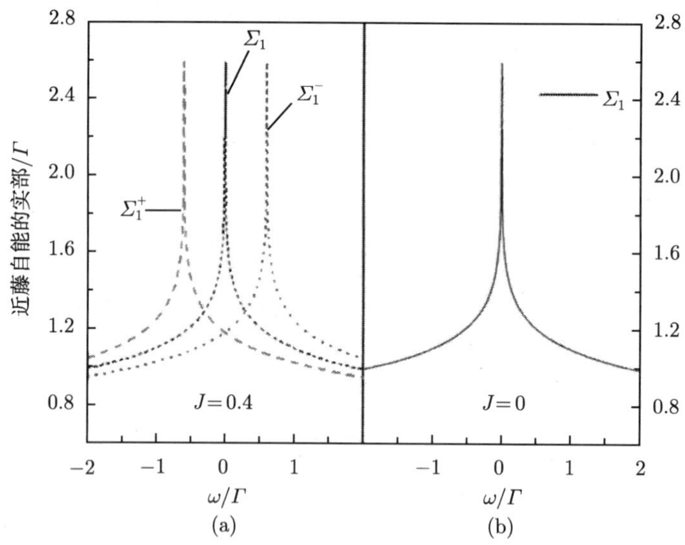

图 3.3　近藤自能的实部. (a) 是各向同性分子磁体的; (b) 是量子点的

图 3.4 是态密度随能量的变化图, 讨论铁磁耦合、反铁磁耦合以及自旋的宇称 (即整数还是半整数自旋) 对态密度的影响. 态密度的物理意义在于它能帮助我们看清各种隧穿过程, 如单粒子隧穿过程、多体隧穿过程、声子辅助隧穿过程等. 态密度定义为 $\rho_\sigma(\omega) = -(1/\pi)\mathrm{Im}G_\sigma^r(\omega)$.

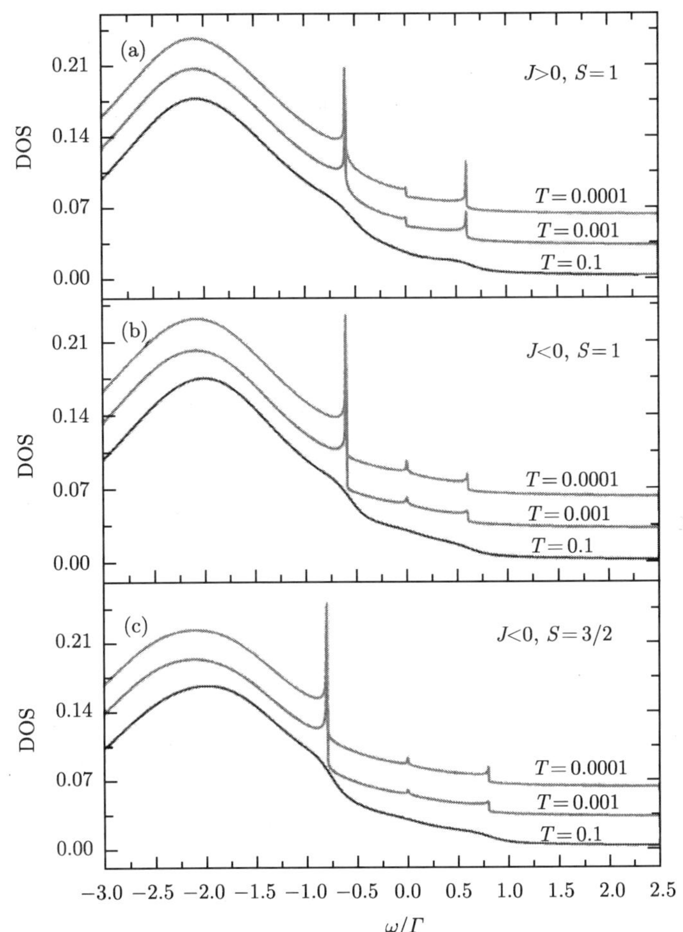

图 3.4 各向同性分子磁体的态密度图. (a)、(b) 中 $S = 1$, (c) 中 $S = 3/2$, 其他参数选为 $\epsilon_0 = -3, |J| = 0.4, D = 1000, T = 0.1, 0.001, 0.0001$. 为了增加图中可读性, 我们把 $T = 0.001(0.0001)$ 的曲线上移了 0.03(0.06)

我们感兴趣的近藤峰在单占据能级处于费米面之下时会出现, 因此我们选取 $\epsilon_0 = -3$, 而为了讨论铁磁和反铁磁耦合我们选取 $|J| = 0.4$. 在数值计算时, 一些物理上的考虑值需提到, 因它们能够简化各向同性情形下的数值计算. ①$K = 0$ 时, 空占据态简并, 则可用 $P_{0m} = P_{0m'}$ 代替格林函数 $\langle\langle X^{0\sigma}Y^{m,m}|X^{\bar{\sigma}0}Y^{m\pm1,m}\rangle\rangle^r$, $\langle X^{0\bar{\sigma}}Y^{m,m\pm1}|X^{\bar{\sigma}0}Y^{m\pm1,m}\rangle\rangle^r$; ②因为我们考虑的是金属电极, 完备性关系可以用 $\sum\limits_m P_{0m} + 2\sum\limits_m P_{\uparrow m} = 1$ 来代替 $\sum\limits_m P_{0m} + \sum\limits_m P_{\uparrow m} + \sum\limits_m P_{\downarrow m} = 1$. 从图中可以看到, 近藤物理随温度的变换很明显, 随着温度的增大, 近藤峰会消失. 图 3.4(a) 中我们讨论铁磁耦合情形. 可以看见两类峰: 一种扁平峰, 其位置在 $\omega \approx -2.75$ 处, 另

一类是尖峰, 其位置在 $\omega=0,\pm2\Delta E$ 处. 扁平峰对应单占据能级, 因 J 取的比较小, 其表现为一个峰. 此峰的形成涉及简单的单粒子隧穿过程. 三个尖峰是近藤共振峰, 其源于多体隧穿物理, 并与两条单占据能级密切相关, 我们解释如下: 先解释在 $\omega=0$ 处的峰. 如果一个自旋向上的电子初始时占据 $E^+(E^-)$ 能级, 则虚态过程中它可以通过高阶过程隧穿到电极的费米面上, 同时, 另一个电极上费米面处的自旋向下电子可以隧穿到 $E^+(E^-)$ 能级上. 此过程的相干叠加就形成了费米面处的近藤峰. 而位于 $\omega=-2\Delta E$ 处的峰解释稍有不同. 初始时位于 E^+ 能级的自旋向上电子通过高阶过程隧穿到电极费米面上, 而另一个电极中位于 $\omega=-2\Delta E$ 处的自旋向下电子隧穿到 E^- 能级, 整个过程是能量守恒的. 位于 $\omega=2\Delta E$ 处的峰可同样解释. 因而图 3.4(a) 中态密度呈现三峰结构. 这种分析同样适用于反铁磁情形, 因而我们预期其同样呈现三峰结构, 见图 3.4(b). 当我们改变自旋的宇称, 即把原来的整数自旋换成半整数 $S=3/2$, 发现态密度仍然呈现三峰结构. 因此我们总结在各向同性情形, 态密度总是呈现三峰结构, 这可以看作是此情形的一个判据.

3.4 本章小结

本章着重讨论了如何把格林函数方法扩展到大自旋输运系统, 如单分子磁体. 我们把大自旋、系统哈密顿量以及局域推迟格林函数重新表述成态矢量构成的算符形式, 并给出了运动方程的详细推导过程. 在顺序区和近藤区分别给出了推迟格林函数的解析结果. 除此以外, 在顺序区我们讨论了态矢格林函数方法和率方程方法的联系, 得到了和率方程方法一致的结果; 在近藤区, 作为示例, 我们讨论了各向同性分子磁体的态密度, 展现了一个三峰结构, 其可用来刻画局域电子和大自旋之间的各向同性耦合.

参考文献

[1] Wernsdorfer W, Sessoli R. Quantum phase interference and parity effects in magnetic molecular clusters. Science, 1999, 284: 133.

[2] Gunther L, Barbara B. Quantum Tunneling of Magnetization. Kluwer, Dordrecht: Springer, 1994.

[3] Delft J V, Henley C L. Destructive quantum interference in spin tunneling problems. Phys. Rev. Lett., 1992, 69: 3236.

[4] Heersche H B, Groot Z D, Folk J A, et al. Electron transport through single Mn_{12} molecular magnets. Phys. Rev. Lett., 2006, 96: 206801.

[5] Jo M H, Grose J E, Baheti K, et al. Signatures of molecular magnetism in single-molecule transport spectroscopy. Nano Lett., 2006, 6: 2014.

[6] Elste F, Timm C. Spin amplification, reading, and writing in transport through anisotropic magnetic molecules. Phys. Rev. B, 2006, 73: 235304.

[7] Elste F, Timm C. Transport through anisotropic magnetic molecules with partially ferromagnetic leads: Spincharge conversion and negative differential conductance. Phys. Rev. B, 2006, 73: 235305.

[8] Romeike C, Wegewijs M R, Hofstetter W et al. Kondo transport spectroscopy of single molecule magnets. Phys. Rev. Lett., 2006, 97: 206601.

[9] Romeike C, Wegewijs M R, Hofstetter W, et al. Quantum tunneling induced Kondo effect in single molecular magnets. Phys. Rev. Lett., 2006, 96: 196601.

[10] Gonzalez G, Leuenberger M N, Mucciolo E R. Kondo effect in single-molecule magnet transistors. Phys. Rev. B, 2008, 78: 054445.

[11] Elste F, Timm C. Resonant and Kondo tunneling through molecular magnets. Phys. Rev. B, 2010, 81: 024421.

[12] Leuenberger M N, Mucciolo E R. Berry-phase oscillations of the Kondo effect in single-molecule magnets. Phys. Rev. Lett., 2006, 97: 126601.

[13] Misiorny M, Weymann I, Barnas J. Interplay of the Kondo effect and spin-polarized transport in magnetic molecules, adatoms, and quantum dots. Phys. Rev. Lett., 2011, 106: 126602.

[14] Misiorny M, Barnas J. Magnetic switching of a single molecular magnet due to spin-polarized current. Phys. Rev. B, 2007, 75: 134425.

[15] Misiorny M, Barnas J. Spin polarized transport through a single molecule magnet: Current induced magnetic switching. Phys. Rev. B, 2007, 76: 054448.

[16] Misiorny M, Barnas J. Effects of intrinsic spin-relaxation in molecular magnets on current-induced magnetic switching. Phys. Rev. B, 2008, 77: 172414.

[17] Gonzalez G, Leuenberger M N. Berry phase blockade in single molecule magnets. Phys. Rev. Lett., 2007, 98: 256804.

[18] Candini A, Klyatskaya S, Ruben M, et al. Graphene spintronic devices with molecular nanomagnets. Nano Lett., 2011, 11: 2634.

[19] Wang R Q, Sheng L, Shen R, et al. Thermoelectric effect in single-molecule-magnet junctions. Phys. Rev. Lett., 2010, 105: 057202.

[20] Elste F, Timm C. Theory for transport through a single magnetic molecule: Endohedral N@C60. Phys. Rev. B, 2005, 71: 155403.

[21] Li X Q, Lu J Y, Yang Y G. Quantum master-equation approach to quantum transport through mesoscopic systems. Phys. Rev. B, 2005, 71: 205304.

[22] Toth A I, Moca C P, Legeza O, et al. Density matrix numerical renormalization group for non-Abelian symmetries. Phys. Rev. B, 2008, 78: 245109.

[23] Lee M, Jonckheere T, Martin T. Josephson effect through an isotropic magnetic molecule. Phys. Rev. Lett., 2008, 101: 146804.

[24] Roosen D, Wegewijs M R, Hofstetter W. Nonequilibrium dynamics of anisotropic large spins in the Kondo regime: Time-dependent numerical renormalization group analysis. Phys. Rev. Lett., 2008, 100: 087201.

[25] Legeza O, Moca C P, Toth A I, et al. Manual for the flexible DM-NRG code, Version 1.0.0. arXiv: 0809.3143.

[26] Kadanoff L P, Baym G. Quantum Statistical Mechanics. Benjamin, New York, 1962.

[27] Keldysh L V. Diagram technique for nonequilibrium processes. Zh. Eksp. Teor. Fiz, 1964, 47: 1515.

[28] Meir Y, Wingreen N S. Landauer formula for the current through an interacting electron region. Phys. Rev. Lett., 1992, 68: 2512.

[29] Jauho A P, Wingreen N S, Meir Y. Time-dependent transport in interacting and non-interacting resonant-tunneling systems. Phys. Rev. B, 1994, 50: 5528.

[30] Tolea M, Bulka B R. Theoretical study of electronic transport through a small quantum dot with a magnetic impurity. Phys. Rev. B, 2007, 75: 125301.

[31] Holstein T, Primakoff H. Field dependence of the intrinsic domain magnetization of a ferromagnet. Phys. Rev., 1940, 58: 1098.

[32] Schwinger J. Quantum Theory of Angular Momentum. New York: Academic Press, 1965.

[33] Bode N, Arrachea L, Lozano G S, et al. Current-induced switching in transport through anisotropic magnetic molecules. Phys. Rev. B, 2012, 85: 115440.

[34] Miyashita S, Ogata M, Raedt H D. Nagaoka ferromagnetism in large-spin fermionic and bosonic systems. Phys. Rev. B, 2009, 80: 174422.

[35] Ovchinnikov S G, ValIko V V. Hubbard Operators in the Theory of Strongly Correlated Electrons. British: Imperial College Press 2004.

[36] Kostyrko T, Bulka B R. Hubbard operators approach to the transport in molecular junctions. Phys. Rev. B, 2005, 71: 235306.

[37] Fransson J. Nonequilibrium Nano-Physics: A Many-Body Approach. Dordrecht: Springer Press, 2010.

[38] Haug H, Jauho A P. Quantum Kinetics in Transport and Optics of Semiconductors. Dordrecht: Springer Press, 2008.

[39] Ng T K. Ac response in the nonequilibrium Anderson impurity model. Phys. Rev. Lett., 1996, 76:487.

[40] Meir Y, Wingreen N S, Lee P A. Transport through a strongly interacting system: Theory of periodic conductance oscillations. Phys. Rev. Lett., 1991, 66: 3048.

[41] Meir Y, Wingreen N S, Lee P A. Low-temperature transport through a quantum dot: The Anderson model out of equilibrium. Phys. Rev. Lett., 1993, 70: 2601.

[42] Koch J. Quantum transport through single-molecule devices. Doctor Thesis, 2006.

第 4 章　大自旋系统中的近藤效应

4.1 引　言

在 2.1 节中我们简述过量子点中的近藤效应. 在此基础上, 我们介绍一下本章内容. 单分子磁体如 (Fe_8、Mn_{12}), 由于其展现的宏观量子干涉和宏观量子隧穿效应, 早在二十年前就吸引了许多研究者的注意 [1−3]. 自从 Heersche 和 Jo 研究小组 [4,5] 报道能把单个磁性分子嵌在金属电极之间, 做成类似于半导体量子点的三终端输运结构以后, 加上这种分子三终端结构的潜在理论研究和应用价值, 人们的兴趣又转而投向了研究单分子磁体的输运性质. 自然, 理论和实验研究同时做出了许多有趣的结果, 如负微分电导 [4,6,7], 近藤效应 [6−11], 极化电流导致的单分子磁体翻转 [12−14], Berry 相位导致的自旋阻塞和振荡 [15], 单分子磁体的噪声谱特性等. 但这种研究方式也有一定的局限性, 例如, 一旦把单个分子嵌在金属结中, 想更换其他分子是不容易的 [16], 同时单个分子的特性是固定的, 不像量子点那样本身的参数特性是可调的. 因此人们自然想到研制一种人工对应物 —— 人工分子磁体. 这种人工分子磁体的制备前面章节已做过简介, 是在量子点中掺杂锰阳离子来实现的. 通过理论研究, 人们发现它能够展现各向异性和磁矩翻转以及磁滞回线, 其特性很像分子磁体 [16−22]. 人们对人工分子磁体的输运特性也做了一些研究, 尤其是人工分子磁体开拓者 Rossier 小组, 他们做出了这方面一系列的研究成果, 可以参看前文简介. 因此, 人工分子磁体可以弥补单分子磁体的某些不足, 为研究者们指明了一条新的研究道路.

本章内容分以下几个方面. 首先介绍人工分子磁体的一个特例, 即强各向异性模型在顺序区和近藤区的输运性质. 我们将会看到强各向异性模型作为人工分子磁体的一个特例, 是大自旋模型中最简单的例子. 输运装置为掺杂锰大自旋的量子点模型, 由于自旋轨道作用, 空穴载流子和锰原子之间的交换耦合是强各向异性的, 因此锰自旋的翻转在本模型中是被禁止的, 这个特性不同于单分子磁体, 且出现了一些有趣的结果, 尤其是空穴载流子和锰原子形成了 $2S+1$ 个自旋对态, 其中, S 是锰原子的角动量量子数, $S=5/2$. 在顺序区电导的特性不再是单纯由门电压和偏压决定, 同时还受到了锰原子的调制, 在顺序隧穿区出现 $2S+1$ 个微分电导峰, 对应着 $2S+1$ 个自旋对态形成的能级, 并且相应的噪声谱和 Fano 因子也出现了 $2S+1$ 个台阶. 在低温近藤区, 和已有工作研究的分子磁体近藤效应和整数及半整数近藤效应不同, 电导和态密度出现了 $2S+1$ 个近藤尖峰. 这些尖峰来源于锰原子和空穴载流子之间的相互作用. 这个强交换作用把初始时的单个空穴态劈裂成了 $2S+1$ 个子能级, 同时, 电极上的空穴和量子点上的空穴形成了强耦合自旋单态, 这二者的共同作用导致了人工分子磁体的近藤效应依赖于自旋对态的位形, 如平行还是反平行.

然后介绍各向异性耦合的人工分子磁体中的近藤效应, 这个模型分为几种情况, 如强各向异性时, 其结果自然退回到上面介绍的特例情形, 而在各向同性耦合时, 近藤峰出现了一个三峰结构. 在最一般的各向异性耦合下, 输运能级的简并被破除, 我们会介绍其中的输运能级和局域自旋形成的耦合态, 近藤输运正是通过这些能级发生. 通过仔细的分析我们会发现通过单个能级的近藤输运和通过两个能级的近藤输运, 解释电导峰中出现的精细劈裂结构.

最后介绍单分子磁体中近藤效应, 我们将着重介绍局域大自旋对近藤峰的劈裂效应. 分子磁体的大自旋对近藤峰的劈裂与磁场和自旋轨道耦合有类似之处, 但也有其自身特点. 比如, 交换耦合参数 J 和各向异性参数 K 的相互影响能导致费米面处近藤峰为向上尖峰或向下的谷. 这些劈裂峰的位置我们用能级内近藤隧穿或能级间近藤隧穿来解释. 这些结果对我们理解大自旋对近藤效应的影响有所帮助.

4.2 强各向异性人工分子磁体

本节介绍强各向异性人工分子磁体模型, 我们将会看到强各向异性情形是人工分子磁体模型的一个特例, 但也是大自旋模型中最简单的一个例子, 为此我们在本节中会介绍其在顺序隧穿区和近藤区的输运性质.

4.2.1 模型和运动方程解

我们首先给出各向异性人工分子磁体模型的哈密顿量及其态矢形式, 并在此基础上给出推迟格林函数在顺序区和近藤区的运动方程解.

我们考虑的输运模型如下, 在半导体量子点中掺杂一个自旋为 $S=5/2$ 的锰原子, 量子点外部和半导体电极相连. 整个系统的哈密顿量为 $H=H_{\text{Leads}}+H_{\text{cen}}+H_{\text{T}}$ 三项. 式中, 第一项 $H_{\text{Leads}}=\sum\limits_{k\alpha\sigma}\varepsilon_{k\alpha}c^{\dagger}_{k\alpha\sigma}c_{k\alpha\sigma}$ 描述电极中的空穴载流子; 第二项 $H_{\text{T}}=\sum\limits_{k\alpha\sigma}[t_{k\alpha}c^{\dagger}_{k\alpha\sigma}c_{\sigma}+H.c.]$描述电极和人工分子磁体之间的隧穿耦合, 其中, $c^{\dagger}_{\sigma}(c_{\sigma})$ 是产生 (湮灭) 一个人工分子磁体上的空穴; 第三项是中间区域的哈密顿量, 描述人工分子磁体 [23]:

$$H_{\text{cen}}=\sum_{\sigma=\uparrow,\downarrow}\varepsilon_h c^{\dagger}_{\sigma}c_{\sigma}+Un_{\uparrow}n_{\downarrow}+Js_zS_z+\frac{\gamma J}{2}\left(s_+S_-+s_-S_+\right). \tag{4.1}$$

其中, U 是量子点上空穴间的库仑排斥能, $n_\sigma = c_\sigma^\dagger c_\sigma(\sigma =\uparrow,\downarrow)$ 是空穴粒子数算符. $S_{z,\pm}$ 是锰原子的自旋算符, 而 $s_{z,\pm}$ 是空穴的自旋算符. 第三项、第四项合起来描述 Mn 原子和空穴之间的交换耦合, 不同于分子磁体的是, 这个交换耦合是各向异性的, γ 是一个可以通过自旋轨道耦合调节的参数. 为此, 本章考虑一个极限情况, $\gamma = 0$. 这样空穴和 Mn 大自旋之间的自旋翻转就被禁止了, 从而出现一些简单而有趣的输运现象. 下文我们将采用 $e = \hbar = 1$ 为单位, 在需要注意的地方, 我们会明确指出.

在库仑能很大的情况下 $(U \to \infty)$, 人工分子磁体上双占据被禁止, 这是我们做的另一简化. 在此极限下, 中间哈密顿量的本征态可以分为三支, 记为 $|\lambda, m\rangle = |\lambda\rangle|m\rangle$, 其中, m 是大自旋的 Z 方向自旋算符的磁量子数, $\lambda = 0,\uparrow,\downarrow$ 表示空穴在人工分子磁体上的占据的分别是 0, 自旋朝上电子, 自旋朝下电子. 这些本征态满足:

$$H_{\text{cen}}\,|\lambda, m\rangle = E_{\lambda m}\,|\lambda, m\rangle\,. \tag{4.2}$$

其中, $E_{0,m} = 0, E_{\sigma,m} = \varepsilon_h + \delta_\sigma Jm/2$, 这里当 $\sigma =\uparrow (\downarrow)$ 时 $\delta_\sigma = +1(-1)$. 单占据能量的性质为 $E_{\uparrow,m} = E_{\downarrow,-m}$.

接下来我们把中间哈密顿量写成 Hubbard 算符形式. 在 $U \to \infty$ 时, 人工分子磁体上的空穴算符很容易用 Hubbard 算符表示为[24−26] $c_\sigma = X^{0\sigma}, c_\sigma^+ = X^{\sigma 0}, s_+ = X^{\uparrow\downarrow}, s_- = X^{\downarrow\uparrow}, s_z = (X^{\uparrow\uparrow} - X^{\downarrow\downarrow})/2$. 这里 $X^{\lambda\lambda'} \equiv |\lambda\rangle\langle\lambda'|$ 满足完备性关系 $\sum\limits_\lambda X^{\lambda\lambda} = 1$. 大自旋的处理和本文第 3 章一样, 这里直接给出结果

$$\begin{aligned} S^z &= \sum_{m=-S}^{S} mY^{m,m}, \\ S^+ &= \sum_{m=-S}^{S} \sqrt{(S+m+1)(S-m)}Y^{m+1,m}, \\ S^- &= \sum_{m=-S}^{S} \sqrt{(S-m+1)(S+m)}Y^{m-1,m}. \end{aligned} \tag{4.3}$$

其中, $Y^{m,m\prime} \equiv |Sm\rangle\langle Sm\prime|$. 到此会注意到在空穴自由度和大自旋自由度我们引入了两套 Hubbard 算符, 分别用 X 算符和 Y 算符表示. 所以, 系统的哈密顿量被重新表述为

$$\begin{aligned} H_{\text{cen}} =& \varepsilon_h(X^{\uparrow\uparrow} + X^{\downarrow\downarrow}) \\ & + \frac{J}{2}\sum_{m=-S}^{S} mX^{\uparrow\uparrow}Y^{m,m} \end{aligned}$$

$$-\frac{J}{2}\sum_{m=-S}^{S} mX^{\downarrow\downarrow}Y^{m,m}, \tag{4.4}$$

$$H_{\mathrm{T}}=\sum_{k\alpha\sigma}(t_{k\alpha}c_{k\alpha\sigma}^{\dagger}X^{0\sigma}+H.c.). \tag{4.5}$$

由于 $\gamma=0$, (4.4) 式中我们将自旋翻转项忽略.

为了计算上述模型的输运性质, 我们在态矢格林函数的基础上推演一些公式. 即使本文所用的是态矢格林函数, 其还是在整个非平衡格林函数理论框架内的, 一般形式的电流公式仍然适用:

$$I=-\frac{2e}{h}\sum_{\sigma=\uparrow,\downarrow}\int \mathrm{d}\omega \varGamma_{\sigma}\left[f_{\mathrm{L}}(\omega)-f_{\mathrm{R}}(\omega)\right]\mathrm{Im}G_{\sigma}^{r}(\omega), \tag{4.6}$$

其中, $G_{\sigma}^{r}(\omega)\equiv\langle\langle c_{\sigma}|c_{\sigma}^{\dagger}\rangle\rangle^{r}$ 是 $G_{\sigma}^{r}(t)\equiv\langle\langle c_{\sigma}(t)|c_{\sigma}^{\dagger}\rangle\rangle^{r}=-\mathrm{i}\theta(t)\langle\{c_{\sigma}(t),c_{\sigma}^{\dagger}(0)\}\rangle$ 的傅里叶变换对应的函数. 如第 3 章一样, 格林函数用双尖括号表示, 同时为符号简单, 我们省去了频率域格林函数的能量标记 ω, 在以下的推导中我们将一直采用这种记号. $f_{\alpha}(\omega)=[\mathrm{e}^{\beta(\omega-\mu_{\alpha})}+1]^{-1}$ 是电子的费米–狄拉克分布函数. 在本章中, 出于简化问题的目的, 我们只考虑最简单的输运空穴无极化 ($\varGamma_{\uparrow}=\varGamma_{\downarrow}$) 和与电极的对称耦合 ($\varGamma_{\mathrm{L}}=\varGamma_{\mathrm{R}}=2\pi|t|^{2}\rho$) 的情况. 同时我们指出, 把本章的方法推广到有自旋极化的铁磁电极或者超导电极的情形是直截了当的. 这里 $\rho=1/2D$ 是空穴库中空穴态密度, 我们已经用了宽带近似, 即在带宽 $2D$ 范围内默认空穴的态密度是常数, 而在此范围外空穴的态密度是零. 因此, 问题的核心便归结为了如何求解人工分子磁体的推迟格林函数 $G_{\sigma}^{r}(\omega)$.

接下来我们给出顺序隧穿区和近藤区人工分子磁体的推迟格林函数的运动方程解. 在哈伯德算符表象, 推迟格林函数被重新写为

$$G_{\sigma}^{r}(\omega)=\langle\langle X^{0\sigma}|c_{\sigma}^{+}\rangle\rangle^{r}=\sum_{m}\langle\langle X^{0\sigma}Y^{m,m}|c_{\sigma}^{+}\rangle\rangle^{r} \tag{4.7}$$

其中 $\sigma=\uparrow,\downarrow$, 并且最后一个等号处插入了局域大自旋的完备基. 我们只需求出 $\langle\langle X^{0\sigma}Y^{m,m}|c_{\sigma}^{+}\rangle\rangle^{r}$ 的解后带回到上式求和中即可. 为此, 其运动方程为

$$\begin{aligned}&\left(\omega-\varepsilon_{h}-\delta_{\sigma}\frac{J}{2}m\right)\langle\langle X^{0\sigma}Y^{m,m}|c_{\sigma}^{+}\rangle\rangle^{r}\\=&P_{0m}+P_{\sigma m}+\sum_{k\alpha}t_{k\alpha}^{*}\langle\langle X^{\bar{\sigma}\sigma}c_{k\alpha\bar{\sigma}}Y^{m,m}|c_{\sigma}^{+}\rangle\rangle^{r}\\&+\sum_{k\alpha}t_{k\alpha}^{*}\langle\langle(X^{00}+X^{\sigma\sigma})c_{k\alpha\sigma}Y^{m,m}|c_{\sigma}^{+}\rangle\rangle^{r},\end{aligned} \tag{4.8}$$

其中, $P_{\lambda m} \equiv \langle X^{\lambda\lambda} Y^{m,m} \rangle$, 等式右边第一个求和项为一 k 翻转项, 在顺序区直接近似掉, 第二个求和项应用二阶近似 (参见前面几章) 后有

$$\sum_{k\alpha} t_{k\alpha}^{*} \langle\langle (X^{00}+X^{\sigma\sigma}) c_{k\alpha\sigma} Y^{m,m} | c_{\sigma}^{+} \rangle\rangle^{r} \approx \Sigma_0 \langle\langle X^{0\sigma} Y^{m,m} | c_{\sigma}^{+} \rangle\rangle^{r}, \tag{4.9}$$

其中, $\Sigma_0 = \sum_{k\alpha} |t_{k\alpha}|^2 / (\omega - \varepsilon_{k\alpha} + \mathrm{i}0^{+}) = -\mathrm{i}\Gamma_{\mathrm{L}} (\Gamma_{\mathrm{L}} = \Gamma_{\mathrm{R}})$. 所以在顺序区 (4.8) 式截断为

$$\langle\langle X^{0\sigma} Y^{m,m} | c_{\sigma}^{+} \rangle\rangle^{r} = \frac{P_{0m} + P_{\sigma m}}{\omega - \varepsilon_h - \delta_{\sigma} \dfrac{J}{2} m - \Sigma_0}, \tag{4.10}$$

上式结果是代回到 (4.7) 式就得到了顺序区推迟格林函数的解, 即

$$G_{\sigma}^{r}(\omega) = \sum_{m=-S}^{S} \frac{P_{0m} + P_{\sigma m}}{\omega - \varepsilon_h - \delta_{\sigma} \dfrac{J}{2} m - \Sigma_0}. \tag{4.11}$$

可以看见相较于第 3 章分子磁体模型, 这里的推导相当简短, 只因模型简单的缘故. 接下来我们给出近藤区的推导. 考虑前面忽略掉的自旋翻转项, 其运动方程为

$$\begin{aligned} &(\omega - \varepsilon_{k\alpha} - \delta_{\sigma} m J) \langle\langle X^{\bar{\sigma}\sigma} c_{k\alpha\bar{\sigma}} Y^{m,m} | c_{\sigma}^{+} \rangle\rangle^{r} \\ =& \sum_{k'\alpha'} t_{k'\alpha'} \langle\langle X^{0\sigma} c_{k'\alpha'\bar{\sigma}}^{+} c_{k\alpha\bar{\sigma}} Y^{m,m} | c_{\sigma}^{+} \rangle\rangle^{r} \\ &+ \sum_{k'\alpha'} t_{k'\alpha'}^{*} \langle\langle X^{\bar{\sigma}0} c_{k'\alpha'\sigma} c_{k\alpha\bar{\sigma}} Y^{m,m} | c_{\sigma}^{+} \rangle\rangle^{r}. \end{aligned} \tag{4.12}$$

用第 3 章讨论过的近似, 把电极上的电子对算符从格林函数里拿出来, 从而做截断近似, 有

$$\sum_{k'\alpha'} t_{k'\alpha'} \langle\langle X^{0\sigma} c_{k'\alpha'\bar{\sigma}}^{+} c_{k\alpha\bar{\sigma}} Y^{m,m} | c_{\sigma}^{+} \rangle\rangle^{r} \approx t_{k\alpha} f_{\alpha}(\varepsilon_k) \langle\langle X^{0\sigma} Y^{m,m} | c_{\sigma}^{+} \rangle\rangle^{r}, \tag{4.13}$$

$$\sum_{k'\alpha'} t_{k'\alpha'}^{*} \langle\langle X^{\bar{\sigma}0} c_{k'\alpha'\sigma} c_{k\alpha\bar{\sigma}} Y^{m,m} | c_{\sigma}^{+} \rangle\rangle^{r} \approx t_{k\alpha}^{*} \langle c_{k\alpha\sigma} c_{k\alpha\bar{\sigma}} \rangle \langle\langle X^{\bar{\sigma}0} Y^{m,m} | c_{\sigma}^{+} \rangle\rangle^{r} = 0. \tag{4.14}$$

其中, $f_{\alpha}(\varepsilon_k) = \langle c_{k\alpha\sigma}^{\dagger} c_{k\alpha\sigma} \rangle$ 为费米分布函数. 因此 (4.12) 式截断为

$$(\omega - \varepsilon_{k\alpha} - \delta_{\sigma} m J) \langle\langle X^{\bar{\sigma}\sigma} c_{k\alpha\bar{\sigma}} Y^{m,m} | c_{\sigma}^{+} \rangle\rangle^{r} = t_{k\alpha} f_{\alpha}(\varepsilon_k) \langle\langle X^{0\sigma} Y^{m,m} | c_{\sigma}^{+} \rangle\rangle^{r}, \tag{4.15}$$

代入 (4.8) 式的求和中, 有

$$\sum_{k\alpha} t_{k\alpha}^{*} \langle\langle X^{\bar{\sigma}\sigma} c_{k\alpha\bar{\sigma}} Y^{m,m} | c_{\sigma}^{+} \rangle\rangle^{r} = \Sigma_{m}^{\sigma} \langle\langle X^{0\sigma} Y^{m,m} | c_{\sigma}^{+} \rangle\rangle^{r}, \tag{4.16}$$

其中, $\Sigma_m^\sigma = \sum_{k\alpha} |t_{k\alpha}|^2 f_\alpha(\varepsilon_k)/(\omega - \varepsilon_{k\alpha} - \delta_\sigma mJ + \mathrm{i}0^+)$为三阶截断下产生的近藤自能. 把 (4.16) 式代入 (4.7) 式, 我们得到了近藤区推迟格林函数的表达式:

$$G_\sigma^r(\omega) = \sum_{m=-S}^{S} \frac{P_{0m} + P_{\sigma m}}{\omega - \varepsilon_h - \delta_\sigma \dfrac{J}{2} m - \Sigma_0 - \Sigma_m^\sigma}, \tag{4.17}$$

从此式出发可以讨论近藤物理. 其中的本征态占据概率 $P_{\sigma m}$ 可以用格林函数来计算:

$$\begin{aligned} P_{\sigma m} &= \langle c_\sigma^\dagger X^{0\sigma} Y^{m,m} \rangle \\ &= -\mathrm{i} \int \frac{\mathrm{d}\omega}{2\pi} G_{\sigma m}^<(\omega) = -\frac{1}{\pi} \int \mathrm{d}\omega \bar{f}(\omega) \mathrm{Im} \langle\langle X^{0\sigma} Y^{m,m} | c_\sigma^+ \rangle\rangle^r, \end{aligned} \tag{4.18}$$

其中, $\bar{f}(\omega) = [f_\mathrm{L}(\omega) + f_\mathrm{R}(\omega)]/2$, 小于格林函数 $G_{\sigma m}^<(\omega)$ 定义为 $G_{\sigma m}^<(t) \equiv \langle\langle X^{0\sigma}(t) Y^{m,m}(t) | c_\sigma^+(0) \rangle\rangle^< = \mathrm{i} \langle c_\sigma^+(0) X^{0\sigma}(t) Y^{m,m}(t) \rangle$ 的傅里叶变换. (4.18) 式最后一步中我们用了 Ng 假设 [27], $\Sigma^< = \mathrm{i}(\Gamma_\mathrm{L} f_\mathrm{L} + \Gamma_\mathrm{R} f_\mathrm{R})$. 把推迟格林函数 (4.11) 式或 (4.17) 式代入 (4.18) 式, 我们得到了一组关于 $P_{\sigma m}$ 的线性方程组:

$$(C_{\sigma m} - 1) P_{\sigma m} + C_{\sigma m} P_{0m} = 0, \tag{4.19}$$

其中,

$$C_{\sigma m} = -\frac{1}{\pi} \int \mathrm{d}\omega \bar{f}(\omega) \mathrm{Im} \left[1 \Big/ \left(\omega - \varepsilon_h - \delta_\sigma \frac{J}{2} m - \Sigma \right) \right]. \tag{4.20}$$

这里在顺序隧穿区 $\Sigma = \Sigma_0$, 在近藤区 $\Sigma = \Sigma_0 + \Sigma_m^\sigma$. 这里再多做一点讨论, 如果用主方程方法 [23] 计算本模型, 会在顺序区得到和 (4.19) 式一样的结果, 这一点作者亲自验证过. 关于 P_{0m} 还缺少一个条件, 我们给出如下

$$P_{0m} + P_{\uparrow m} + P_{\downarrow m} = \frac{1}{2S+1}, \tag{4.21}$$

此条件考虑的物理在于 S_z 是个守恒量, 其对应的局域自旋磁量子数是个好量子数, 在加偏压后系统演化过程中并不会变化, 而其初态满足的条件应该是概率均分情形, 即 $2S+1$ 个磁量子数均分占据概率, 由此得到了上式.

到此, 我们在态矢格林函数方法的基础上, 重新表示了系统哈密顿量和推迟格林函数, 并得到了相应的一些解析表达式, 以此为出发点, 我们下一步将做一些数值计算和讨论. 讨论的内容将主要分两部分: 顺序区和近藤区的物理讨论. 在讨论中我们将引入自旋对态的概念, 以此来解释顺序隧穿区出现的三峰电导结构和近藤区出现的多近藤峰结构.

4.2.2 顺序隧穿区输运性质

我们先做顺序区的讨论. 在此区域讨论的物理量有占据数和电流、电导. 首先引入一些概念: 线性响应区和非线性响应区. 所谓线性响应区, 是指外加偏压很小, 中间系统接近于平衡状态, 在此小偏压下电流随偏压的增加近似于线性关系, 由此得名. 如果继续增大外加偏压, 电流随偏压的变化曲线自然不再是简单的直线形状, 称为非线性响应区. 在线性响应区, 人们当然关注的不是电流随偏压的变化, 而是电流随门电压的变化, 同时, 由于其近平衡特性, 非平衡理论得到的结果的正确性可以用平衡态统计理论来检验, 这也是线性响应区另一个值得被关注的原因.

顺序隧穿区的物理适于电极与中间系统弱耦合的情形, 即 $\Gamma_{\mathrm{L/R}}$ 相对于其他能量尺度 (如其他参数取值) 很小. 在此情形下, 我们可以对 (4.20) 式做一简化, 即

$$C_{\sigma m}=\bar{f}\left(\varepsilon_h+\delta_\sigma\frac{J}{2}m\right), \tag{4.22}$$

其中, 用到的数学运算是当 $\Gamma_{\mathrm{L}}\to 0$ 时,$-(1/\pi)\int \mathrm{d}\omega\bar{f}(\omega)\mathrm{Im}[1/(\omega-a+\mathrm{i}\Gamma_{\mathrm{L}})]=\bar{f}(a)$. 同样的, 在弱耦合情形下我们对电导公式也能做一简化. 从电流公式 (4.6) 式出发, 由电导定义 $G=e\mathrm{d}I/\mathrm{d}V$, 我们得到

$$\begin{aligned}G=&\frac{e^2}{h}\Gamma_{\mathrm{L}}\sum_{\sigma}\int\mathrm{d}\omega\frac{\beta\mathrm{e}^{\beta(\omega-V)}}{(\mathrm{e}^{\beta(\omega-V)}+1)^2}(-\mathrm{Im}G_\sigma^r)\\=&\frac{e^2}{h}\Gamma_{\mathrm{L}}\sum_{\sigma}\int\mathrm{d}\omega\frac{\partial f_{\mathrm{L}}}{\partial V}(\omega)(-\mathrm{Im}G_\sigma^r).\end{aligned} \tag{4.23}$$

其中, $\partial f_{\mathrm{L}}/\partial V(\omega)=\beta\exp[\beta(\omega-V)]/[\exp[\beta(\omega-V)]+1]^2$. 上式中我们让左电极偏压取 V, 右电极偏压取 0. 同时, 在弱耦合极限下推迟格林函数也能简化, 结果为

$$\begin{aligned}\mathrm{Im}G_\sigma^r=&\sum_{m=-S}^{S}\mathrm{Im}\frac{P_{0m}+P_{\sigma m}}{\omega-\varepsilon_h-\delta_\sigma\dfrac{J}{2}m-\Sigma_0}\\=&-\pi\sum_m(P_{0m}+P_{\sigma m})\delta(\omega-E_{\sigma m}),\end{aligned} \tag{4.24}$$

把推迟格林函数代入上式电导中, 我们进一步得到

$$G=\frac{e^2}{h}\Gamma_{\mathrm{L}}\pi\sum_{m\sigma}(P_{0m}+P_{\sigma m})\frac{\partial f_{\mathrm{L}}}{\partial V}(E_{\sigma m}). \tag{4.25}$$

为了简单起见, 我们先讨论 $S=1/2$ 情形. 中心哈密顿量分为三支: 空占据态 $(N=0)$; 两个单占据态 $(N=1)$, 其中, 分为平行自旋对态和反平行自旋对态. 所

谓平行自旋对态 (PS), 指量子点上空穴自旋方向与局域大自旋取向平行, 而反平行自旋对态 (APS) 则为取向相反的态, 如下:

$$
\begin{aligned}
&N=0, && |0,\pm 1/2\rangle\,;\ E_0=0,\\
&N=1,\mathrm{PS}: && |\sigma,\pm 1/2\rangle\,;\ E_{\mathrm{p}}=\varepsilon_h+\frac{J}{4},\\
&N=1,\mathrm{APS}: && |\sigma,\mp 1/2\rangle\,;\ E_{\mathrm{ap}}=\varepsilon_h-\frac{J}{4}.
\end{aligned}
\tag{4.26}
$$

其中, $\sigma=\uparrow(\downarrow)$ 时, 对应取上面 (下面) 的符号. 本征态的占据概率 $P_{\lambda m}$ 由 (4.19) 式和 (4.21) 式共同决定, 并且由于哈密顿量的对称性, 本征态满足 $P_{0m}=P_{0-m}$ 和 $P_{\uparrow m}=P_{\downarrow -m}$.

图 4.1 讨论的是 $S=1/2$ 时, 顺序隧穿区本征态占据率和线性电导随门电压的变化图. 在顺序区电极上空穴半带宽度 D 取为能量单位. 从图 4.1(a) 可见, 当 $\varepsilon_h>0.3$ 时, 空态占据率接近 1/2, 而其他态的占据率接近于 0. 这表明此时人工分子磁体上没有空穴占据. 调节门电压, 让 ε_h 逐渐减小, 则发现反平行自旋对态接近 1/2, 而空占据态相应接近于 0. 这表明此时有一个空穴占据在人工分子磁体上, 且

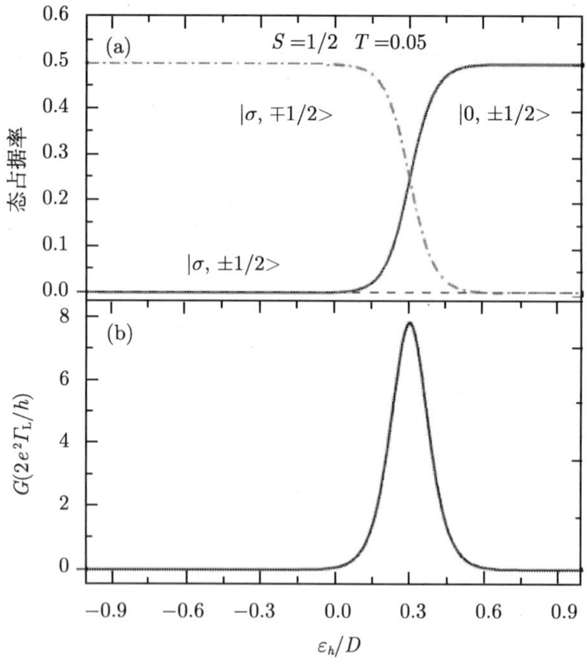

图 4.1　顺序隧穿区本征态占据率 (a) 和线性电导 (b) 随门电压变化图. 参数选取为 $S=1/2$, $J=1.2$, $T=0.05$, 能量单位为半带宽度 D. 图 (a) 中本征态在 $\sigma=\uparrow(\downarrow)$ 时对应取上面 (下面) 的符号

处在反平行自旋对态对应的能级上. 此时, 对应的线性电导在 $\varepsilon_h = 0.3$ 位置出现了一个共振隧穿峰, 即反平行自旋对态能级 $E_{\rm ap}$ 与导线费米面重合 (这里让费米面能标取为 0). 此处对应着一个电荷简并点, 即空态能级与单占据能级重合, 这里对应着 $|0, \pm 1/2\rangle \Leftrightarrow |\bar{\sigma}, \pm 1/2\rangle$ 之间的输运.

当考虑实际情形, 即考虑掺杂自旋为 5/2 Mn 原子的量子点情形时, 情况比上面讨论的简化情形要复杂. 最明显的是此时的自旋对态对应的能级一共有六条 (包括平行和反平行), 见图 4.2(b) 插图. 这些自旋对态导致了一些不同于通常的量子点和上一章讨论过的分子磁体的输运特性. 如图 4.2(b) 所示, 线性电导峰展现一个三峰结构. 当门电压扫过电荷简并区, $N = 0$ 和 $N = 1$ 之间的跃迁只能发生在 S_Z 守恒的态之间, 即 $|0, \pm|m|\rangle$ 态和 $|\bar{\sigma}, \pm|m|\rangle$ 态之间. 因此电荷简并点变成三重的了, 其位置在 $\varepsilon_h = -J|m|/2$ 处, 因而线性电导峰展现三峰结构, 见图 4.2(b).

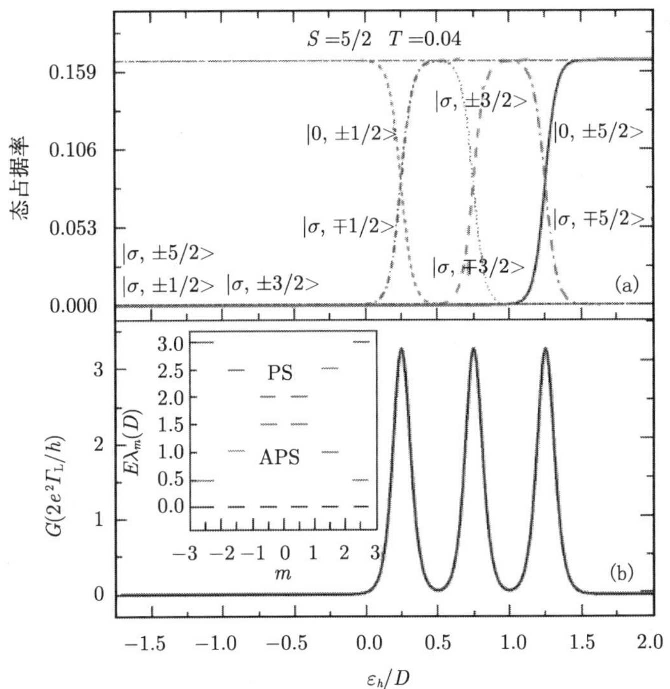

图 4.2 顺序隧穿区本征态占据率 (a) 和线性电导 (b) 随门电压变化图. 参数选取为 $S = 5/2$, $J = 1$, $T = 0.04$, 能量单位为半带宽度 D. 图 (a) 中本征态在 $\sigma =\uparrow (\downarrow)$ 时对应取向上 (向下) 的符号. 图 (b) 插图中是能级随磁量子数 m 的示意图, 反平行自旋对态和平行自旋对态分别用不同颜色标示. 需要指出的是本章用态矢格林函数方法得到的结果与 Contreras-Pulido [23] 一文中的结果一致 (扫描封底二维码可看彩图)

当外加偏压加到左右电极，我们便能讨论非平衡人工分子磁体的输运特性了，见图 4.3. 图 4.3 讨论的是非平衡占据概率、电流电压随偏压的变化图. 当偏压 $V < 0.75$ 时，空占据态占主导，$P_{0m} \to 1/6$. 每次有一条能级进入偏压窗口，占据概率就会在这些态之间重新分配. 例如，在 $0.75 < V < 1.25$ 区间，$P_{0,\pm 5/2} = P_{\sigma,\bar{\sigma}5/2} \to 1/12, P_{0,\pm 3/2} = P_{0,\pm 1/2} \to 1/6$，其他区间的讨论类似. 在图 4.3(b) 的微分电导图中呈现六个峰，对应着六条子能级. 其中，三个高点的峰对应反平行态，三个矮点的峰对应平行态，其矮的原因在于与反平行态的竞争，见图 4.3(a). 因此我们可以看见人工分子磁体的输运性质不单纯依赖于门电压和偏压，还依赖于其内部大自旋.

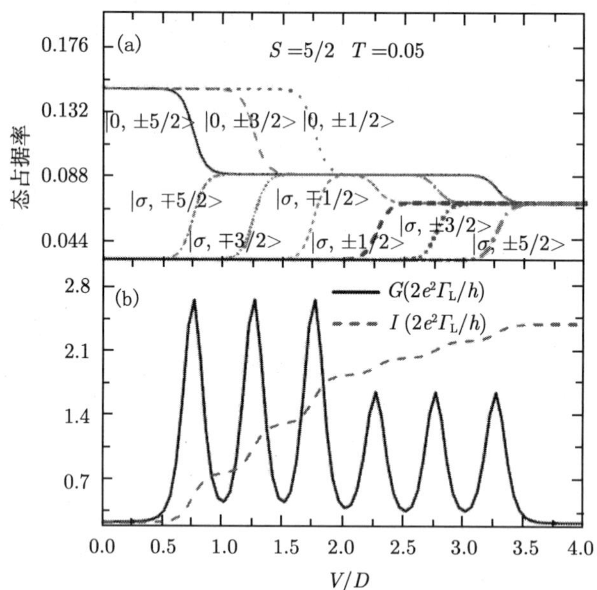

图 4.3　非平衡占据概率 (a 图) 和电流、电导 (b 图) 随偏压的变化图. 参数选为 $S = 5/2, \varepsilon_h = 2, J = 1, T = 0.05$，此图中我们取左电极偏压为 $\mu_{\rm L} = V$，右电极偏压为 $\mu_{\rm R} = 0$(扫描封底二维码可看彩图)

接下来我们介绍一些关于零频噪声的结果. 在顺序隧穿区零频噪声 [28] 用格林函数表示为

$$
\begin{aligned}
S(0) = -\frac{e^2}{h}\frac{\varGamma_{\rm L}+\varGamma_{\rm R}}{\varGamma_{\rm L}\varGamma_{\rm R}}\sum_{\sigma=\uparrow,\downarrow}\int {\rm d}\omega\{[f_{\rm L}(1-f_{\rm L}) \\
+ f_{\rm R}(1-f_{\rm R})]{\rm Im}G_\sigma^r \\
+ (f_{\rm L}-f_{\rm R})2{\rm Im}G_\sigma^r(1+\Gamma_{\rm L}{\rm Im}G_\sigma^r)\}.
\end{aligned}
\tag{4.27}
$$

在电流和噪声公式中 $f_{\rm L/R}(\omega) = \left[{\rm e}^{\beta(\omega-\mu_{\rm L/R})}+1\right]^{-1}$ 指费米分布函数，其中 $\beta =$

$1/k_{\rm B}T$.

以此式为基础, 我们将介绍线性响应区和非线性区的本征态占据率, 局域大自旋的磁量子数态占据率, 零频噪声以及 Fano 因子随门电压或偏压的变化规律.

我们先介绍线性响应区的结果. 在线性区, 零频噪声和线性电导有如下关系 $S(0) = 4G_{\rm dc}(0)/\beta$. 此关系式用上面介绍的电流 (电导) 公式和噪声公式可以得到. 在线性区, 即 $V \to 0$ 时, 从电流公式可得到线性电导公式为

$$G_{\rm dc}(0) = -\frac{1}{\pi}\Gamma_{\rm L}\int {\rm d}\omega[\beta {\rm e}^{\beta\omega}/({\rm e}^{\beta\omega}+1)^2]{\rm Im}G^r_{\uparrow}(\omega), \tag{4.28}$$

其中, 我们用到 $\Gamma_{\rm L} = \Gamma_{\rm R}$ 以及 $G^r_{\uparrow}(\omega) = G^r_{\downarrow}(\omega)$. 在噪声公式中, $(f_{\rm L} - f_{\rm R})^2{\rm Im}G^r_{\sigma}(1 + \Gamma_{\rm L}{\rm Im}G^r_{\sigma})$ 是非平衡贡献, 当 $V \to 0$ 时此项消去, 而平衡噪声贡献为

$$S(0) = -\frac{4}{\pi}\Gamma_{\rm L}\int [\beta {\rm e}^{\beta\omega}/({\rm e}^{\beta\omega}+1)^2]{\rm Im}G^r_{\uparrow}(\omega), \tag{4.29}$$

由此我们得到平衡态时噪声和电导的关系.

作为一个最简单的例子, 我们先介绍 $S = 1/2$ 情形, 然后拓展到 $S = 5/2$. $S = 1/2$ 时的本征值和本征态为

$$\begin{aligned}
&N=0: H_{\rm cen}\left|0,\pm\frac{1}{2}\right\rangle = 0\left|0,\pm\frac{1}{2}\right\rangle,\\
&N=1,{\rm FM}: \begin{cases} H_{\rm cen}\left|\uparrow,\frac{1}{2}\right\rangle = \left(\varepsilon_0+\frac{J}{4}\right)\left|\uparrow,\frac{1}{2}\right\rangle \\ H_{\rm cen}\left|\downarrow,-\frac{1}{2}\right\rangle = (\varepsilon_0+\frac{J}{4})\left|\downarrow,-\frac{1}{2}\right\rangle \end{cases},\\
&N=1,{\rm AFM}: \begin{cases} H_{\rm cen}\left|\uparrow,-\frac{1}{2}\right\rangle = (\varepsilon_0-\frac{J}{4})\left|\uparrow,-\frac{1}{2}\right\rangle \\ H_{\rm cen}\left|\downarrow,\frac{1}{2}\right\rangle = (\varepsilon_0-\frac{J}{4})\left|\downarrow,\frac{1}{2}\right\rangle \end{cases}.
\end{aligned} \tag{4.30}$$

可以看到本征态分为三支: 空态 $(N = 0)$, 两支单占据态 $(N = 1)$, 其中包括铁磁态 (FM) 和反铁磁态 (AFM).

在图 4.4 中, 我们给出了 $S = 1/2$ 时本征态占据率、局域自旋态占据率及零频噪声随门电压的变化图. 本征态占据率定义为 $P_0 \equiv P_{0m} = \langle|0,m\rangle\langle 0,m|\rangle$ 和 $P_{\uparrow m} = \langle|\uparrow,m\rangle\langle\uparrow,m|\rangle$. 率方程方法也能得到本征态占据率, 本节将用格林函数方法给出. 这些平均值受外界因素 (如偏压和门电压) 的调制. 在数值计算中我们用到了条件 $P_{0m} = P_{0m'}$ 及 $P_{\uparrow m} = P_{\downarrow -m}$, 其来源于哈密顿量的对称性. 局域自旋态占据率 (即局域大自旋磁量子数 m 对应的态) 定义为 $L_m \equiv \langle|Sm\rangle\langle Sm|\rangle$ 有了这些准备, 我们现在来分析图中的物理. 在区间 $V_{\rm g} > 0.1$, 此时所有能级都在费米面之上, 相应

的 $|0,\pm1/2\rangle$ 态平均值不为零, 即 $P_{0,1/2}=P_{0,-1/2}=1/2$, 没有电子占据在人工分子磁体的输运轨道上. 当减小门电压, 第一个电荷简并点出现在 $V_{\mathrm{g}}=0.1$, 此时反铁磁态通过费米面, 输运发生在空态 $|0,-1/2\rangle$ 和 $|\uparrow,-1/2\rangle$ (或者 $|0,1/2\rangle$ 和 $|\downarrow,1/2\rangle$) 之间, 相应的零频噪声 (或线性电导) 出现一个峰, 见图 4.4(c). 在区间 $0.1\sim-0.1$, $P_{\uparrow,-1/2}=P_{\downarrow,1/2}=0.5$, 即反铁磁态 $|\uparrow,-1/2\rangle$ 和 $|\downarrow,1/2\rangle$ 平分总占据率 (总占据率为 1), 相应的空态 $|0,\pm1/2\rangle$ 的平均值为零, 此时人工分子磁体输运轨道上占据一个电子, 但没有电子输运发生. 在 $V_{\mathrm{g}}=-0.1$, 第二个电荷简并点出现, 此时铁磁通道通过费米面, 输运发生在空态 $|0,\pm1/2\rangle$ 和铁磁态之间, 相应的零频噪声 (或线性电导) 出现一个较小的峰, 见图 4.4(c). 对此我们解释如下: 因为我们在强各向异性模型中还做了一个简化, 只允许单占据, 而 V_{g} 在区间 $0.1\sim-0.1$ 时, 反铁磁态占据一个电子, 且能级位于费米面下方, 当铁磁态通过费米面发生输运时, 必须与反铁磁态竞争, 分得一部分占据率, 所以出现的峰较小. 同样的情形也会出现在 $S=5/2$ 时, 那里将出现六个峰, 一个峰较大, 其他五个较小, 见图 4.5(c). 回到图 4.4, 在区间 $V_{\mathrm{g}}<-0.1$, 铁磁态处于费米面下方, 开始与反铁磁态竞争总占据率, 所以二者的态占据率开始彼此接近, 而空态平均值恒为零. 当 V_{g} 足够小, 铁磁态和反铁磁态的占

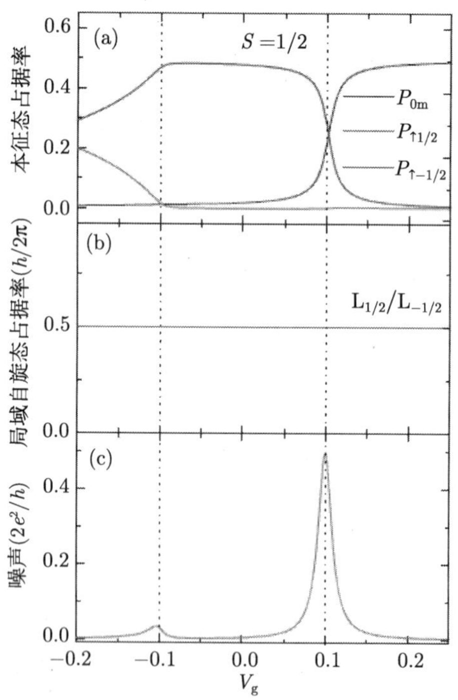

图 4.4 $S=1/2$ 时 (a) 本征态占据率、(b) 局域自旋态占据率及 (c) 零频噪声随门电压的变化图. 参数选取为 $J=0.4, \Gamma_{\mathrm{L}}=0.01$ 及零温. 能量单位为半带宽 D(扫描封底二维码可看彩图)

据率相等, 即 $P_{\uparrow,-1/2}=P_{\downarrow,1/2}=P_{\uparrow,1/2}=P_{\downarrow,-1/2}=1/4$, 此时图 4.4(a) 中的两条线最终将相交. 可以看到局域自旋态占据率在 $S=1/2$ 时为常数, $L_{1/2}=L_{-1/2}=0.5$, 这种情形在 $S=5/2$ 时将有所改变.

我们现在讨论 $S=5/2$ 情形. 在图 4.5(a) 中, 当 $V_{\mathrm{g}}>1.25$, 和前面一样, 此时人工分子磁体上没有电子, 空态 $P_{0m}=1/6$. 当 $V_{\mathrm{g}}=1.25$, 到达第一个电荷简并点位置, 零频噪声 (线性电导) 中出现第一个主峰, 见图 4.5(c). 在区间 $0.75\leqslant V_{\mathrm{g}}\leqslant 1.25$, 反铁磁态 $|\uparrow,-5/2\rangle/|\downarrow,5/2\rangle$ 首先进入费米面下方, $P_{\uparrow,-5/2}=P_{\downarrow,5/2}=0.5$. 当 $V_{\mathrm{g}}=0.75$, 到达第二个电荷简并点, 此时反铁磁态 $|\uparrow,-3/2\rangle/|\downarrow,3/2\rangle$ 通过费米面. 在区间 $0.25\leqslant V_{\mathrm{g}}\leqslant 0.75$, 两个反铁磁态开始竞争, 导致占据率开始重新分配, 见图 4.5(a). 继续减小门电压, 费米面上方所有能级依次通过费米面, 出现噪声 (电导) 峰, 同样因为竞争总概率的缘故, 后续出现的峰高度越来越小. 我们再来分析 $S=1/2$ 和 $S=5/2$ 时局域大自旋磁量子态的不同. 虽然因为 $\langle S_z\rangle=\sum\limits_m L_m$, 且 $L_m=L_{-m}$, 导致总磁矩 $\langle S_z\rangle$ 恒为零, 但磁矩分量 L_m 却是随门电压变化的, 并且是自旋依赖的 (即磁量子数 m 不同时, L_m 的变化规律也不同). 我们从关系

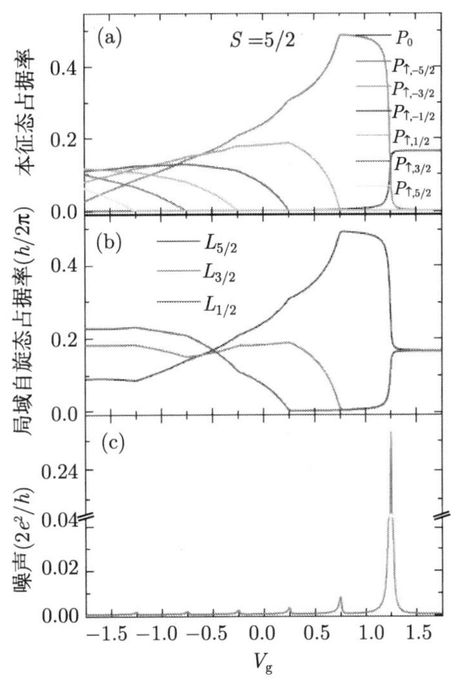

图 4.5 $S=5/2$ 时, (a) 本征态占据率、(b) 局域自旋态占据率及 (c) 零频噪声随门电压的变化图. 参数选取为 $J=0.4, \Gamma_{\mathrm{L}}=0.01$ 及零温. 能量单位为半带宽 D(扫描封底二维码可看彩图)

式 $L_m = P_0 + P_{\uparrow m} + P_{\downarrow m}$ 来探究. 对于 $S = 1/2$, $L_{1/2} = P_0 + P_{\uparrow,1/2} + P_{\downarrow,1/2} = P_0 + P_{\uparrow,-1/2} + P_{\downarrow,-1/2} = 1/2$, 所以图 4.5(b) 中显示为常数, 而对于 $S = 5/2$, 可以发现变化门电压时 $L_{-5/2} \neq L_{-3/2} \neq L_{-1/2}$.

上面的内容是线性区的输运特性介绍, 接下来我们介绍非线性区的结果, 即偏压不为零时的情形. 图 4.6 中我们给出了 $S = 5/2$ 时, 非平衡零频噪声及 Fano 因子 $(F = S/2eI)$ 随偏压的变化图. 在图 4.6(a) 中观察到零频噪声有 $2S + 1$ 个台阶, 相应的在图 4.6(b) 中 Fano 因子也有 $2S + 1$ 个台阶. 在非平衡情形, 且低温时 $(T \to 0)$, 噪声公式可简化为

$$S = -\frac{2}{\pi}\Gamma_{\mathrm{L}} \int_0^V \mathrm{Im}G_{\uparrow}^r(\omega)[1 + \Gamma_{\mathrm{L}}\mathrm{Im}G_{\uparrow}^r(\omega)]. \tag{4.31}$$

我们在分析电流的基础上去理解噪声的台阶. 随着偏压 V 的增加, 处于能量最低态的反铁磁态首先进入偏压窗口, 而进一步增加偏压, 各个能级会一次进入偏压窗口, 每次电流有变化, 相应的噪声就会有变化, 导致了 $2S+1$ 个台阶. 在图 4.6(b) 中, 当 $V < 0.75$, 观察到 Fano 因子为单位 1, 这说明此时单粒子隧穿过程被压制, 只有高阶的共隧穿输运过程发生. 这种高阶隧穿是随机的且无关联的, 因此噪声是泊松型的. 当偏压 $V > 0.75$, 顺序隧穿过程占主导地位, 此时噪声是亚泊松型的, 表

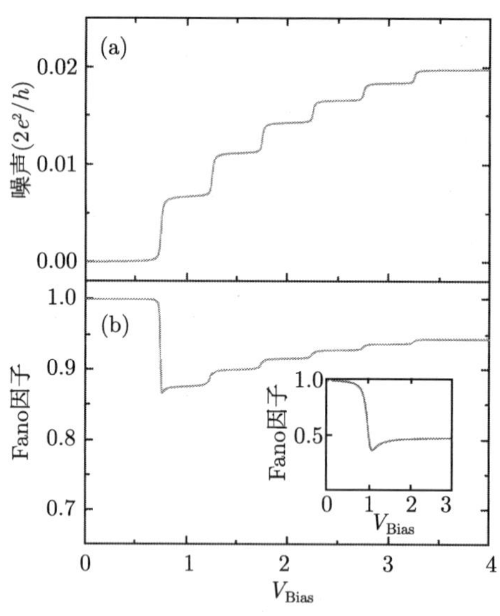

图 4.6 $S = 5/2$ 时, (a) 非平衡零频噪声及 (b)Fano 因子随偏压的变化图. 参数选取为 $\varepsilon_0 = 2, J = 1, \Gamma_{\mathrm{L}} = \Gamma_{\mathrm{R}} = 0.01$ 及零温. 插图: 无自旋单能级模型的 Fano 因子, 其参数为 $\varepsilon_0 = 1$ 和 $\Gamma_{\mathrm{L}} = \Gamma_{\mathrm{R}} = 0.1$. 能量单位为半带宽 D

明单粒子隧穿过程中电子间是有相互作用的, 来源于库仑相互作用和泡利不相容原理. 当 $V > \varepsilon_0 - 5J/4$, 可以观察到每次有能级进入偏压窗口, Fano 因子有显著的增大. 作为对比, 我们给出了单能级模型的 Fano 因子, 见图 4.6(b) 的插图.

前面讨论的是零温情形, 我们现在讨论非零温情形, 温度选取为 $T = 0.05$. 图 4.7 给出了 $S = 5/2$ 时态占据率以及零频噪声和 Fano 因子随偏压的变化图. 我们首先观察图 4.7(a) 中的占据率. 当 $V < 0.75$, 各个空态平分总概率, 即 $P_{0m} = 1/6$, 此时所有能级都在偏压窗口上方. 随着偏压增大, 反铁磁态 $|\uparrow, -5/2\rangle$ 和 $|\downarrow, 5/2\rangle$ 首先进入偏压窗口, 与空态平分总占据率, 所以 $P_{0m} = P_{\uparrow -5/2} = 1/8$. 随着其他能级进入偏压窗口, 态占据率呈现台阶结构. 对于低偏压 ($V < 0.25$), 噪声的主要贡献来自平衡噪声, 或者如前所述的高阶共隧穿过程, 因而在 $V \to 0$ 时导致 Fano 因子的发散. 在高温时, 同样可观察到噪声和 Fano 因子中出现 $2S + 1$ 个台阶, 只不过这些台阶因为温度升高不如零温时明显.

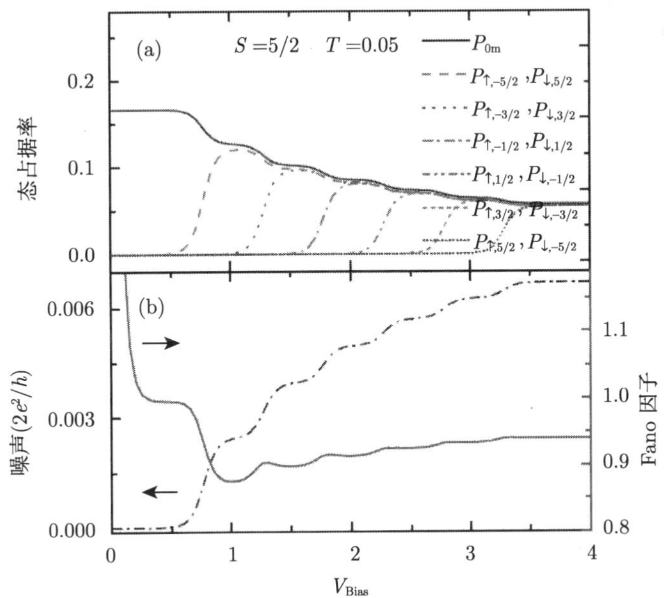

图 4.7 $S = 5/2$ 时, (a) 态占据率以及 (b) 零频噪声和 Fano 因子随偏压的变化图. 参数选取为 $\varepsilon_0 = 2, J = 1, \Gamma_{\rm L} = 0.01$ 以及 $T = 0.05$. 能量单位为半带宽 D(扫描封底二维码可看彩图)

4.2.3 近藤区输运性质

接下来我们介绍强各向异性模型在近藤区的输运特性. 当温度低于近藤温度时, 我们便可以讨论近藤物理, 用到的推迟格林函数已在上面推导中给出. 我们先讨论输运电子的态密度, 其定义为 $\rho_\sigma(\omega) = -(1/\pi){\rm Im}G^r_\sigma(\omega)$.

图 4.8 给出的是人工分子磁体上局域空穴的态密度在能量空间随能量的变化分布图, 其中大自旋值取为 $S=1/2,1,3/2,2,5/2$, 是为了对比自旋在取整数半整数时的不同. 我们取 $\varepsilon_{\rm h}=-2.5$, 这样所有子能级都在费米面之下, 从而所有的近藤峰都能很好的展现出来. 从图 4.8 中我们发现有 $2S+1$ 个近藤峰, 它们对称的分布在费米面两侧, 其位置在 $\omega=Jm$ 处, 可见依赖于近藤峰大自旋的量子态. 这些峰的物理解释如下. 它们源于多体高阶隧穿过程, 具体来说是两体物理, 因为电极上的空穴和人工分子磁体上的局域空穴形成了自旋单态. 此两体态在低温时发生高阶隧穿, 形成了图中的近藤峰, 且这些峰与自旋对态能级密切相关. 如果初始时一个自旋向下 (或向上) 的空穴占据着反平行态 $E_{\downarrow|m|}=\varepsilon_{\rm h}-J|m|/2$, 则它可以通过高阶过程隧穿到电极的费米面上, 而同时与之形成自旋单态的另一个自旋向上 (或向下) 的空穴, 其位于另一个电极 $J|m|$ 处, 会隧穿到平行态 $E_{\uparrow|m|}=\varepsilon_{\rm h}+J|m|/2$ 上.

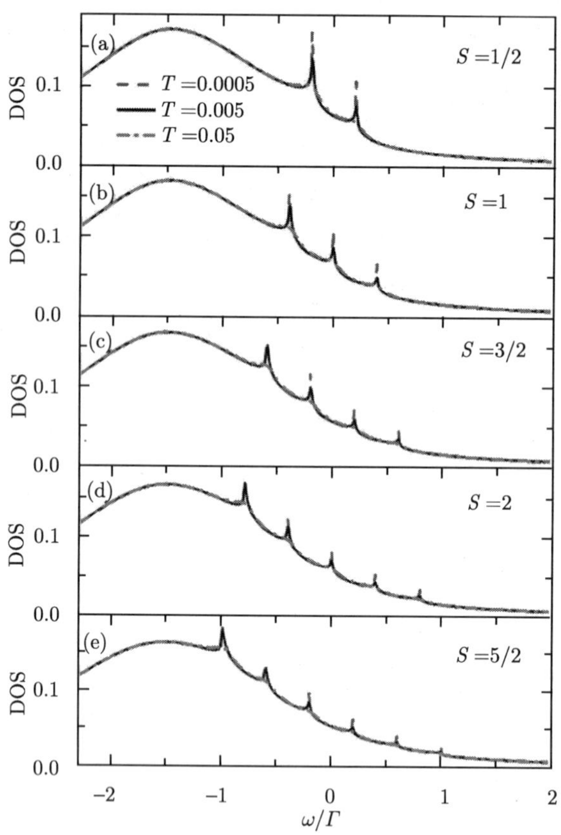

图 4.8　人工分子磁体上局域空穴的态密度在能量空间随能量的变化分布图. 参数选为 $\varepsilon_{\rm h}=-2.5, J=0.4, D=1000$, 能量单位为 $\Gamma=\Gamma_{\rm L}+\Gamma_{\rm R}=1$(扫描封底二维码可看彩图)

这种过程的相干叠加形成了态密度中位于 $\omega = J|m|$ 处的近藤峰. 同理, 我们可以解释位于 $\omega = -J|m|$ 的峰. 通过上面的分析可以看到, 电极中和人工分子磁体上的空穴形成了自旋单态, 其隧穿过程依赖于平行对态和反平行对态, 导致了本节所述的自旋对态近藤效应.

在低温情况下, 量子点中的近藤效应表现为费米面处的电导增大. 在图 4.9 中我们画了微分电导随对称偏压变化的图. 对于 $S = 0$(或者说 $J = 0$) 情形, 近藤峰出现在费米面处, 这正是典型的量子点中的结果 [29]. 同时, 两个扁平弹性共振峰出现在 $V \sim 2\varepsilon_{\rm h}$ 处. 对于 $J \neq 0$ 情形, 电导中出现了 $2S+1$ 个峰, 对应着态密度中的 $2S+1$ 个近藤峰. 随着温度的降低, 近藤峰会表现得愈加明显, 如图所示. 最后, 我们注意到图中两个扁平共振峰依赖于大自旋的宇称, 即大自旋是整数还是半整数.

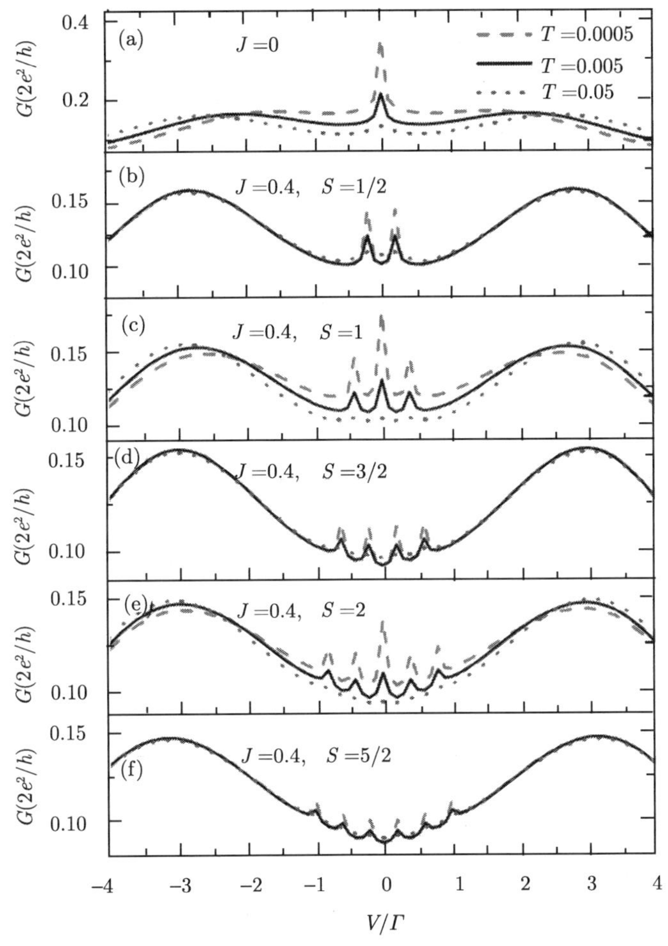

图 4.9 近藤区人工分子磁体微分电导图

4.3　人工分子磁体中的近藤效应

本节介绍人工分子磁体中的近藤效应, 着重讨论输运电子与局域自旋之间的各向异性耦合对近藤效应的影响. 前面我们已经介绍过近藤效应 [30−32] 和量子点中的近藤输运 [33], 知道其研究在 1930 年左右便已开始, 其成因是杂质电子和金属中自由电子形成自旋单态, 是一种多体现象. 在量子点输运中则是量子点上的电子与金属电极中的电子形成自旋单态, 其量子隧穿过程可以用一个包含自旋翻转的虚过程来描述, 这种多体关联在低温量子点电导测量中表现为费米面处的一个电导尖峰, 实验观测特点是尖峰随着温度升高逐渐消失, 我们称此电导尖峰为近藤电导峰.

最近一些研究发现近藤峰可以发生劈裂, 对劈裂成因的探讨可加深我们对近藤效应的理解, 并且这种效应可在自旋电子学器件中得到应用. 近藤峰的劈裂可由外部原因引起 [34−37], 如外加偏压、磁场. 外加偏压导致近藤峰劈裂是因为近藤隧穿发生在电极费米面, 偏压会使左右电极的费米面高低不等, 从而电导观测中出现两个近藤峰. 而外加磁场则会使量子点能级发生塞曼劈裂, 近藤隧穿在通过量子点高低不等的能级时出现两个劈裂峰. 再如, 铁磁电极也会导致近藤峰劈裂, 左右电极的平行构型和反平行构型对近藤输运都会产生影响. 而有趣的是, 最近实验研究发现电极的谷自由度也会导致近藤峰劈裂, 这些劈裂峰明显表现出温度依赖特性 [37].

另外, 自由度的增加也可导致近藤峰的劈裂 [4,6,7,9−12,38−48], 如轨道自由度 (称之为轨道近藤效应)[38], 或者自旋自由度. 实际上, 在碳纳米管量子点中, 由于自旋轨道耦合作用的出现 [39], 量子点能级的四重简并被打破, $SU(4)$ 对称性 [40] 被打破, 近藤峰出现了四重劈裂. 当然, 本节着重介绍大自旋自由度的出现对近藤峰的劈裂, 如单分子磁体, 局域电子, 磁性重金属原子等 [4,6,7,9−12,41−48]. 在单分子磁体中, 有报道发现局域大自旋的磁各向异性的行为与外加磁场有类似之处 [24]. 而在量子点中掺杂 1/2 杂质电子时, 近藤峰出现了三峰劈裂结构, 刻画了局域电子与输运电子之间的各向同性交换耦合作用 [47].

本节着重介绍局域大自旋对近藤峰的劈裂效应, 考虑的模型为人工分子磁体外加两个金属电极, 分子磁体的输运轨道电子和局域自旋通过交换相互作用耦合, 并且这种交换作用是各向异性的. 我们会介绍这种各向异性耦合对近藤输运的影响. 考虑这种各向异性的难度在于我们需要同时处理两个各向异性参数: 纵向耦合参数 $J_{/\!/}$ 和横向耦合参数 $J_{\perp}$(这里的平行或垂直符号指大自旋的纵向方向与电子自旋 z 方向平行或垂直). 我们会介绍当系统处于极端情形, 如强各向异性时, 局域自旋表现为一个多值磁场, 而在各向同性耦合时, 近藤峰出现了三峰结构, 与文献 [47] 的结果一致. 在最一般的各向异性耦合下, 输运能级的简并被破除, 我们会介绍其中的输运能级和局域自旋形成的耦合态, 近藤输运正是通过这些能级发生. 通过仔细的分析我们会发现通过单个能级的近藤输运和通过两个能级的近藤输运, 解释电导峰中出现的精细劈裂结构. 在计算态密度和电导时我们同样使用前文介绍的态矢格林函数方法 [49], 计算中高阶格林函数的截断近似我们采用文献 [34] 的思路.

本节内容如下. 首先我们介绍人工分子磁体的理论模型和计算过程, 特别是局域自旋 $S=1/2$ 时的哈密顿量及态矢格林函数方法和解析结果, 都将在下文给出, 然后我们介绍数值计算思路和物理结果及其解释.

人工分子磁体的模型示意图如图 4.10 所示. 此模型如前介绍, 可以在一些系统中实现, 如掺杂重金属原子的量子点 [16,23,50−54]. 哈密顿量由三项组成 $H=H_{\rm D}+H_{\rm Leads}+H_{\rm T}$. 第一项描述中间人工分子磁体:

$$H_{\rm D}=\varepsilon_0\left(\hat{n}_\uparrow+\hat{n}_\downarrow\right)+U\hat{n}_\uparrow\hat{n}_\downarrow-J_{/\!/}s^zS^z-\frac{J_\perp}{2}s^+S^--\frac{J_\perp}{2}s^-S^+ \tag{4.32}$$

式中, ε_0 指单能级量子点的能级; U 是能级双占据电子时的库仑排斥能, 其中, $\hat{n}_\sigma=c_\sigma^\dagger c_\sigma$ 指粒子数算符, $c_\sigma^\dagger$ 和 c_σ 是量子点上电子的产生和湮灭算符. 因为近藤物理通常考虑的是量子点上单占据电子与外加电极的多体物理, 因此在下边计算中考虑无穷大库仑排斥能 ($U\to\infty$). S^z 是局域自旋的 z 方向分量, s^z 是量子点电子的自旋 z 方向分量. 相应的 $S^\pm(s^\pm)$ 是自旋升降算符. $J_{/\!/}=\beta J$ 是量子点自旋和局域大自旋的 z 方向交换耦合参数; $J_\perp=\alpha J$ 是 $x-y$ 平面的耦合参数. 其中 α 和 β 是两个无量纲参数. 我们考虑铁磁耦合 ($J>0$) 并且 $\alpha,\beta\in[0,1]$. 对于反铁磁耦合 ($J<0$), 由于交换作用的对称性会给出相同的结果. 可以预期纵向和横向耦合参数独自出现在系统中和二者联合出现将对近藤峰的劈裂产生不同的效果, 因为此模型包含如下三种极限情形: ① $\beta=1$ 且 $\alpha=0$, 强纵向耦合情形; ② $\beta=0$ 且 $\alpha=1$, 强横向耦合情形; ③ $\beta=1$ 且 $\alpha=1$, 各向同性情形, 下文将会介绍到. 第二项描述金属电极 $H_{\rm Leads}=\sum\limits_{k,\alpha,\sigma}\varepsilon_{k\alpha}c_{k\alpha\sigma}^\dagger c_{k\alpha\sigma}$, 其中 $c_{k\alpha\sigma}^\dagger(c_{k\alpha\sigma})$ 指左右电极 ($\alpha={\rm L,R}$) 中电子的产生湮灭算符, $\varepsilon_{k\alpha}$ 是电子能量. 最后一项描述电极与中间系统的隧穿耦合 $H_{\rm T}=\sum\limits_{k,\alpha,\sigma}(t_{k\alpha}c_{k\alpha\sigma}^\dagger c_\sigma+H.c.), t_{k\alpha}$ 是隧穿概率幅.

哈密顿 $H_{\rm D}$ 的对角化介绍如下. 量子点上输运电子本征占据数分为 $n=0,1,2$. 对于 $n=0$ 和 $n=2$, 系统本征值分别是 0 和 $2\varepsilon_0+U$, 局域自旋和耦合常数并不出现在本征值中. 对于 $n=1$, 我们使用的对角化基矢如下 $\{|\uparrow m\rangle,|\downarrow m+1\rangle\}$, 其中, $|m\rangle$ 是局域大自旋的本征态 ($m\in[-S,S-1]$). 在此基矢下哈密顿的矩阵为

$$H_{\rm D}=\begin{bmatrix}\varepsilon_0-\dfrac{J_{/\!/}}{2}m & -\frac{J_\perp}{2}C_m^+\\ -\dfrac{J_\perp}{2}C_m^- & \varepsilon_0+\dfrac{J_{/\!/}}{2}(m+1)\end{bmatrix}, \tag{4.33}$$

其中, $C_m^{\pm}=\sqrt{(S\pm m+1)(S\mp m)}$. 由量子力学知识, 上式的本征值为

$$\varepsilon^{\pm}(1,M)=\varepsilon_0+\frac{J_{/\!/}}{4}\pm\Delta E(M), \tag{4.34}$$

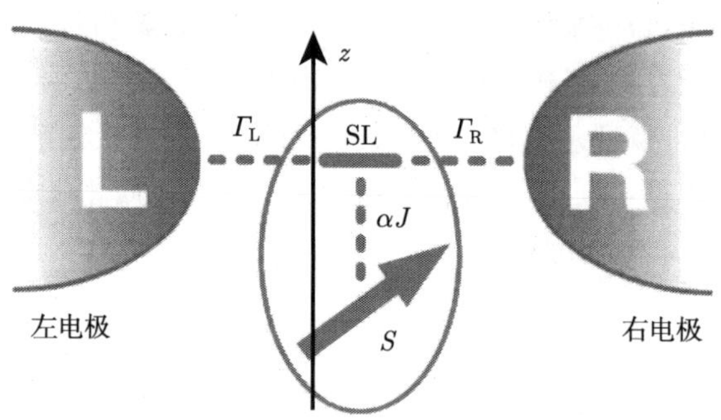

图 4.10　人工分子磁体的模型示意图. 由单能级 (SL) 量子点和外加左右金属电极构成, 其中量子点能级和局域大自旋 (S) 通过各向异性交换作用耦合在一起, αJ 指代各向异性耦合参数 (见下方哈密顿量)

其中, $\Delta E(M)=\left[(J_{/\!/}/2)^2M^2+(J_\perp/2)^2N_M^2\right]^{1/2}$, N_M 定义为 $N_M\equiv\sqrt{(S+1/2)^2-M^2}$, 其中 $M=m+1/2$ 是一个好量子数. 相应的本征态为

$$|1,M\rangle^{\pm}=\frac{\mp J_\perp N_M^2}{2\sqrt{\Delta E}\sqrt{2\Delta E\pm J_{/\!/}M}}\left|\uparrow M-\frac{1}{2}\right\rangle+\frac{\sqrt{2\Delta E\pm J_{/\!/}M}}{2\sqrt{\Delta E}}\left|\downarrow M+\frac{1}{2}\right\rangle \tag{4.35}$$

此外, 当 $M=\pm(S+1/2)$ 时, 大自旋取向完全极化, 本征态为全极化态, $|\uparrow S\rangle$ 和 $|\uparrow -S\rangle$, 其相应的本征能量为 $\varepsilon(\uparrow,S)=\varepsilon(\downarrow,-S)=\varepsilon_0-J_{/\!/}S/2$. 全极化态也输运 $n=1$ 一支.

在下边的数值讨论中, 我们将取大自旋的角量子数为 $S=1/2$ 和 $S=1$, 特别是 $S=1/2$ 时, 是大自旋角动量取值的非平凡的最小值, 此时的物理图景是两个电子纠缠耦合, 但耦合是各向异性的. 因此我们有必要介绍此时的哈密顿量. 使用基矢 $\{|\uparrow\uparrow\rangle,|\uparrow\downarrow\rangle,|\downarrow\uparrow\rangle,|\downarrow\downarrow\rangle\}$(对比上方任意 S 时), $H_{\rm D}$ 的矩阵元如下:

$$H_{\rm D}=\begin{bmatrix}\varepsilon_0-\dfrac{J_{/\!/}}{4} & 0 & 0 & 0\\ 0 & \varepsilon_0+\dfrac{J_{/\!/}}{4} & -\dfrac{J_\perp}{2} & 0\\ 0 & -\dfrac{J_\perp}{2} & \varepsilon_0+\dfrac{J_{/\!/}}{4} & 0\\ 0 & 0 & 0 & \varepsilon_0-\dfrac{J_{/\!/}}{4}\end{bmatrix}. \tag{4.36}$$

本征值和本征态同样容易得到. $|1,0\rangle^{-}=(|\uparrow\downarrow\rangle+|\downarrow\uparrow\rangle)/\sqrt{2}$ 是自旋三重态 [55] 之一, 其本征能量 $\varepsilon^{-}(1,0)=\varepsilon_0+J_{/\!/}/4-J_{\perp}/2$, 另外两个三重态为直积态 $|\uparrow\uparrow\rangle$ 和 $|\downarrow\downarrow\rangle$, 其能量为 $\varepsilon_0-J_{/\!/}/4$. 三重态的简并在各向异性耦合时会被破坏, 导致能级劈裂. $|1,0\rangle^{+}=(|\uparrow\downarrow\rangle-|\downarrow\uparrow\rangle)/\sqrt{2}$ 是自旋单态, 相应的能量为 $\varepsilon^{+}(1,0)=\varepsilon_0+J_{/\!/}/4+J_{\perp}/2$.

上面是人工分子磁体的模型介绍, 接下来介绍态矢格林函数方法在此模型中的应用. 二次量子化语言的格林函数方法多用于讨论量子点中的近藤效应 [34,56−63]. 如前所述, 为了处理大自旋, 我们采用了态矢格林函数方法 [49], 这种方法在量子点系统中已用于讨论各种不同物理情形, 如线性响应区、非线性区、顺序隧穿区以及近藤区等 [64−66]. 在态矢表象下, 输运结上的电子算符表示为 $c_\sigma=X^{0\sigma}+\delta_\sigma X^{\bar{\sigma}2}$, 其中当 $\sigma=\uparrow(\downarrow)$ 时, $\delta_\sigma=+1(-1)$. 而电子的自旋算符表示为 $s^z=(X^{\uparrow\uparrow}-X^{\downarrow\downarrow})/2$, $s^{+}=X^{\uparrow\downarrow}$ 以及 $s^{-}=X^{\downarrow\uparrow}$. 在单电子占据情形 ($U\to\infty$), 电子算符的态矢表示简化为 $c_\sigma=X^{0\sigma}$. 而大自旋算符表示为 [49] $S^z=\sum\limits_{m=-S}^{S}mY^{m,m}$, $S^{+}=\sum\limits_{m=-S}^{S}C_m^{+}Y^{m+1,m}$ 和 $S^{-}=\sum\limits_{m=-S}^{S}C_m^{-}Y^{m-1,m}$. 其中 S 是大自旋的磁量子数, $Y^{m,n}=|Sm\rangle\langle Sn|$. 有了这些表示, 哈密顿量 (4.36) 式重新表述为

$$
\begin{aligned}
H=&\sum_{k,\alpha,\sigma}\varepsilon_{k\alpha}c_{k\alpha\sigma}^{\dagger}c_{k\alpha\sigma}+\sum_{k,\alpha,\sigma}\left(t_{k\alpha}c_{k\alpha\sigma}^{\dagger}X^{0\sigma}+H.c.\right)\\
&+\sum_{\sigma=\uparrow,\downarrow}\varepsilon_0X^{\sigma\sigma}-\frac{J_{/\!/}}{2}\sum_{m=-S}^{S}m\left(X^{\uparrow\uparrow}-X^{\downarrow\downarrow}\right)Y^{m,m}\\
&-\frac{J_{\perp}}{2}\sum_{m=-S}^{S}\left(C_m^{-}X^{\uparrow\downarrow}Y^{m-1,m}+C_m^{+}X^{\downarrow\uparrow}Y^{m+1,m}\right).
\end{aligned}
\tag{4.37}
$$

电流等公式中需要求得推迟格林函数 $G_\sigma^r(\omega)\equiv\langle\langle c_\sigma|c_\sigma^{\dagger}\rangle\rangle^r$, 得到推迟格林函数, 相应的物理量如态密度 $\rho_\sigma=-(1/\pi)\,\mathrm{Im}G_\sigma^r(\omega)$、电流电导等都能与格林函数建立联系. 在态矢表象下, 格林函数表示为

$$
G_\sigma^r(\omega)=\langle\langle X^{0\sigma}|c_\sigma^{\dagger}\rangle\rangle^r=\sum_m\langle\langle X^{0\sigma}Y^{m,m}|c_\sigma^{\dagger}\rangle\rangle^r. \tag{4.38}
$$

我们使用运动方程方法计算推迟格林函数 $\langle\langle X^{0\sigma}Y^{m,m}|c_\sigma^{\dagger}\rangle\rangle^r$:

$$
\begin{aligned}
&\left(\omega-\varepsilon_0+\delta_\sigma\frac{J_{/\!/}}{2}m\right)\langle\langle X^{0\sigma}Y^{m,m}|c_\sigma^{\dagger}\rangle\rangle^r\\
=&P_{0m}+P_{\sigma m}-\frac{J_{\perp}}{2}C_{m\pm1}^{\mp}\langle\langle X^{0\bar{\sigma}}Y^{m,m\pm1}|c_\sigma^{\dagger}\rangle\rangle^r\\
&+\sum_{k\alpha}t_{k\alpha}*\langle\langle(X^{00}+X^{\sigma\sigma})c_{k\alpha\sigma}Y^{m,m}|c_\sigma^{\dagger}\rangle\rangle^r
\end{aligned}
$$

$$+\sum_{k\alpha} t_{k\alpha}*\langle\langle X^{\bar{\sigma}\sigma} c_{k\alpha\bar{\sigma}} Y^{m,m}|c_\sigma^\dagger\rangle\rangle^r, \tag{4.39}$$

这里的正负号上标 (下标) 对应 $\sigma=\uparrow(\downarrow)$. 平均值定义为 $P_{0m}\equiv\langle X^{00}Y^{m,m}\rangle$ 和 $P_{\sigma m}\equiv\langle X^{\sigma\sigma}Y^{m,m}\rangle$, 下文将会看到它们有态占据概率的物理含义. 上式中我们会注意到其中产生了一个新的格林函数 $\langle\langle X^{0\bar{\sigma}}Y^{m,m\pm1}|c_\sigma^\dagger\rangle\rangle^r$, 其与 $\langle\langle X^{0\sigma}Y^{m,m}|c_\sigma^\dagger\rangle\rangle^r$ 同阶. 其他新产生的格林函数则是高阶的, 特点是包含一个电极算符. 这种高阶格林函数的运动方程会产生更高阶的关联函数, 下面是一个例子:

$$\begin{aligned}
&(\omega-\varepsilon_{k\alpha})\langle\langle X^{00}c_{k\alpha\sigma}Y^{m,m}|c_\sigma^+\rangle\rangle^r\\
=&\langle X^{\sigma 0}c_{k\alpha\sigma}Y^{m,m}\rangle\\
&-\sum_{k'\alpha'} t_{k'\alpha'}\langle\langle c_{k'\alpha'\sigma}^+ c_{k\alpha\sigma}X^{0\sigma}Y^{m,m}|c_\sigma^+\rangle\rangle^r\\
&-\sum_{k'\alpha'} t_{k'\alpha'}\langle\langle c_{k'\alpha'\bar{\sigma}}^+ c_{k\alpha\sigma}X^{0\bar{\sigma}}Y^{m,m}|c_\sigma^+\rangle\rangle^r\\
&-\sum_{k'\alpha'} t_{k'\alpha'}^*\langle\langle c_{k'\alpha'\sigma} c_{k\alpha\sigma}X^{\sigma 0}Y^{m,m}|c_\sigma^+\rangle\rangle^r\\
&-\sum_{k'\alpha'} t_{k'\alpha'}^*\langle\langle c_{k'\alpha'\bar{\sigma}} c_{k\alpha\sigma}X^{\bar{\sigma}0}Y^{m,m}|c_\sigma^+\rangle\rangle^r\\
&+t_{k\alpha}\langle\langle X^{0\sigma}Y^{m,m}|c_\sigma^+\rangle\rangle^r.
\end{aligned}\tag{4.40}$$

因为这种关联函数会不断产生, 因此需要合理的截断近似来闭合运动方程. 我们采用 Meir、Wingreen 和 Lee 等 [34] 给出的截断近似. 截断时把两个电极算符提到格林函数外面并看成平均值, 这样就使得格林函数降阶, 达到闭合目的. 这种截断近似在很多系统中得到应用, 结果表明能很好地捕捉到近藤物理. 完成截断近似后, 上式变成

$$\begin{aligned}
&(\omega-\varepsilon_{k\alpha})\langle\langle X^{00}c_{k\alpha\sigma}Y^{m,m}|c_\sigma^\dagger\rangle\rangle^r\\
=&-t_{k\alpha}f_\alpha(\varepsilon_k)\langle\langle X^{0\sigma}Y^{m,m}|c_\sigma^\dagger\rangle\rangle^r\\
&+t_{k\alpha}\langle\langle X^{0\sigma}Y^{m,m}|c_\sigma^\dagger\rangle\rangle^r,
\end{aligned}\tag{4.41}$$

其中, 平均值 $\langle X^{\sigma0}c_{k\alpha\sigma}Y^{m,m}\rangle$ 被近似掉; $f_\alpha(\varepsilon_k)=\langle c_{k\alpha\sigma}^\dagger c_{k\alpha\sigma}\rangle$ 是费米分布函数, 而其他形式的电极电子对平均值为零.

同样我们能得到 $\langle\langle X^{\sigma\sigma}c_{k\alpha\sigma}Y^{m,m}|c_\sigma^\dagger\rangle\rangle^r$ 的运动方程, 其与另外三个高阶格林函数耦合: $\langle\langle X^{\sigma\bar{\sigma}}c_{k\alpha\sigma}Y^{m,m+1}|c_\sigma^\dagger\rangle\rangle^r$, $\langle\langle X^{\bar{\sigma}\sigma}c_{k\alpha\sigma}Y^{m+1,m}|c_\sigma^\dagger\rangle\rangle^r$ 和 $\langle\langle X^{\bar{\sigma}\bar{\sigma}}c_{k\alpha\sigma}Y^{m+1,m+1}|c_\sigma^\dagger\rangle\rangle^r$.

在计算过程中我们会注意到包含电极算符 $c_{k\alpha\sigma}$ 的高阶格林函数互相耦合, 而包含电极算符$c_{k\alpha\bar{\sigma}}$的高阶格林函数互相耦合, 它们是$\langle\langle X^{\bar{\sigma}\sigma}c_{k\alpha\bar{\sigma}}Y^{m,m}|c_\sigma^\dagger\rangle\rangle^r$, $\langle\langle X^{\sigma\sigma}c_{k\alpha\bar{\sigma}}Y^{m-1,m}|c_\sigma^\dagger\rangle\rangle^r$, $\langle\langle X^{\bar{\sigma}\bar{\sigma}}c_{k\alpha\bar{\sigma}}Y^{m,m+1}|c_\sigma^\dagger\rangle\rangle^r$ 以及 $\langle\langle X^{\sigma\bar{\sigma}}c_{k\alpha\bar{\sigma}}Y^{m-1,m+1}|c_\sigma^\dagger\rangle\rangle^r$. 联立这些方程并求解 (求解过程会比较长), 我们会得到这些包含一个电极算符的高阶格林函数的解. 把它们代回到 (4.39) 式和 (4.40) 式, 我们得到推迟格林函数的解析解:

$$\begin{aligned}&\langle\langle X^{0\sigma}Y^{m,m}|c_\sigma^+\rangle\rangle^r\\&=\frac{\left[\omega-\varepsilon_0-\dfrac{J_{/\!/}}{2}(\delta_\sigma m+1)+\Sigma_d^\sigma\right](P_{0m}+P_{\sigma m})}{\det M_\sigma}\\&\quad-\frac{\left(\dfrac{J_\perp}{2}C_m^\pm+\Sigma_b^\sigma\right)\langle X^{\sigma\bar{\sigma}}Y^{m,m\pm1}\rangle}{\det M_\sigma},\end{aligned}\tag{4.42}$$

其中矩阵 M_σ 定义为

$$M_\sigma=\begin{bmatrix}M_{11}&M_{12}\\M_{21}&M_{22}\end{bmatrix},\tag{4.43}$$

矩阵元分别为 $M_{11}=\omega-\varepsilon_0+\delta_\sigma mJ_{/\!/}/2+\Sigma_a^\sigma$, $M_{12}=J_\perp C_m^\pm/2+\Sigma_b^\sigma$,$M_{21}=J_\perp C_m^\pm/2+\Sigma_c^\sigma$ 和 $M_{22}=\omega-\varepsilon_0-(\delta_\sigma m+1)J_{/\!/}/2+\Sigma_d^\sigma$.

这个解析结果是本节的核心, 我们将会以此为基础进行数值计算以及讨论. 在 (4.42) 式中, $\langle X^{\sigma\bar{\sigma}}Y^{m,m\pm1}\rangle$ 是一个平均值, 其出现在 $\langle\langle X^{0\bar{\sigma}}Y^{m,m\pm1}|c_\sigma^\dagger\rangle\rangle^r$ 中. 并且我们发现其有一个自伴平均值 $\langle X^{\bar{\sigma}\sigma}Y^{m\pm1,m}\rangle$. 在格林函数理论中这些平均值可以通过涨落耗散定理 [67] 和格林函数联系起来: $\langle AB\rangle=-1/\pi\int\mathrm{d}\omega f(\omega)Im\langle\langle B|A\rangle\rangle^r$, 其中 $f(\omega)$ 是费米分布函数, $\langle\langle B|A\rangle\rangle^r$ 代表两个任意算符 A 和 B 的格林函数. 如果考虑加偏压后的非平衡情形, 可以做如下替换: $f(\omega)\to\bar{f}(\omega)=[f_{\mathrm{L}}(\omega)\Gamma_{\mathrm{L}}+f_{\mathrm{R}}(\omega)\Gamma_R]/(\Gamma_{\mathrm{L}}+\Gamma_{\mathrm{R}})$. 注意到替换后 $f_{\alpha=\mathrm{L,R}}(\omega)$ 考虑了左右电极的偏压. 为了让各个平均值和格林函数联系起来, 如 P_{0m}, $P_{\sigma m}$, $\langle X^{\sigma\bar{\sigma}}Y^{m,m\pm1}\rangle$ 和 $\langle X^{\bar{\sigma}\sigma}Y^{m\pm1,m}\rangle$, 我们会发现下列格林函数 $\langle\langle X^{0\sigma}Y^{m,m}|c_\sigma^\dagger\rangle\rangle^r$, $\langle\langle X^{0\bar{\sigma}}Y^{m,m\pm1}|c_\sigma^\dagger\rangle\rangle^r$, $\langle\langle X^{0\sigma}Y^{m,m}|X^{\bar{\sigma}0}Y^{m\pm1,m}\rangle\rangle^r$ 及 $\langle\langle X^{0\bar{\sigma}}Y^{m,m\pm1}|X^{\bar{\sigma}0}Y^{m\pm1,m}\rangle\rangle^r$. 在式 (4.42) 和 (4.43) 中 $\Sigma_{a,b,c,d}^\sigma$ 是近藤自能的组合, 各个自能刻画了低温近藤输运的特性, 其给出如下:

$$\Sigma_1(\omega)=\sum_{k\alpha}\frac{|t_{k\alpha}|^2f_{k\alpha}}{\omega-\varepsilon_{k\alpha}}\tag{4.44}$$

$$\Sigma_1^{a\pm}(\omega,m)=\sum_{k\alpha}\frac{|t_{k\alpha}|^2f_{k\alpha}}{\omega-\varepsilon_{k\alpha}\pm2\Delta E\left(m+\dfrac{1}{2}\right)}\tag{4.45}$$

$$\Sigma_1^{b\pm}(\omega,m)=\sum_{k\alpha}\frac{|t_{k\alpha}|^2 f_{k\alpha}}{\omega-\varepsilon_{k\alpha}\pm\Delta_1(m)} \tag{4.46}$$

$$\Sigma_1^{c\pm}(\omega,m)=\sum_{k\alpha}\frac{|t_{k\alpha}|^2 f_{k\alpha}}{\omega-\varepsilon_{k\alpha}\pm\Delta_2(m)} \tag{4.47}$$

这里 $\Delta_{1,2}$ 定义为

$$\Delta_1(m)\equiv\Delta E\left(m+\frac{1}{2}\right)+\Delta E\left(-m+\frac{1}{2}\right),$$

$$\Delta_2(m)\equiv\Delta E\left(m+\frac{1}{2}\right)-\Delta E\left(-m+\frac{1}{2}\right).$$

原则上, (4.44) 式 ~(4.47) 式中各个自能的极点位置都会出现近藤峰, 但这些自能组合在一起后会受到系统参数的调整, 如我们以 $\Sigma_a^{\uparrow}$ 为例

$$\begin{aligned}\Sigma_a^{\uparrow}(\omega,m)=&\Sigma_1(1-\Omega)-\Sigma_0-\Sigma_1^{a+}\frac{1-\Omega}{2}-\Sigma_1^{a-}\frac{1-\Omega}{2}\\&-\Sigma_1^{b-}\Lambda_{\uparrow}^{b-}-\Sigma_1^{c-}\Lambda_{\uparrow}^{c-}-\Sigma_1^{b+}\Lambda_{\uparrow}^{b+}-\Sigma_1^{c+}\Lambda_{\uparrow}^{c+},\end{aligned} \tag{4.48}$$

这里系数 $\Omega(m)$ 和 $\Lambda_{\uparrow}^{b-}(m)$(同样是作为例子) 给出如下:

$$\Omega(m)=\frac{\left(\frac{J_{\perp}}{2}C_m^+\right)^2}{2\Delta E^2\left(m+\frac{1}{2}\right)}+\frac{\left[\frac{J_{/\!/}}{2}(2m+1)\right]^2}{4\Delta E^2\left(m+\frac{1}{2}\right)}, \tag{4.49}$$

和

$$\begin{aligned}\Lambda_{\uparrow}^{b-}(m)=&\left[\Delta_1^2(m)-mJ_{/\!/}\Delta_1(m)-Q^2(m)+\frac{J_{/\!/}}{2}\frac{R^2(m)}{\Delta_2(m)}\right]\\&/8\Delta E\left(m+\frac{1}{2}\right)\Delta E\left(-m+\frac{1}{2}\right),\end{aligned} \tag{4.50}$$

其中, 为了表达式的简洁我们定义:

$$R^2(m)\equiv\left(J_{\perp}C_m^+/2\right)^2-\left(J_{\perp}C_m^-/2\right)^2+2m\left(J_{/\!/}/2\right)^2$$

$$Q^2(m)\equiv\left(J_{\perp}C_m^+/2\right)^2+\left(J_{\perp}C_m^-/2\right)^2+\left(J_{/\!/}/2\right)^2.$$

这些系数是各向异性参数 $J_{/\!/}$ 和 $J_{\perp}$ 的组合, 因而是可调的, 我们将会在接下来的数值讨论中看到.

现在我们介绍数值讨论. 将着重介绍纵向耦合参数 $J_{/\!/}$ 和横向耦合参数 $J_{\perp}$ 对近藤峰的劈裂作用. 实验上, 低温微分电导 $\mathrm{d}I/\mathrm{d}V$ 在线性区与态密度 $\rho_{\sigma}(\omega)=$

$(-1/\pi)\,\mathrm{Im}G_{\sigma}^{r}(\omega)$ 有直接联系. 从态密度或电导中, 能反映许多物理过程, 如单粒子隧穿或多粒子隧穿过程, 这里面当然也包括近藤效应. 因此, 接下来我们会分析模型的低温电导性质. 在 Keldysh 公式 [68−69] 框架下, 输运电流公式为

$$I=(2e/h)\left(\Gamma_{\mathrm{L}}\Gamma_{\mathrm{R}}/\Gamma\right)\int \mathrm{d}\omega\left[f_{\mathrm{L}}(\omega)-f_{\mathrm{R}}(\omega)\right]\left(-\mathrm{Im}G_{\uparrow}^{r}(\omega)\right).$$

在接下来的数值讨论中, 为了简单起见, 考虑电极–分子磁体对称耦合 $\Gamma_{\mathrm{L}}=\Gamma_{\mathrm{R}}$, 并且在加偏压时使用对称偏压 $(\mu_{\mathrm{L}}=V/2,\mu_{\mathrm{R}}=-V/2)$. 能量单位定为 $\Gamma=\Gamma_{\mathrm{L}}+\Gamma_{\mathrm{R}}=1$.

图 4.11 和图 4.12 给出的是各向异性参数 α 和 β 对近藤峰的劈裂效应, 其中局域自旋取的最小值 $S=1/2$. 图 4.11 中给出了微分电导图, 能级图以及近藤隧穿示意图. 图 4.11(a) 给出的是以渐变的横向参数为自变量的微分电导图, $\alpha=0$ 到 $\alpha=1$, 而纵向参数选为固定值 $(\beta=1)$. 从图中我们可清楚看到多个近藤峰的出现, 这正是局域自旋对近藤峰的劈裂效应. 为了解释这些峰的位置, 我们在图 4.11(b) 中给出 H_{D} 的能级图, 以及相应的本征态, 这些本征值和本征态在上文 $S=1/2$ 时的哈密顿量处介绍过. 相应地, 我们得到这些能级的差值, 共五个, 分别为 $\Delta_0=\pm J/2$, $\Delta_1=\pm\left(J_{/\!/}-J_{\perp}\right)/2=\pm J(1-\alpha)/2, \Delta_2=\pm J_{\perp}=\pm\alpha J, \Delta_3=\pm\left(J_{/\!/}+J_{\perp}\right)=\pm J(1+\alpha)/2$, $\Delta_4=\pm J$, 这些差值同样标示在图 4.11(b) 中.

当没有局域自旋 (或 $J=0$), 近藤峰退化为我们熟知的量子点近藤效应: 在 $V=0$ 处的单个近藤峰. 对于强纵向耦合情形 $(\beta=1$ 且 $\alpha=0)$, 局域自旋的效果等价于一个磁场. 此时量子点的量子态 $|\Psi\rangle=\alpha|\uparrow\rangle+\beta|\downarrow\rangle$ 与一个 "塞曼磁场" S^z 耦合并劈裂成两个量子态 $|\uparrow\downarrow\rangle$ $(|\downarrow\uparrow\rangle)$ 和 $|\downarrow\downarrow\rangle$ $(|\uparrow\uparrow\rangle)$, 如图 4.11(b) 中 $\alpha=0$ 时所示. 这种劈裂行为和结果是和我们熟悉的磁场劈裂一致的 [34]. 此时近藤隧穿只发生在能级内, 因此图 4.11(a) 中 $\alpha=0$ 曲线只出现两个峰, 并且在费米面处没有峰 $(V=0$ 处). 但是, 不同于经典磁场的是, 这里的 "磁场" 有两个值, 分别为 $\hbar/2$ 和 $-\hbar/2$, 并且是简并的.

当横向参数不为零时, 即 $(J_{\perp}/2)\,s^{+}S^{-}+(J_{\perp}/2)\,s^{-}S^{+}$ 出现时, 它会进一步破除简并, 产生能级劈裂. 事实上, 这一项有两个作用: ① 使态 $|\uparrow\downarrow\rangle$ 和 $|\downarrow\uparrow\rangle$ 耦合; ② 破除这两个态的简并, 产生能级劈裂. 当 $0<\alpha<1$ 时, 图 4.11(a) 中观察到七个峰. 这些峰源于能级劈裂, 峰的位置能用能级差解释. 当近藤输运发生时, 其有两种可能方式, 一种是如上所述能级内隧穿, 另一种是能级间隧穿 (图 4.11(c)). $\Delta_i(i=1,2,3)$ 对应六个能级间隧穿, 而 $V=0$ 处的峰对应能级内隧穿, 因而总共观察到七个峰. 具体来说, 当 $\alpha\neq 0$ 时, 本征态有三个, 分别为 $|10\rangle^{+}$, $|10\rangle^{-}$, 以及全极化态 $|\uparrow\uparrow\rangle$ (或 $|\downarrow\downarrow\rangle$). 近藤隧穿可以通过这些态中的一个 (能级内隧穿), 也可以通过这些态中的两个 (能级间隧穿). 例如, 能级内隧穿 $|10\rangle^{+}\leftrightarrow|10\rangle^{+}$ 或 $|10\rangle^{-}\leftrightarrow|10\rangle^{-}$

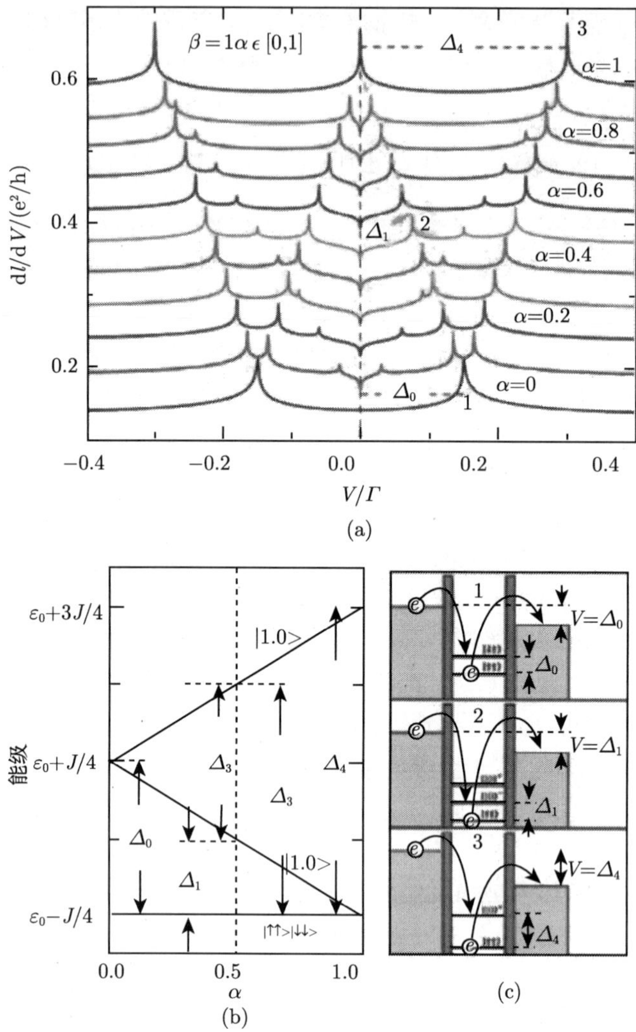

图 4.11　(a) 微分电导 (dI/dV) 随对称偏压 (V) 的变化图, 其中纵向参数 β 固定为 1, 横向参数 α 取为渐变参数, 从 0 到 1 (见图中从下到上曲线). 为了阅读方便, 我们把 $\alpha\neq 0$ 的曲线都向上平移 (以 $\alpha=0$ 为基准). 图中使用的参数为 $S=1/2,\varepsilon_0=-3,J=0.3,T=0.0001$, 以及高能截断 $W=1000$. 图 (a) 中 Δ_0, Δ_1 以及 Δ_4 是能级间距, 对应峰的位置标记为 1, 2 和 3. 能量单位为 $\Gamma=\Gamma_{\rm L}+\Gamma_{\rm R}=1$. (b) 以横向参数 α 为自变量的 $H_{\rm D}$ 的能谱图. 与图 (a) 对应, $\Delta_i(i=1,2,3,4)$ 是能级差. (c) 三个近藤输运过程示意图, 对应于图 (a) 中三个峰的位置 (用 1, 2, 3 标注)

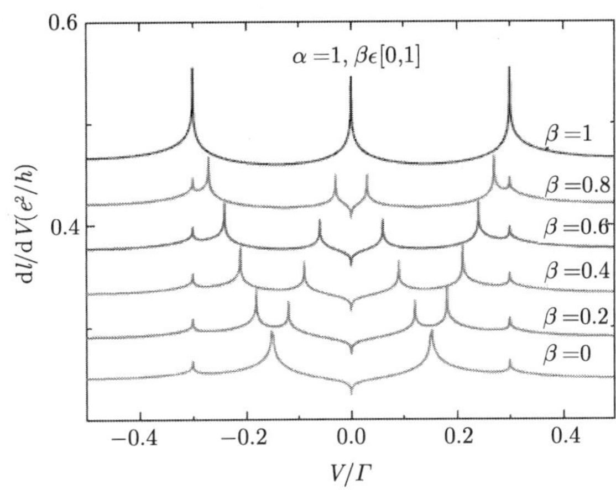

图 4.12 以对称偏压为自变量的微分电导图, 其中横向参数 α 固定为 1, 纵向参数 β 取为渐变参数, 从 0 到 1. 同图 4.11 一样, 为了阅读方便, $\beta \neq 0$ 的曲线都向上做了平移. 参数选取为 $S=1/2, \varepsilon_0=-3, J=0.3, T=0.0001, W=1000$. 能量单位为 Γ

产生了 $V=0$ 处的近藤峰, 而能级间隧穿 $|10\rangle^- \leftrightarrow |\uparrow\uparrow\rangle$ 产生了位于 $V=\pm\Delta_1$ 的近藤峰. 这里 $V=0$ 的峰的隧穿与量子点时也稍有不同, 此处的态是一个两电子纠缠态, 而量子点中的是一个单电子态.

当 $\alpha=1$ 时, 交换耦合变成了各向同性, 此各向同性耦合产生一个三峰近藤结构. 这种结构在各向同性自旋轨道耦合中也观察到过 [40], 其中各向同性自旋轨道耦合可描述为 $J_{\mathrm{SO}}\vec{s}\cdot\vec{l}$. 当各向异性耦合在参数变化下调整为各向同性, 会观察到近藤峰数量的减少, 这是因为纠缠态 $|10\rangle^-$ 在各向同性时变得与全极化态简并 (图 4.11(b)).

我们现在介绍强横向耦合的情形 ($\beta=0$ 且 $\alpha=1$), 见图 4.12. 图 4.12 中我们给出了渐变纵向参数 (从 $\beta=0$ 到 $\beta=1$) 的电导图, 而横向参数固定为 $\alpha=1$. 对于 $0<\beta<1$, 同样观察到七个峰, 与图 4.11(a) 一致. 当 $\beta=0$, 我们观察到 5 个峰, 分别位于 $V=0, \pm J_\perp/2$ 和 $\pm J_\perp$. 这五个峰的位置同样可用能级内隧穿和能级间隧穿解释, 读者可做尝试.

到现在为止, 我们已经讨论了局域自旋角量子数为 $S=1/2$ 的情形, 给出了各向异性耦合对近藤峰的劈裂效应. 当然, 更一般的情况下, 我们还需要讨论 $S>1/2$ 时的情形, 如锰掺杂量子点. 这里我们把讨论限制在 $S=1$ 时, 因为 S 越大, 涉及的数值计算就越多, 虽然其中的道理相通. 同样, 我们将介绍微分电导随各向异性参数变化时的劈裂行为, 并且解释此时在局域自旋影响下近藤峰的劈裂行为.

图 4.13 和图 4.14 给出了 $S=1$ 时的微分电导图. 同 $S=1/2$ 时一样, 我们固定一个各向异性参数, 调节另一个. 如图 4.13 所示, 当 $\beta=1$ 且 $0<\alpha<1$

时, 观察到的近藤峰的个数仍然是七个, 这是因为此时的能级劈裂仍为三个, 分别为 $\varepsilon^+(1,\pm1/2)$, $\varepsilon^-(1,\pm1/2)$ 和全极化态 $\varepsilon(\uparrow,S)$. 但是, 我们可以推测, 随着角量子数 S 的进一步增加, 能级劈裂会增加, 自然近藤峰的个数也会增加. 当 $\beta=1$ 且 $\alpha=0$ 时, 是强纵向耦合情形, 此时局域 "磁场" S^z 取三个值, 分别为 $-\hbar$, $\hbar$ 和 0. 因此在 $V=\pm J$ 处出现两个峰, 对应能级内近藤输运, 而 $S^z=0$ 时相当于零磁场量子点, 此时 $V=0$ 处有一个近藤峰. 对于强横向耦合情形 ($\beta=0$ 且 $\alpha=1$), 我们观察到 5 个峰, 峰的位置为 $V=0$, $\pm\sqrt{2}J_\perp/2$ 和 $\pm\sqrt{2}J_\perp$, 见图 4.14 .

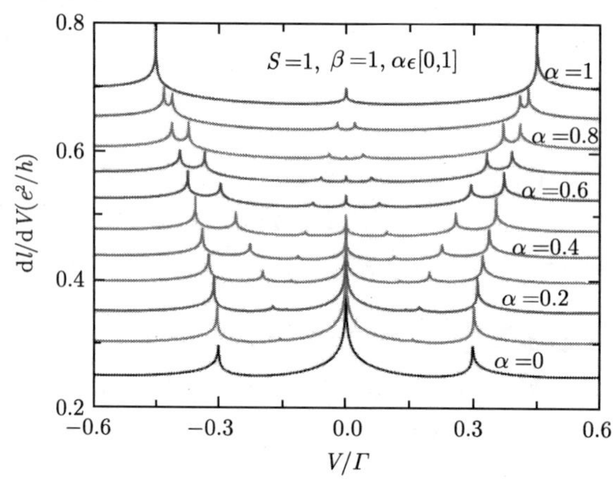

图 4.13　$S=1$ 时微分电导 $\mathrm{d}I/\mathrm{d}V$ 随对称偏压的变化图, 其中纵向参数固定为 1, 横向参数为渐变参数. 参数选取为 $\varepsilon_0=-3, J=0.3, T=0.0001, W=1000$. 能量单位为 Γ

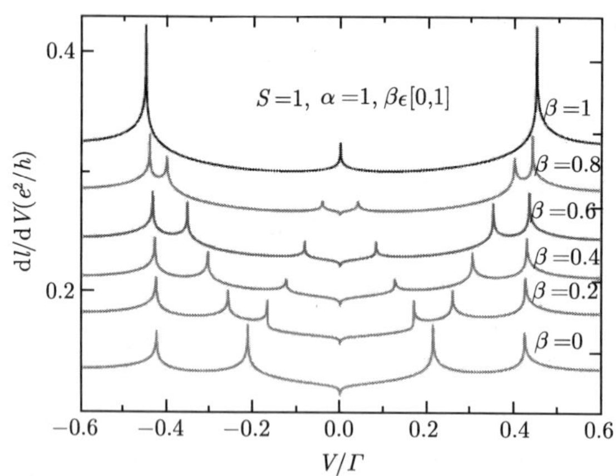

图 4.14　$S=1$ 时微分电导 $\mathrm{d}I/\mathrm{d}V$ 随对称偏压的变化图, 其中横向参数固定为 1, 纵向参数为渐变参数. 其他参数的选取同图 4.13

4.4 单分子磁体中的近藤输运

在 3.2 节中已经介绍过单分子磁体在近藤区的计算, 读者在阅读本节时需要参看 3.2 节. 在此基础上, 本节介绍单分子磁体的近藤输运性质, 重点讨论易轴各向异性项对近藤峰的劈裂效应. 我们取 $S=1$, 因为 $S=1/2$ 时哈密顿量中易轴各向异性项是常数, 所以这是非平凡的 S 最小值. 因为从态密度中我们可以观察到各种隧穿过程 (如单粒子隧穿和近藤隧穿), 而微分电导又是实验可测的一个物理量, 因此我们主要给出态密度图和电导图. 当温度低于近藤温度时, 我们可以预期电极电子和分子磁体输运轨道电子形成近藤态, 而在输运过程中这些近藤态又受到局域大自旋的调制, 因此可以从态密度和电导中读出这些物理.

我们从最简单的情形开始分析. 当 $J=0, K=0$ 或 $J=0, K\neq 0$ 时, 我们所得到的计算结果应该退回到熟知的单能级量子点情形 (Anderson 杂质模型) 的近藤效应, 即在费米面处有一个近藤尖峰. 对于 $J=0, K=0$, 我们可以从第 3 章 (3.44) 式和 (3.45) 式解析验证: $\langle\langle X^{0\sigma}|c_\sigma^\dagger\rangle\rangle^r = \sum\limits_m \langle\langle X^{0\sigma}Y^{mm}|c_\sigma^\dagger\rangle\rangle^r = \sum\limits_m (P_{0m}+P_{\sigma m})/\left[\omega-\varepsilon_0-\Sigma_0-\Sigma_1(\omega)\right]$, 其中 $\Sigma_0=\sum\limits_{k\alpha}|t_{k\alpha}|^2/(\omega-\varepsilon_{k\alpha}+\mathrm{i}\eta)$ 为顺序区自能, $\Sigma_1(\omega)$ 为近藤区自能. 此结果的确是态矢表象下量子点在近藤区的推迟格林函数. 对于 $J=0, K\neq 0$, 即交换耦合为零时, 大自旋将被独立出来, 不再影响近藤输运, 此时应该仍然观察到态密度或电导中在费米只有一个近藤峰, 并且随着温度的降低, 这个峰会越来越明显. 我们在图 4.15 给出了态密度图, 当 $J=0$ 时, 确实退回了熟知的结果.

如前所述, 分子磁体的交换耦合作用 J 和易轴各向异性 K 都会对近藤输运产生影响. 在数值计算时我们选取 $\varepsilon_0=-3$ 且 J 和 K 较小, 这样所有的单占据能级都在费米面下方, 从而近藤输运会通过这些能级发生. 选取 $\Gamma=\Gamma_{\mathrm{L}}+\Gamma_{\mathrm{R}}=1$ 为能量单位, 带宽 $W=1000$. 先讨论 $J\neq 0$, $K=0$ 时的情形, 见图 4.15. 从图中可以看到 $J\neq 0$ 时态密度呈现三峰结构, 这正是 3.3 节提到过的, 各向同性耦合总是导致三个近藤峰. 从图中可观察到峰的位置为 $\omega=0,\pm 2\Delta E$, 其中 $\Delta E=|J|(2S+1)/4$. 这种三峰结构在文献 [47] 中也出现过, 只不过文献中考虑的局域自旋 $S=1/2$. 这里的结论是不论局域自旋的角量子数为多大, 只要是各向同性耦合, 就一定呈现三峰结构. 此外, 在各向同性的自旋轨道耦合中也可观察到类似的三峰结构 [40], 对此我们解释如下. 当 $K=0$ 时, 单占据本征能量约化为两个能级 $E^{\pm}=\varepsilon_0+J/4\pm\Delta E$. 位于费米面的峰是近藤输运通过 E^+ 或 E^- 发生的, 称为能级内隧穿. 而发生在 E^+ 和 E^- 之间的近藤隧穿称之为能级间隧穿, 其间距为正好为 $2\Delta E$, 即近藤峰位置. 图 4.15(a) 和 (b) 中分别给出了 J 为铁磁耦合和反铁磁耦合, 可以看到不论何种情

形, 都为三峰结构.

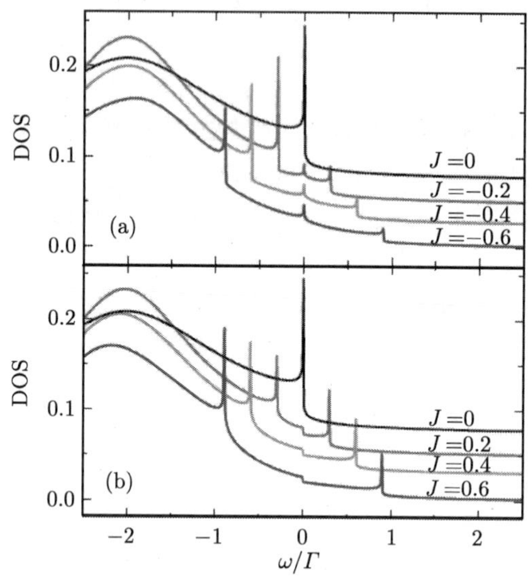

图 4.15　$J \neq 0$, $K = 0$ 时的态密度图. (a) 图为反铁磁耦合 ($J < 0$), (b) 图为铁磁耦合 ($J > 0$). 参数选取为 $\varepsilon_0 = -3, S = 1, K = 0, T = 0.0001, W = 1000$. 能量单位为 Γ

当考虑 $K \neq 0$, 即分子磁体的各向异性特点, 图 4.15 中的三峰结构会进一步劈裂成精细结构. 从图 4.16 可以观察到, 费米面处的峰进一步劈裂成三个峰 (或谷)

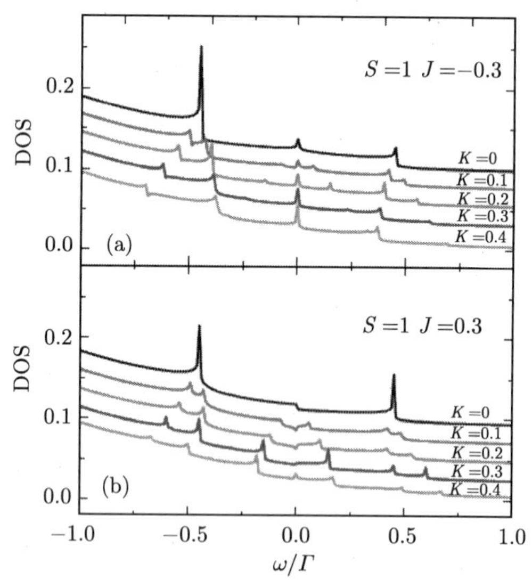

图 4.16　$J \neq 0$, $K \neq 0$ 时的态密度图. 参数选取为 $\varepsilon_0 = -3$, $S = 1, |J| = 0.3, W = 1000, T = 10^{-4}$. 能量单位为 Γ

的精细结构, 而位于两侧的峰 ($\omega = \pm 2\Delta E$) 则进一步劈裂成两个子峰. 并且不论铁磁耦合还是反铁磁耦合, 都具有这个特点, 见图 4.16(a) 和 (b). 这些精细结构或子峰之间的间距随 K 的增大而增大. 和其他研究成果相比, 它们之间有类似之处. 比如, 量子点外加磁场后, 位于费米面处的近藤峰也会发生劈裂, 只不过那里是劈裂成两个 [9,70−71]; 房铁峰等 [40] 的工作, 考虑了自旋轨道耦合后, 中心峰劈裂成两个, 而侧峰劈裂成三个. 因此, 这里介绍的结果和其有类似之处, 但也有所区别. 为了进一步解释这些峰的位置和成因, 我们在图 4.17 中给出了微分电导随对称偏压的变化图.

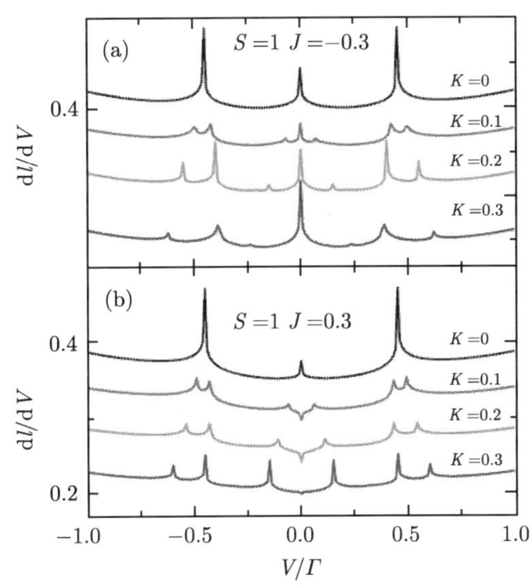

图 4.17 $J \neq 0$, $K \neq 0$ 时的微分电导图. 参数选取为 $\varepsilon_0 = -3$, $S = 1, |J| = 0.3, W = 1000, T = 10^{-4}$. 能量单位为 Γ

同前面一样, 解释这些精细劈裂峰时我们引入能级内部的近藤隧穿和能级间近藤隧穿的概念, 如量子点中的近藤效应. 量子点只有一个能级, 近藤输运通过这单个能级发生, 我们称为能级内近藤隧穿. 而多个能级出现后, 近藤隧穿就可以发生在能级之间. 像我们现在考虑的分子磁体模型, 当局域自旋通过交换耦合作用和各向异性特点把输运轨道能级劈裂成 (3.4) 式和 (3.5) 式的形式. 当 $S = 1$ 时, 从这两式可以得到三个能级间距 $\Delta_1 = \varepsilon^+_{1,\pm 1/2} - \varepsilon_{1,\pm 3/2}$, $\Delta_2 = \varepsilon_{1,\pm 3/2} - \varepsilon^-_{1,\pm 1/2}$, 以及 $\Delta_3 = \varepsilon^+_{1,\pm 1/2} - \varepsilon^-_{1,\pm 1/2}$. 在图 4.17 中位于 $\omega = \pm\Delta_i\,(i = 1, 2, 3)$ 的峰对应六个能级间近藤隧穿, 而位于费米面 ($\omega = 0$) 处的峰则来源于能级内的近藤隧穿. 具体来说, 能级内隧穿可以通过 (3.4) 式和 (3.5) 式中任意一条能级发生近藤输运, 对应的都是费米面处的峰, 而能级间隧穿, 例如, $\varepsilon^+_{1,\pm 1/2}$ 和 $\varepsilon_{1,\pm 3/2}$, 发生在它们之间的近藤隧穿峰的位置为$\omega = \pm\left(\varepsilon^{+}_{1,\pm 1/2} - \varepsilon_{1,\pm 3/2}\right)$. 在图 4.16(b) 和图 4.17(b) 中还可观察到费米面处 ($\omega/V = 0$) 的峰方向朝下, 称为近藤谷效应. 这种特点来源于分子磁体的磁各向异性项, 在交换耦合和各向异性参数 K 的调制下, 费米面处的近藤自能的系数可以改变正负符号, 即自能 $\Sigma^{\uparrow}_{a}(\omega = 0, m)$ 系数的正负, 从而导致近藤谷的出现.

4.5 本章小结

本章重点介绍了强各向异性人工分子磁体、各向异性耦合的人工分子磁体以及单分子磁体在近藤区的输运性质. 作为人工分子磁体的一个特例, 强各向异性模型是大自旋模型中最简单的例子, 其特点为 $2S+1$ 个自旋对态, 为此介绍了其在顺序区和近藤区的输运性质. 各向异性耦合模型和单分子磁体模型中的近藤劈裂峰位置的解释用的是能级内近藤隧穿或能级间近藤隧穿概念, 两个模型中都能出现近藤谷效应.

参考文献

[1] Wernsdorfer W, Sessoli R. Quantum phase interference and parity effects in magnetic molecular clusters. Science, 1999, 284:133.

[2] Gunther L, Barbara B. Quantum Tunneling of Magnetization. Kluwer, Dordrecht: Springer, 1994.

[3] Delft J V, Henley C L. Destructive quantum interference in spin tunneling problems. Phys. Rev. Lett., 1992, 69: 3236.

[4] Heersche H B, Groot Z de, Folk J A, et al. Electron transport through single Mn_{12} molecular magnets. Phys. Rev. Lett., 2006, 96: 206801.

[5] Jo M H, Grose J E, Baheti K, et al. Signatures of molecular magnetism in single-molecule transport spectroscopy. Nano Lett., 2006, 6: 2014.

[6] Romeike C, Wegewijs M R, Hofstetter W, et al. Kondo transport spectroscopy of single molecule magnets. Phys. Rev. Lett., 2006, 97: 206601.

[7] Romeike C, Wegewijs M R, Hofstetter W, et al. Quantum tunneling induced kondo effect in single molecular magnets. Phys. Rev. Lett., 2006, 96: 196601.

[8] Gonzalez G, Leuenberger M N, Mucciolo E R. Kondo effect in single-molecule magnet transistors. Phys. Rev. B, 2008, 78: 054445.

[9] Elste F, Timm C. Resonant and Kondo tunneling through molecular magnets. Phys. Rev. B, 2010, 81: 024421.

[10] Leuenberger M N, Mucciolo E R. Berry phase oscillations of the Kondo effect in single-molecule magnets. Phys. Rev. Lett., 2006, 97: 126601.

[11] Misiorny M, Weymann I, Barnas J. Interplay of the Kondo effect and spin-polarized transport in magnetic molecules, adatoms, and quantum Dots. Phys. Rev. Lett., 2011, 106: 126602.

[12] Misiorny M, Barnas J. Magnetic switching of a single molecular magnet due to spin-polarized current. Phys. Rev. B, 2007, 75: 134425.

[13] Misiorny M, Barnas J. Spin polarized transport through a single molecule magnet: Current-induced magnetic switching. Phys. Rev. B, 2007, 76: 054448.

[14] Misiorny M, Barnas J. Effects of intrinsic spin-relaxation in molecular magnets on current-induced magnetic switching. Phys. Rev. B, 2008, 77: 172414.

[15] Gonzalez G, Leuenberger M N. Berry phase blockade in single molecule magnets. Phys. Rev. Lett., 2007, 98: 256804.

[16] Fernandez-Rossier J, Aguado R. Single-electron transport in electrically tunable nanomagnets. Phys. Rev. Lett., 2007, 98: 106805.

[17] Fernandez-Rossier J, Brey L. Ferromagnetism mediated by few electrons in a semimagnetic quantum dot. Phys. Rev. Lett., 2004, 93: 117201.

[18] Fernández-Rossier J. Single-exciton spectroscopy of semimagnetic quantum dots. Phys. Rev. B, 2006, 73: 045301.

[19] Fernández-Rossier J. Theory of single-spin inelastic tunneling spectroscopy. Phys. Rev. Lett., 2009, 102: 256802.

[20] Cao C L, Besombes L, Fernández-Rossier J. Spin-phonon coupling in single Mn-doped CdTe quantum dot. Phys. Rev. B, 2011, 84: 205305.

[21] Delgado F, Fernández-Rossier J. Spin dynamics of current-driven single magnetic adatoms and molecules. Phys. Rev. B, 2010, 82: 134414.

[22] Gall C L, Kolodka R S, Cao C, et al. Optical initialization, readout and dynamics of a Mn spin in a quantum dot. arXiv: 1003.0370.

[23] Contreras-Pulido L D, Aguado R. Shot noise spectrum of artificial single-molecule magnets: Measuring spin relaxation times via the Dicke effect. Phys. Rev. B, 2010, 81: 161309(R).

[24] Ovchinnikov S G, Valko V V. Hubbard Operators in the Theory of Strongly Correlated Electrons. British: Imperial College Press, 2004.

[25] Kostyrko T, Bulka B R. Hubbard operators approach to the transport in molecular junctions. Phys. Rev. B, 2005, 71: 235306.

[26] Fransson J. Nonequilibrium Nano-Physics: A Many-Body Approach. Dordrecht: Springer Press, 2010.

[27] Ng T K. ac Response in the nonequilibrium anderson impurity model. Phys. Rev. Lett., 1996, 76:487.

[28] Zhu J X, Balatsky A V. Theory of current and shot-noise spectroscopy in single-molecular quantum dots with a phonon mode. Phys. Rev. B, 2003, 67: 165326.

[29] Meir Y, Wingreen N S, Lee P A. Low-temperature transport through a quantum dot: The Anderson model out of equilibrium. Phys. Rev. Lett., 1993, 70: 2601.

[30] Kondo J. Resistance minimum in dilute magnetic alloys. Progress of Theoretical Physics, 1964, 32: 37-49.

[31] Schrieffer J R, Wolff P A. Relation between the anderson and Kondo hamiltonians. Physical Review, 1966, 149: 491.

[32] Wilson K G. The renormalization group: Critical phenomena and the Kondo problem. Rev. Mod. Phys., 1975, 47: 773.

[33] Cronenwett S M, Oosterkamp T H, Kouwenhoven L P. A tunable Kondo effect in quantum dots. Science, 1998, 281: 540.

[34] Meir Y, Wingreen N S, Lee P A. Low-temperature transport through a quantum dot: The Anderson model out of equilibrium. Phys. Rev. Lett., 1993, 70(17): 2601.

[35] Martinek J, Utsumi Y, Imamura H, et al. Kondo effect in quantum dots coupled to ferromagnetic leads. Phys. Rev. Lett., 2003, 91(12): 127203.

[36] Martinek J, Sindel M, Borda L, et al. Gate-controlled spin splitting in quantum dots with ferromagnetic leads in the Kondo regime. Phys. Rev. B, 2005, 72: 121302.

[37] Yuan M, Joynt R, Yang Z, et al. Signatures of the valley Kondo effect in si/sige quantum dots. Phys. Rev. B, 2014, 90: 035302.

[38] Gruner G, Zawadowski A. Magnetic impurities in non-magnetic metals. Rep. Prog. Phys., 1974, 37: 1497; Zaránd G, Zawadowski A. Theory of tunneling centers in metallic systems: Role of excited states and orbital kondo effect. Phys. Rev. Lett., 1994, 72: 542.

[39] Kuemmeth F, Ilani S, Ralph D C, et al. Coupling of spin and orbital motion of electrons in carbon nanotubes. Nature, 2008, 452: 448.

[40] Fang T F, Zuo W, Luo H G. Kondo effect in carbon nanotube quantum dots with spin-orbit coupling. Phys. Rev. Lett., 2008, 101: 246805.

[41] Chiolero A, Loss D. Macroscopic quantum coherence in molecular magnets. Phys. Rev. Lett., 1998, 80: 169.

[42] Liu J, Wu B, Fu L, et al. Quantum step heights in hysteresis loops of molecular magnets. Phys. Rev. B, 2002, 65: 224401.

[43] Trif M, Troiani F, Stepanenko D, et al. Spin-electric coupling in molecular magnets. Phys. Rev. Lett., 2008, 101: 217201.

[44] Hackl A, Roosen D, Kehrein S, et al. Nonequilibrium spin dynamics in the ferromagnetic Kondo model. Phys. Rev. Lett., 2009, 102: 196601.

[45] Wang R Q, Sheng L, Shen R, et al. Thermoelectric effect in single-molecule-magnet junctions. Phys. Rev. Lett., 2010, 105: 057202.

[46] Stadler P, Holmqvist C, Belzig W. Josephson current through a quantum dot coupled to a molecular magnet. Phys. Rev. B, 2013, 88: 104512.

[47] Tolea M, Bulka B R. Theoretical study of electronic transport through a small quantum dot with a magnetic impurity. Phys. Rev. B, 2007, 75: 125301.

[48] Kawahara S L, Lagoute J, Repain V, et al. Kondo peak splitting on a single adatom coupled to a magnetic cluster. Phys. Rev. B, 2010, 82: 020406.

[49] Niu P B, Zhang Y Y, Wang Q, et al. Quantum transport through anisotropic molecular magnets: Hubbard Green function approach. Phys. Lett. A, 2012, 376: 1481.

[50] Besombes L, Léger Y, Maingault L, et al. Probing the spin state of a single magnetic ion in an individual quantum dot. Phys. Rev. Lett., 2004, 93: 207403.

[51] Léger Y, Besombes L, Maingault L, et al. Geometrical effects on the optical properties of quantum dots doped with a single magnetic atom. Phys. Rev. Lett., 2005, 95: 047403.

[52] Léger Y, Besombes L, Fernández-Rossier J, et al. Electrical control of a single Mn atom in a quantum dot. Phys. Rev. Lett., 2006, 97: 107401.

[53] Le Gall C, Besombes L, Boukari H, et al. Optical spin orientation of a single manganese atom in a semiconductor quantum dot using quasiresonant photoexcitation. Phys. Rev. Lett., 2009, 102: 127402.

[54] Fernández-Rossier J, Aguado R. Mn-doped II-VI quantum dots: Artificial molecular magnets. Phys. Status Solidi C, 2006, 3: 3734-3739.

[55] 曾谨言. 量子力学 (第三版). 北京: 科学出版社, 2000.

[56] Theumann A. Self-consistent solution of the anderson model. Phys. Rev., 1969, 178: 978.

[57] Lacroix C. Density of states for the Anderson model. J. Phys. F: Met. Phys., 1981, 11: 2389.

[58] Luo H G, Ying J J, Wang S J. Equation of motion approach to the solution of the anderson model. Phys. Rev. B, 1999, 59: 9710.

[59] Świrkowicz R, Barnaś J, Wilczyński M. Nonequilibrium Kondo effect in quantum dots. Phys. Rev. B, 2003, 68: 195318.

[60] Kashcheyevs V, Aharony A, Entin-Wohlman O. Applicability of the equations-of-motion technique for quantum dots. Phys. Rev. B, 2006, 73: 125338.

[61] Zimbovskaya N A. Electron transport through a quantum dot in the Coulomb blockade regime: Nonequilibrium Green's function based model. Phys. Rev. B, 2008, 78: 035331.

[62] Trocha P. Orbital Kondo effect in double quantum dots. Phys. Rev. B, 2010, 82: 125323.

[63] Andersen B M, Flensberg K, Koerting V, et al. Nonequilibrium transport through a spinful quantum dot with superconducting leads. Phys. Rev. Lett., 2011, 107: 256802.

[64] Niu P B, Q Wang, Nie Y H. Transport through artificial single-molecule magnets: Spin-pair state sequential tunneling and Kondo effects. Chin. Phys. B, 2013, 22:

027307.

[65] Niu P B, Yao H, Li Z J, et al. Inelastic low-temperature transport through a quantum dot with a mn ion. J. Magn. Magn. Mater., 2012, 324: 2324-2329.

[66] Luo B, Liu J, Lü J T, et al. Ultrahigh spin thermopower and pure spin current in a single-molecule magnet. Sci. Rep-UK, 2014, 4: 4128.

[67] Bruus H, Flensberg K. Many-Body Quantum Theory in Condensed Matter Physics: An Introduction. Oxford: Oxford University Press, 2007.

[68] Meir Y, Wingreen N S. Landauer formula for the current through an interacting electron region. Phys Rev. Lett, 1992, 68: 2512.

[69] Haug H, Jauho A P. Quantum kinetics in transport and optics of semiconductors. Berlin: Springer, 2008.

[70] Paaske J, Rosch A, Kroha J, et al. Nonequilibrium transport through a kondo dot: Decoherence effects. Phys. Rev. B, 2004, 70: 155301.

[71] Hewson A C. The Kondo Problem to Heavy Fermions. Cambridge University Press, 1997.

第 5 章　大自旋系统中的非弹性输运

5.1　非弹性输运介绍

如第 3 章所述, 在过去的 20 年中, 单分子磁体由于其展现的宏观量子隧穿 [1] 和宏观量子干涉性质 [2,3], 一直受到研究者的关注. 近年来, 随着实验技术的进步, 研究者们逐渐能够成功地把单分子磁体镶嵌在两个电极间, 从而把输运电子学的概念引入单分子磁体研究领域. 正是这类相关领域的交叉诞生了分子电子学这个新的研究领域. 所谓分子电子学, 简单来说就是把单个分子镶嵌在两个电极间研究其输运性质, 而不仅仅局限于单分子磁体. 尤其是近来, Heersche 小组报道了分子磁体场效应管输运结构的实验结果, 引起了研究者们的注意, 也因此催生了新一轮的研究热潮. 这其中有很多有趣的研究结果, 包括理论的和实验的, 举例来说, 有负微分电导 [4−6], 近藤效应 [7−12], 极化电流导致的分子磁体翻转 [13−15], Berry 相导致的阻塞和振荡 [16] 等. 分子磁体的这些特性可以应用在将来的高密度磁存储技术中, 也可能用于在量子计算中. 在输运结构中, 分子磁体某些方面的输运性质表现像量子点, 如库仑阻塞. 同时, 在近来的一个报道中 [17], 研究者们通过电学手段已经能够测量和控制分子磁体的自旋态, 预示着分子磁体量子比特进一步实现的可能性. 然而, 从另一个角度来说, 一旦某个特殊的分子被做成输运结构, 就再难更换其他分子, 即限于分子磁体的特性, 一旦成形, 就很难实现对其内部参数的连续调控了. 这不同于量子点, 量子点本身的内部参数是可以实现人工调控的. 因此, 人们考虑研制分子磁体的对应物, 即人工分子磁体. 近来, 人们报道 [18−24] 掺杂锰原子的量子点在实验测量中表现的性质如同单分子磁体. 这预示着人们已经制造出了人工分子磁体. 同时, 人们已经报道了在顺序隧穿区人工分子磁体的输运性质 [25].

在单分子器件中, 声子振动对分子输运性质的影响肯定是不可避免的, 也因此可能引起一些有趣的输运现象. 的确, 近来有很多研究工作关注分子器件中的振动自由度 [26−34], 如在顺序隧穿区和共隧穿区, 人们讨论电声耦合对分子器件输运性质的影响. 然而, 目前人们还很少讨论振动效应对单分子磁体输运性质的影响. 近来有一篇文献 [35] 讨论振动模与局域大自旋的耦合, 他们预期振动自由度可以引起自旋隧穿并增强近藤效应.

本章将首先介绍强各向异性模型中的声子输运, 所考虑的模型同前面章节一样, 掺杂锰原子的量子点中锰原子和载流子之间的交换耦合作用是强各向异性的 (由于自旋轨道耦合作用), 因而形成了自旋对态 (共 $2S+1$ 条). 此外, 我们还考虑人工分子磁体与一个单模声子耦合. 在此模型中, 我们讨论其低温输运, 发现在费米面附近出现 $2S+1$ 个近藤峰, 除此以外, 还出现了声子辅助的近藤伴峰. 这些声子伴峰是依赖于费米面附近的近藤主峰个数的, 同时也依赖于自旋对态和放出声子的非弹性过程, 这里的非弹性过程指由于声子吸收、放出能量而导致的输运过程.

然后将介绍单分子磁体中的声子输运, 所考虑的模型为单分子磁体的输运轨道电子与一个单模声子耦合. 单分子磁体在低温时具有双稳特性, 我们采用大自旋近似, 固定局域大自旋在低温时所处的态为 $|S\rangle$ 态, 由于交换耦合作用, 输运轨道的电子自旋也将会出现极化, 产生自旋流. 在声子模出现后, 系统将产生声子辅助的自旋流. 研究发现, 当电子通过自旋向上通道时, 自旋向上的电流会放出声子; 同样, 当电子通过自旋向下通道时, 会有声子辅助的自旋向下电流产生.

5.2 强各向异性模型中的声子输运

我们考虑一个掺杂锰原子的量子点, 其中锰原子的自旋是 $S=5/2$. 此量子点与外加电极相连. 在量子点载流空穴还与一个声子模耦合. 其总的哈密顿量写为 $H=H_{\text{lead}}+H_{\text{T}}+H_{\text{cen}}$. 其中第一项描述空穴库 [25], $H_{\text{lead}}=\sum\limits_{k\alpha\sigma}\varepsilon_k c^{\dagger}_{k\alpha\sigma}c_{k\alpha\sigma}$, 这里我们认为当温度趋于零费米海由空穴填满. 第二项 $H_{\text{T}}=\sum\limits_{k\alpha\sigma}(t_{k\alpha}d^{\dagger}_{\sigma}c_{k\alpha\sigma}+H.c.)$ 描述量子点和电极之间的隧穿, 其中 $d^{\dagger}_{\sigma}(d_{\sigma})$ 在量子点上产生 (湮灭) 一个自旋为 σ 的空穴, 我们认为量子点和电极之间的隧穿是不依赖于自旋的, 即 $t_{k\alpha}$ 是与自旋无关的. 第三项是中间哈密顿量, 给出如下:

$$\begin{aligned}H_{\text{cen}}=&(\epsilon_h+V_{\text{g}})n+Un_{\uparrow}n_{\downarrow}+Js_zS_z+\frac{\gamma J}{2}(s_+S_-+s_-S_+)\\&+\xi n(b^{\dagger}+b)+\omega_0 b^{\dagger}b.\end{aligned}\tag{5.1a}$$

其中, $n=\sum\limits_{\sigma}d^{\dagger}_{\sigma}d_{\sigma}$ 是量子点上空穴数算符, ε_{h} 指空穴能级, 可以通过外加门电压 V_{g} 调节其高低. U 是占据两个空穴时的库仑排斥能. $s_{z,\pm}$ 是空穴自旋算符, 作用在空穴自旋空间, $S_{z,\pm}$ 是大自旋算符. Js_zS_z 是空穴和大自旋 z 方向的交换耦合, γ 是一个无量纲参数, 其大小依赖于自旋轨道耦合, 为此, 我们考虑一个极限情形以简化问题的讨论, 即 $\gamma=0$. 由于 $\gamma=0$, (5.1a) 式中局域大自旋翻转项被忽略, 即大自旋翻转被压制, 从而大自旋与空穴形成了自旋对态, 见下面讨论. $b^{\dagger}(b)$ 在量子点上产生 (湮灭) 一个频率为 ω 的声子, ξ 指空穴–声子耦合常数. 在本章接下来的推导中我们默认取 $e=\hbar=1$ 为单位, 在例外情况下则会明确指出.

接下来我们用正则变换 [31] 处理电声耦合, $\bar{H}=\mathrm{e}^{s}H\mathrm{e}^{-s}$, 其中 $s=(\xi/\omega_0)n(b^{\dagger}-b)$, 详细的电声耦合正则变换过程可参考于慧 [36] 的博士论文, 其讨论的是单个量子点情况下如何处理电声耦合, 但本章的思路与其是相同的. 因此, 哈密顿量 (5.1a) 式被退耦合为两部分, 其中 $\bar{H}_{\rm ph} = \omega_0 b^\dagger b$ 指声子项, 而空穴项变为

$$\bar{H}_{\rm hole} = H_{\rm lead} + \sum_{k\alpha\sigma} (\tilde{t}_{k\alpha} d_\sigma^\dagger c_{k\alpha\sigma} + H.c.) + \bar{H}_{\rm d}, \tag{5.1b}$$

其中 $\bar{H}_{\rm d} = \tilde{\epsilon}_h n + \tilde{U} n_\uparrow n_\downarrow + J s_z S_z$, 这里 $\tilde{\epsilon}_h = \epsilon_h + V_g - \Delta$, $\tilde{U} = U - 2\Delta$, 它们是正则变换后被重整化的参数, 其中 $\Delta = g\omega_0$ 的物理意义是重整化后量子点能级的移动. $g = (\xi/\omega_0)^2$ 是一个无量纲参数, 描述空穴–声子耦合. 量子点与电极间的隧穿耦合系数被重整化为 $\tilde{t}_{k\alpha} = t_{k\alpha} X$, 其中 $X = \exp[-(\xi/\omega_0)(b^\dagger - b)]$. 这个重整化因子 X 可以近似为一个常数被吸收进隧穿耦合系数中, 即 $\tilde{t}_{k\alpha} \Rightarrow t_{k\alpha}$[37]. 在库仑能很大的情况下, 双占据被排斥, (5.1b) 式中 $\bar{H}_{\rm d}$ 的本征态和本征能量有三支, 用自旋对态 $|\lambda, m\rangle = |\lambda\rangle |m\rangle$ 来表示, 其中 m 是局域大自旋 Z 方向的磁量子数, $\lambda = 0, \uparrow, \downarrow$ 指代量子点上没有空穴载流子, 有一个自旋朝上空穴和有一个自旋朝下空穴. 这个自旋对态满足:

$$\bar{H}_{\rm d} \left|\lambda, m\right\rangle = E_{\lambda m} \left|\lambda, m\right\rangle , \tag{5.2}$$

其中, $E_{0m} = 0$, $E_{\sigma,m} = (\tilde{\epsilon}_{\rm h} + \delta_\sigma J m/2)$, 这里的因子 $\delta_\sigma = +1(-1)$. $E_{\uparrow m}$ 和 $E_{\downarrow -m}$ 是简并的. 可以看见这些单占据自旋对态共有 $2S+1$ 条能级.

在用非平衡格林函数语言描述下, 电流公式为 [38−40]

$$I = -\frac{2e}{h} \sum_{\sigma=\uparrow,\downarrow} \int {\rm d}\omega \varGamma_\sigma \left[f_{\rm L}(\omega) - f_{\rm R}(\omega)\right] {\rm Im} G_\sigma^r(\omega). \tag{5.3}$$

其中, $G_\sigma^r(\omega)$ 是推迟格林函数, $f_{\rm L}(\omega) = \left[\exp\beta\left(\omega - \frac{V}{2}\right) + 1\right]^{-1}$ 和 $f_{\rm R}(\omega) = \left[\exp\beta\left(\omega + \frac{V}{2}\right) + 1\right]^{-1}$ 分别是左右电极的费米分布函数. 微分电导 $G = {\rm d}I/{\rm d}V$ 可以从上式电流公式中导出来. 因此, 跟前面几章一样, 推导的核心问题是如何求得推迟格林函数.

在正则变换后, 推迟格林函数 $G_\sigma^r(\omega)$ 也相应的被退耦合为 [40]

$$\begin{aligned} G_\sigma^r(t,t') =& \bar{G}_\sigma^r(t,t') \langle X(t) X^\dagger(t') \rangle \\ &+ \theta(t-t') \bar{G}_\sigma^<(t,t') [\langle X(t) X^\dagger(t') \rangle - \langle X^\dagger(t') X(t) \rangle], \end{aligned} \tag{5.4}$$

其中, $\bar{G}_\sigma^r(t,t') = -{\rm i}\theta(t-t') \langle \{\bar{d}_\sigma(t), \bar{d}_\sigma^\dagger(t')\} \rangle_{\rm el}$ 和 $\bar{G}_\sigma^<(t,t') = {\rm i}\langle \bar{d}_\sigma^\dagger(t') \bar{d}_\sigma(t) \rangle_{\rm el}$ 分别为推迟和小于格林函数, $\bar{d}_\sigma(t) = {\rm e}^{{\rm i}\bar{H}_{\rm hole} t} d_\sigma {\rm e}^{-{\rm i}\bar{H}_{\rm hole} t}$. 电声耦合的效应在上式表现为 $\langle X(t) X^\dagger(t') \rangle = \exp[-\varPhi(t-t')]$, $\langle X^\dagger(t') X(t) \rangle = \exp[-\varPhi(-t+t')]$, 其中, $\varPhi(t) = g[N_{\rm ph}(1 - {\rm e}^{{\rm i}\omega_0 t}) + (N_{\rm ph}+1)(1 - {\rm e}^{-{\rm i}\omega_0 t})]$, 这里用到的这里这几个结果可参见 Mahan [41] 一书的推导.

接下来我们对 (5.4) 式做傅里叶变换: 首先, $\langle X(t)X^\dagger\rangle = \exp[-\Phi(t)] = \sum_l C_l \exp[-\mathrm{i}\omega_0 t]$, $C_l = \mathrm{e}^{-g(2N+1)}\mathrm{e}^{\beta l\omega_0/2}I_l(2g\sqrt{N(N+1)})$, I_l 为 l 阶变形贝塞尔函数 [42]. 这里的展开结果同样参见 Mahan 一书. 所以 $\langle X(t)X^\dagger\rangle$ 对应的傅里叶变换为 $2\pi\sum_l C_l\delta(\omega - l\omega_0)$. (5.4) 式涉及两项的乘积形式, 所以变换到频率空间需要用到卷积定理, 这里给出运算结果:

$$\begin{aligned}\mathrm{Im}G^r_\sigma(\omega) = &\sum_{l=-\infty}^{\infty} C_l[1-\bar{f}(\omega - l\omega_0)]\mathrm{Im}\bar{G}^r_\sigma(\omega - l\omega_0)\\ &+\sum_{l=-\infty}^{\infty} C_l\bar{f}(\omega + l\omega_0)\mathrm{Im}\bar{G}^r_\sigma(\omega + l\omega_0).\end{aligned}\tag{5.5}$$

其中, $\bar{f}(\omega) = [\Gamma_\mathrm{L} f_\mathrm{L}(\omega) + \Gamma_\mathrm{R} f_\mathrm{R}(\omega)]/(\Gamma_\mathrm{L} + \Gamma_\mathrm{R}) = [f_\mathrm{L}(\omega) + f_\mathrm{R}(\omega)]/2$, 这里最后一步已经用到了左右电极对称耦合. 上式在低温区域能给出很好的结果 [40], 其中 $\bar{G}^r_\sigma(\omega)$ 可以用运动方程方法得到, 同样是用第 3 章的态矢格林函数方法.

在哈伯德算符表象, 空穴项 $\bar{H}_\mathrm{hole}$ 被重新表示为

$$\begin{aligned}\bar{H}_\mathrm{hole} = &\sum_{k\alpha\sigma}\epsilon_{k\alpha}c^\dagger_{k\alpha\sigma}c_{k\alpha\sigma} + \sum_{k\alpha\sigma}(\tilde{t}_{k\alpha}X^{\sigma 0}c_{k\alpha\sigma} + H.c.)\\ &+\tilde{\epsilon}_\mathrm{h}(X^{\uparrow\uparrow} + X^{\downarrow\downarrow}) + \frac{J}{2}\sum_{m=-S}^{S} mX^{\uparrow\uparrow}Y^{m,m} - \frac{J}{2}\sum_{m=-S}^{S} mX^{\downarrow\downarrow}Y^{m,m},\end{aligned}\tag{5.6}$$

同时, 推迟格林函数被重新写为

$$\bar{G}^r_\sigma(\omega) \equiv \langle\langle d_\sigma|d^+_\sigma\rangle\rangle^r = \langle\langle X^{0\sigma}|d^+_\sigma\rangle\rangle^r = \sum_m \langle\langle X^{0\sigma}Y^{m,m}|d^+_\sigma\rangle\rangle^r,\tag{5.7}$$

为此, $\langle\langle X^{0\sigma}Y^{m,m}|d^+_\sigma\rangle\rangle^r$ 的运动方程为

$$\begin{aligned}&\left(\omega - \tilde{\epsilon}_\mathrm{h} - \delta_\sigma\frac{J}{2}m\right)\langle\langle X^{0\sigma}Y^{m,m}|d^+_\sigma\rangle\rangle^r\\ =&P_{0m} + P_{\sigma m} + \sum_{k\alpha}\tilde{t}^*_{k\alpha}\langle\langle X^{\bar{\sigma}\sigma}c_{k\alpha\bar{\sigma}}Y^{m,m}|d^+_\sigma\rangle\rangle^r\\ &+\sum_{k\alpha}\tilde{t}^*_{k\alpha}\langle\langle(X^{00} + X^{\sigma\sigma})c_{k\alpha\sigma}Y^{m,m}|d^+_\sigma\rangle\rangle^r,\end{aligned}\tag{5.8}$$

其中, $P_{\lambda m} \equiv \langle X^{\lambda\lambda}Y^{m,m}\rangle$ 指本征态的占据概率. 等式右边第二个求和项应用二阶近似 (参见前面几章) 后有

$$\sum_{k\alpha} t^*_{k\alpha}\langle\langle(X^{00} + X^{\sigma\sigma})c_{k\alpha\sigma}Y^{m,m}z|c^+_\sigma\rangle\rangle^r \approx \Sigma_0\langle\langle X^{0\sigma}Y^{m,m}|c^+_\sigma\rangle\rangle^r,\tag{5.9}$$

其中, $\Sigma_0=\sum\limits_{k\alpha}|t_{k\alpha}|^2/\left(\omega-\epsilon_{k\alpha}+\mathrm{i}0^+\right)=-\mathrm{i}\Gamma_\mathrm{L}(\Gamma_\mathrm{L}=\Gamma_\mathrm{R})$. 第一个求和项为引起近藤物理的翻转项, 其运动方程为

$$
\begin{aligned}
&(\omega-\tilde{\epsilon}_{k\alpha}-\delta_\sigma mJ)\langle\langle X^{\bar{\sigma}\sigma}c_{k\alpha\bar{\sigma}}Y^{m,m}|d_\sigma^+\rangle\rangle^r\\
=&\sum_{k'\alpha'}\tilde{t}_{k'\alpha'}\langle\langle X^{0\sigma}c_{k'\alpha'\bar{\sigma}}^+c_{k\alpha\bar{\sigma}}Y^{m,m}|d_\sigma^+\rangle\rangle^r\\
&+\sum_{k'\alpha'}\tilde{t}_{k'\alpha'}^*\langle\langle X^{\bar{\sigma}0}c_{k'\alpha'\sigma}c_{k\alpha\bar{\sigma}}Y^{m,m}|d_\sigma^+\rangle\rangle^r,
\end{aligned}
\tag{5.10}
$$

其中, 高阶格林函数被截断为

$$
\sum_{k'\alpha'}\tilde{t}_{k'\alpha'}\langle\langle X^{0\sigma}c_{k'\alpha'\bar{\sigma}}^+c_{k\alpha\bar{\sigma}}Y^{m,m}|d_\sigma^+\rangle\rangle^r\approx\tilde{t}_{k\alpha}f_{\alpha k}\langle\langle X^{0\sigma}Y^{m,m}|d_\sigma^+\rangle\rangle^r,
$$

这里 $f_{\alpha k}=\langle c_{k\alpha\sigma}^\dagger c_{k\alpha\sigma}\rangle$ 为费米分布函数; 而另一个高阶格林函数的截断结果为

$$
\begin{aligned}
&\sum_{k'\alpha'}\tilde{t}_{k'\alpha'}^*\langle\langle X^{\bar{\sigma}0}c_{k'\alpha'\sigma}c_{k\alpha\bar{\sigma}}Y^{m,m}|d_\sigma^+\rangle\rangle^r\\
\approx&\tilde{t}_{k\alpha}^*\langle c_{k\alpha\sigma}c_{k\alpha\bar{\sigma}}\rangle\langle\langle X^{\bar{\sigma}0}Y^{m,m}|d_\sigma^+\rangle\rangle^r=0,
\end{aligned}
$$

这和第 4 章近藤区的推导是一样的. 所以翻转项的结果为

$$
\sum_{k\alpha}\tilde{t}_{k\alpha}^*\langle\langle X^{\bar{\sigma}\sigma}c_{k\alpha\bar{\sigma}}Y^{m,m}|d_\sigma^+\rangle\rangle^r=\Sigma_m^\sigma(\omega)\langle\langle X^{0\sigma}Y^{m,m}|d_\sigma^+\rangle\rangle^r,
\tag{5.11}
$$

其中, $\Sigma_m^\sigma(\omega)=\sum\limits_{k\alpha}\left|\tilde{t}_{k\alpha}\right|^2f_{\alpha k}/(\omega-\epsilon_{k\alpha}-\delta_\sigma mJ+\mathrm{i}0^+)$ 是近藤自能, 可以看见其中包含了 z 方向交换耦合的效应. 此自能用双伽马函数表示为

$$
\begin{aligned}
\Sigma_m^\sigma(\omega)=&-\sum_\alpha\frac{\tilde{\Gamma}_\alpha}{2\pi}\left[\mathrm{i}\pi f_\alpha(\omega-\delta_\sigma mJ)\right.\\
&\left.+\ln\frac{2\pi T}{W}+\Psi\left(\frac{1}{2}-\mathrm{i}\frac{\omega-\delta_\sigma mJ-\mu_\alpha}{2\pi T}\right)\right],
\end{aligned}
\tag{5.12}
$$

其中, Ψ 为双伽马函数. 最后, 把上述结果代回到 (5.7) 式, 我们得到了推迟格林函数的解, 即

$$
\bar{G}_\sigma^r(\omega)=\sum_{m=-S}^{S}\frac{P_{0m}+P_{\sigma m}}{\omega-\tilde{\epsilon}_\mathrm{h}-\delta_\sigma\dfrac{J}{2}m-\Sigma_0-\Sigma_m^\sigma(\omega)},
\tag{5.13}
$$

把此式代入 (5.5) 式, 经过一些代数运算, 我们得到

$$\begin{aligned}
&\mathrm{Im}G_{\sigma}^{r}(\omega)\\
&=-\sum_{l=-\infty}^{\infty}\sum_{m=-S}^{S}C_l(P_{0m}+P_{\sigma m})\left\{\frac{[1-\bar{f}(\omega-l\omega_0)][\Gamma_{\mathrm{L}}-\mathrm{Im}\Sigma_m^{\sigma}(\omega-l\omega_0)]}{D_m^{\sigma}(\omega-l\omega_0)}\right.\\
&\quad\left.+\frac{\bar{f}(\omega+l\omega_0)[\Gamma_{\mathrm{L}}-\mathrm{Im}\Sigma_m^{\sigma}(\omega+l\omega_0)]}{D_m^{\sigma}(\omega+l\omega_0)}\right\}.
\end{aligned}\tag{5.14}$$

这里分母中的 $D_m^{\sigma}(\omega)$ 定义为

$$D_m^{\sigma}(\omega)=[\omega-\tilde{\epsilon}_{\mathrm{h}}-\delta_{\sigma}\frac{J}{2}m-\mathrm{Re}\Sigma_m^{\sigma}(\omega)]^2+[\Gamma_{\mathrm{L}}-\mathrm{Im}\Sigma_m^{\sigma}(\omega)]^2.$$

(5.14) 式是下面数值讨论的出发点, 其中第一项是空穴传播子的贡献; 第二项是电子传播子的贡献; l 正 (负) 的求和代表放出 (吸收) 声子的过程, m 的求和来自局域大自旋的贡献. 此式包含了单粒子弹性 (非弹性) 隧穿过程、多体 (本章专指两体自旋单态) 弹性 (非弹性) 隧穿过程, 我们将在下面的讨论中详细论述. 低温情况下, 当 $l\geqslant 0$ 时 $C_l\neq 0$, 而 $l<0$ 时 $C_l\to 0$, 因此这里下文将讨论的多体近藤效应只涉及放出声子的过程. 在本章接下来的内容中, 我们将做一些数值计算和讨论. 内容主要为占据数、态密度和微分电导的讨论. 在态密度讨论中, 我们详细论述了人工分子磁体中声子引起的近藤伴峰.

现在, 我们在上面得到的公式基础上对有空穴声子耦合的人工分子磁体模型做一些数值讨论. 先讨论人工分子磁体上空穴的占据数随门电压偏压的变换情况. 可以预期其上的载流空穴的数目不再是一个固定值, 而且能从其变化中分析出一些人工分子磁体的输运特性, 可以肯定的是, 由于其 $2S+1$ 条子能级, 它的性质肯定和单能级量子点模型有所不同. 之所以讨论空穴在 $2S+1$ 条子能级中的占据概率, 是因为通过对其的分析我们能够确定系统的状态从而揭示这些子能级在人工分子磁体输运中的作用. 对于不含时的情形 (即稳态情形), 空穴占据数计算如下: $\langle n\rangle=\sum_{\sigma}\langle n_{\sigma}\rangle=\sum_{m\sigma}P_{\sigma m}$. 其中本征态占据概率 $P_{\sigma m}$ 可以用下式计算:

$$P_{\sigma m}=-\int\frac{\mathrm{d}\omega}{\pi}\frac{\Gamma_{\mathrm{L}}f_{\mathrm{L}}(\omega)+\Gamma_{\mathrm{R}}f_{\mathrm{R}}(\omega)}{\Gamma_{\mathrm{L}}+\Gamma_{\mathrm{R}}}\mathrm{Im}\langle\langle X^{0\sigma}Y^{m,m}|d_{\sigma}^{+}\rangle\rangle.\tag{5.15}$$

而 P_{0m} 可以由关系式 $P_{0m}+P_{\uparrow m}+P_{\downarrow m}=(2S+1)^{-1}$ 计算, 此关系式的详细讨论在第 4 章可以找到. 图 5.1 是空穴占据数和本征态占据概率 (包括自旋对态在内) 随门电压的变化图. 如图 5.1(a) 所示, 随着门电压从 -10 变到 10, 空穴占据数从 1 变为 0. 同时, 从图 5.1(b) 中看出, 空态的占据概率 P_{0m} 与锰自旋的量子态无关, 而各个自旋对态则不然, 即它们的占据概率是与锰原子的自旋有关的. 具体来说, 根据

自旋对态是平行自旋对态还是反平行对态，其随偏压的变化规律不同. 从图 5.1(b) 中可以看出，当门电压从 −10 变到 10，平行自旋对态的占据概率首先增加然后减少，而反平行自旋对态则只是单调减小. 这是由平行对态和反平行对态的能级高低决定的. 初始时各个对态都在费米面下方，这时各个单占据态 (包括平行和反平行) 是均分概率的，而空占据态为 0，这表明人工分子磁体上占据着一个空穴，见图 5.1 $V_g = -10$ 处. 随着门电压增加，相对于反平行对态能级位置要高的平行对态首先到达并超出费米面，即平行对态上逐渐不再占据空穴，这些空出来的占据概率被反平行对态占有，表现为反平行对态占据概率的增加. 直到反平行态也到达费米面，开始空出占据概率，才表现为减小的趋势.

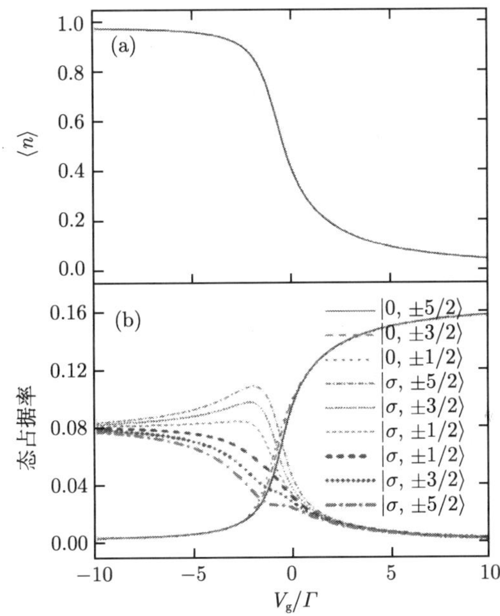

图 5.1 空穴占据数 (a) 和本征态占据概率 (b) 随门电压的变化图. 参数如下，$\epsilon_h = \Delta$, $V_{bias} = 0, J = 0.4, W = 1000, T = 0.005, S = 5/2$. 在图 5.1(b) 态的图标中，当 $\sigma =\uparrow (\downarrow)$ 时取向上 (向下) 的符号. 能量单位取为与空穴库的总耦合，即 $\Gamma = \Gamma_L + \Gamma_R = 1$ (扫描封底二维码可看彩图)

接下来我们讨论门电压被固定而调节偏压的情况. 本征态占据概率的变化分为两种情况，$\tilde{\varepsilon}_h$ 在费米面之上和在费米面之下，如图 5.2 所示. 当 $V_g = \Delta - 2$ 时，$\tilde{\varepsilon}_h$ 和所有的子能级都在费米面之下 (取 $\varepsilon_h = 0, E_F = 0$). 我们取对称偏压. 当偏压很小时 (零附近)，反平行对态的占据概率比平行态大一点，这是因为反平行态离费米面更远一点. 增大偏压时，平行态首先进入偏压窗口，其上的空穴开始运动，从人工分子磁体上进入电极，因而其占据概率开始减少，同时伴随着反平行态占据概率的增加, 见图 5.2(b). 当 $V_{\rm g}=\varDelta+2$ 时, $\tilde{\varepsilon}_h$ 和所有的子能级都在费米面之上, 占据概率的变化分析同上面类似, 见图 5.2(d). 不同之处在于这种情况下反平行态先进入偏压窗口.

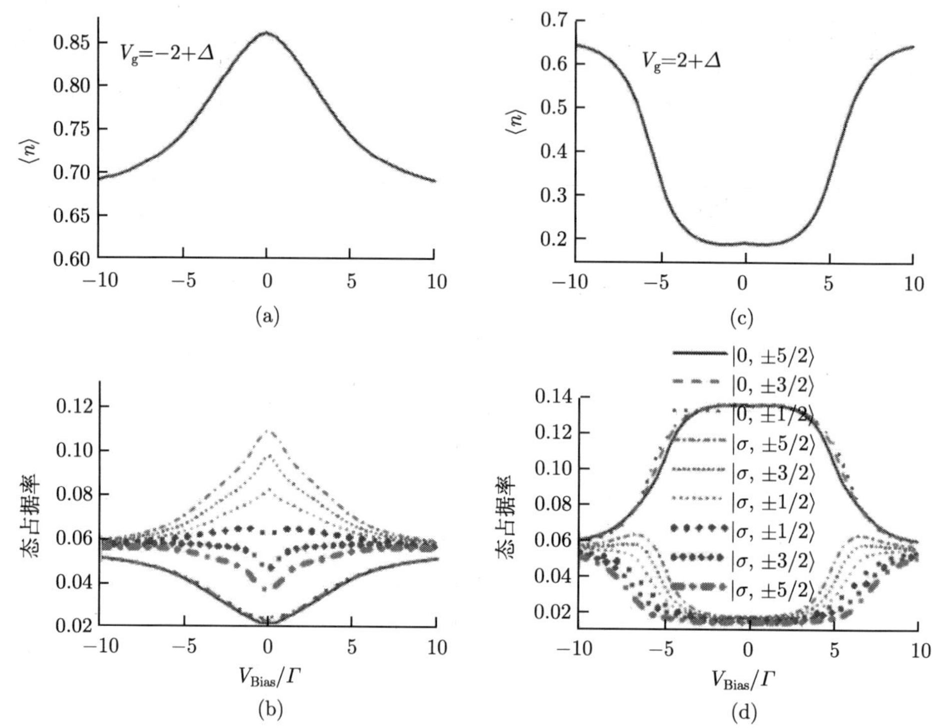

图 5.2　空穴占据数 (a) 和本征态占据率 (b) 随偏压的变化图. 其中 (a)、(b) 中 $V_{\rm g}=\varDelta-2$, (c)、(d) 中 $V_{\rm g}=\varDelta+2$. 其他参数如下: $\epsilon_{\rm h}=0, J=0.4, W=1000, T=0.005, S=5/2$. 在图中, 当 $\sigma=\uparrow(\downarrow)$ 时, 各个态的图标中取向上 (向下) 的符号. 能量单位取为与空穴库的总耦合, 即 $\Gamma=\Gamma_{\rm L}+\Gamma_{\rm R}=1$ (扫描封底二维码可看彩图)

分析完态的占据率, 我们接下来讨论人工分子磁体上的态密度, 即 $\rho_\sigma(\omega)=-(1/\pi){\rm Im}G^r_\sigma(\omega)$. 可以预期, 态密度将会体现出电极空穴和人工分子磁体之间的多体关联, 即近藤效应. 同时, 这里的近藤效应必然会被交换耦合所调制. 在考虑声子空穴相互作用后, 非弹性效应也将在态密度中体现. 所以我们在图 5.3 中具体讨论这些效应. 图 5.3 给出的是能量空间中人工分子磁体上空穴的态密度分布. 为了对比, 我们讨论 $S=2,5/2$ 两种情况. 我们取 $\tilde{\varepsilon}_{\rm h}=-2.5$ 以便让所有的 $2S+1$ 条子能级都在费米面之下, 这正是近藤效应形成的条件. 图中虚线对应着没有空穴声子耦合时的情况, 而实线是有空穴声子耦合时的情况, 是我们要重点讨论的. 我们先讨论没有空穴声子耦合时的情况. 这里我们选取的 J 比较小, 所以 $2S+1$ 条子能

级形成了一个整体, 位置在 $\omega \approx \tilde{\epsilon}_\mathrm{h}$ 处. 可以看见在 $\omega \approx \tilde{\epsilon}_\mathrm{h}$ 处的弹性共振峰被移动到了 $\omega \approx -1.5$ 位置, 这是由近藤自能引起的能级移动效应. 这个扁平的峰源于单粒子弹性隧穿物理过程, 即一个自旋向上或向下的空穴可以隧穿到子能级上, 反之亦然. 同时, $2S+1$ 个近藤尖峰出现在费米面附近, 其位置位于 $\omega = mJ$ 处. 这些近藤峰源于多体弹性隧穿过程, 其详细解释可以在第 4 章找到, 这里不再赘述. 然后我们讨论有空穴声子耦合时的情况. 我们可以分析出至少三个耦合后产生的效应: 声子的移动效应; 除 $2S+1$ 个主近藤峰以外的、分布在左右两侧的声子导致的近藤尖峰; 以及声子导致的自旋宇称效应. 接下来我们详细解释这几个效应. 声子的移动效应源于声子和空穴之间的移动效应. 图中没有显示出来是因为我们取了 $V_\mathrm{g} = \Delta - 2.5$. 声子导致的峰有两类, 一类是扁平的峰, 其位置在弹性共振峰的左侧, $\omega \approx -1.5 - \omega_0$ 处; 另一类就是上述提到的声子导致的近藤尖峰. 扁平的峰源于单粒子非弹性隧穿过程: 在空穴库中, 一个位于 $\omega \approx -1.5$ 处的空穴放出一个声子, 掉落到 $\omega \approx -1.5 - \omega_0$ 的位置, 然后隧穿进人工分子磁体中, 导致了此处的非弹性隧穿峰. 在低温情况下, 此扁平峰只出现在弹性共振峰的左侧, 这是因为低温时只能放出声子, 而没有声子可供吸收. 可以预期, 在高温情况下, 弹性共振峰的右侧将出现声子吸收峰. 结果正是如此, 在 $\omega \approx -1.5 + \omega_0$ 和 $\omega \approx -1.5 + 2\omega_0$ 位置出现了扁平峰, 见图 5.4(c). 在主近藤峰两侧的声子导致的近藤峰涉及通过 $2S+1$ 条子能级放出声子的过程以及高阶隧穿过程. 因为低温时费米函数近似于阶梯状函数, 所以 (5.14) 式中的第一项 (第二项) 只对近藤峰的右半边 (左半边) 有贡献, 因此, 从图上看起来像是近藤主峰被从中分成了两部分, 左半边往左移到了 $\omega = -l\omega_0$ 位置, 右半边右移到了 $\omega = l\omega_0$ 位置 (其中 $l > 0$). 对于 $S =$ 半整数, 费米面处没有近藤主峰, $2S+1$ 个近藤主峰被整体分成两半后出现的位置是 $\omega = \pm|m|J \pm l\omega_0 (l > 0)$. 对于 $S =$ 整数, 费米面处却有一个近藤主峰, 结果 $2S+1$ 个近藤主峰被整体分成两半后, 这个费米面上的近藤峰被劈成了两半. 正是这个不同导致了声子辅助的近藤峰的个数与局域大自旋的角量子数有关, 即与大自旋的宇称有关, 这正是前面提到的声子导致的自旋宇称效应. 接下来我们解释这些声子导致的近藤峰的隧穿机制. 总的来说, 它们源于非弹性多体隧穿过程, 并且与 $2S+1$ 个自旋对态有关. 举例来说, 如果初始时有一个自旋向下的空穴占据着反平行对态能级 $E_{\downarrow|m|} = \tilde{\epsilon}_\mathrm{h} - J|m|/2$, 那么它可以通过高阶过程隧穿到右边电极中; 同时, 左边电极中的一个自旋向上的空穴, 其能量为 $|m|J + l\omega_0 (l > 0)$, 可以在放出 l 个声子后隧穿到人工分子磁体的平行对态能级 $E_{\uparrow|m|} = \epsilon_\mathrm{h} + J|m|/2$ 上, 见 (5.14) 式第一项. 这些过程的叠加产生了近藤主峰右侧的那些声子近藤伴峰. 同理, 我们可以解释在 $\omega = -|m|J - l\omega_0 (l > 0)$ 位置出现的近藤伴峰, 其归因于电子放出声子, 见 (5.14) 式第二项. 可以想见, 在空穴声子耦合调的更大一些时, 多声子导致的近藤伴峰将会更明显的表现出来.

图 5.4 给出的是态密度随温度的变化图. 在图 5.4(a) 中扁平的非弹性共振峰只

出现在弹性共振峰的左侧, 这在前面也提到过. 这是因为低温时只能放出声子. 温度增加时, 过渡到高温区域时, 近藤峰消失, 同时, 在弹性共振峰的右侧出现了声子吸收的非弹性共振峰, 见图 5.4(c).

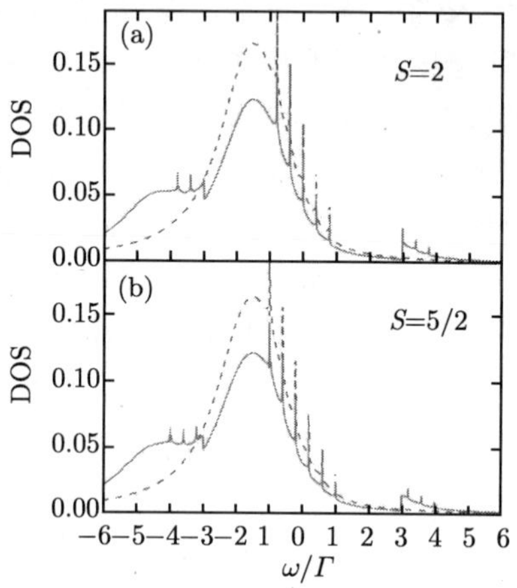

图 5.3　能量空间中人工分子磁体上空穴的态密度分布. 实线表示有空穴声子相互作用 ($g=0.3$), 虚线表示没有空穴声子相互作用 ($g=0$). 参数选为 $\epsilon_{\rm h}=0, V_{\rm g}=\varDelta-2.5, \omega_0=3, J=0.4, W=1000, T=0.0001$. 能量单位为 $\varGamma$

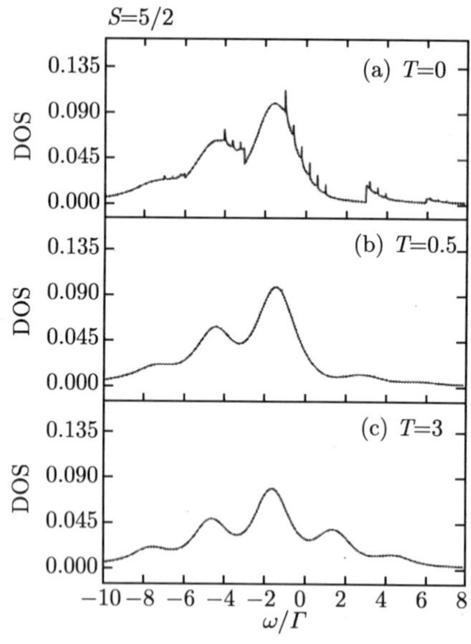

图 5.4　态密度随温度的变化图. 参数为 $J=0.4, W=1000, \tilde{\epsilon}_{\rm h}=-2.5, g=0.5, \omega_0=3$. 能量单位为 $\varGamma$

在低温时, 量子点中的近藤效应明显地表现为在费米面处测量电导的增加. 对于本章的模型, 可以预期电导中会出现弹性近藤峰导致的电导增加, 也会出现非弹性近藤峰导致的电导增加. 图 5.5 给出的是微分电导 (DC) 随偏压的变化图. 这里我们用的是对称偏压 ($\mu_{\rm L} = V/2, \mu_{\rm R} = -V/2$). 如图, $2S+1$ 个电导峰对应着态密度中的峰. 当声子–空穴耦合出现, 在 $V_{\rm b} = \pm l\omega_0 (l>0)$ 处电导出现一个跳跃 (图 5.5(a), 它是图 5.5(b) 方框中放大的部分). 继续增大偏压, 我们就可以看见一系列小的尖峰, 正是态密度中对应的声子辅助近藤峰, 其和自旋对态相关. 随着温度降低, 我们可以看见近藤峰会愈加明显.

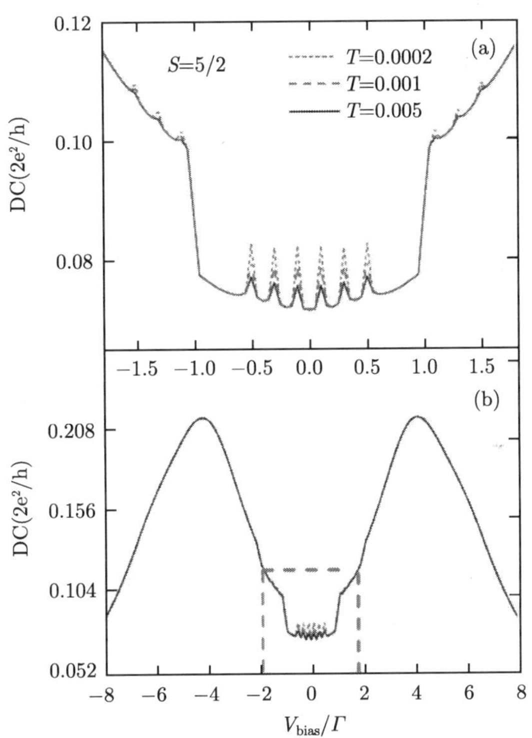

图 5.5 微分电导 (DC) 随偏压的变化图. 参数选为 $J=0.2, \tilde{\epsilon}_{\rm h}=-3, g=0.5, \omega_0=1, W=1000, S=5/2$. 其中图 5.5(a) 是 (b) 图中虚线框中放大的部分 (扫描封底二维码可看彩图)

5.3 单分子磁体中的声子输运

自旋流的产生和调控是自旋电子学和量子信息中一个关键之处 [43−45]. 单分子磁体因具有各向异性局域大自旋, 能对输运电子的自旋做出调控, 因而在自旋电子学和量子信息的研究中成为一个很重要的研究对象 [46]. 有研究者指出, 在低温时, 由于单分子磁体的双稳特性, 即使外加无自旋极化的金属电极, 也能产生 100% 极化率自旋流 [43,47]. 本节在此基础上介绍单分子磁体中的声子输运性质. 我们考虑分子磁体连接两个金属电极, 中间分子磁体的输运轨道电子还与一个声子耦合, 电子声子相互作用采用标准的电声耦合模型. 系统的哈密顿量给出如下:

$$\begin{aligned} H =& \sum_{\sigma} \varepsilon_0 d_\sigma^\dagger d_\sigma + U\hat{n}_\uparrow \hat{n}_\downarrow - J\boldsymbol{s}\cdot\boldsymbol{S} - K(S^z)^2 \\ &+ \sum_{k,\alpha,\sigma} \varepsilon_{k\alpha} c_{k\alpha\sigma}^\dagger c_{k\alpha\sigma} + \sum_{k,\alpha,\sigma} (t_{k\alpha} c_{k\alpha\sigma}^\dagger d_\sigma + H.c.) \\ &+ \omega_0 b^\dagger b + \lambda \hat{n}\left(b^\dagger + b\right), \end{aligned} \tag{5.16}$$

式中, ε_0 是分子磁体轨道电子能级; $d_\sigma^\dagger(d_\sigma)$ 是电子的产生 (湮灭) 算符, 其中 $\sigma=\uparrow,\downarrow$ 代表电子的自旋向上和向下; U 指的是分子轨道双占据时电子的库仑排斥能; J 是轨道电子自旋 $\boldsymbol{s}=\sum_{\sigma\sigma'} d_\sigma^\dagger(\tau_{\sigma\sigma'}/2)d_{\sigma'}$ 与局域大自旋 $\boldsymbol{S}$ 之间的交换耦合作用; K 是易轴各向异性参数; $c_{k\alpha\sigma}^\dagger(c_{k\alpha\sigma})$ 是金属电极自由电子的产生 (湮灭) 算符, 其动量为 k, 自旋为 σ, 能量为 $\varepsilon_{k\alpha}$, 其中 $\alpha=\mathrm{L,R}$ 代表左右电极; $t_{k\alpha}$ 描述电极和分子磁体之间的隧穿耦合; 算符 $b^\dagger(b)$ 代表声子的产生 (湮灭) 算符, 其能量为 ω_0; λ 代表轨道电子与声子的耦合常数, 其中 $\hat{n}=\hat{n}_\uparrow+\hat{n}_\downarrow$ 是轨道电子的粒子数算符.

为了计算通过分子磁体的电流, 我们采用前面章节介绍的结合态矢算符的非平衡格林函数方法 [48−51], 格林函数在凝聚态理论中有广泛而深刻的应用. 在此理论框架下, 自旋极化电流公式为

$$I_\sigma = -\frac{2e}{h}\int \Gamma_\sigma \mathrm{d}\omega\left[f_{\mathrm{L}}(\omega)-f_{\mathrm{R}}(\omega)\right]\mathrm{Im}G_\sigma^r(\omega), \tag{5.17}$$

其中, $f_\alpha(\omega)=\{\exp\left[(\omega_0-\mu_\alpha)/k_{\mathrm{B}}T\right]+1\}^{-1}$ 是费米分布函数, T 代表电极温度; $G_\sigma^r(\omega)=\langle\langle d_\sigma|d_\sigma^\dagger\rangle\rangle^r$ 是分子磁体输运轨道的推迟格林函数. 相应的, 电荷流定义为 $I_{\mathrm{c}}=I_\uparrow+I_\downarrow$, 自旋流定义为 $I_{\mathrm{s}}=I_\uparrow-I_\downarrow$. 接下来的核心任务便是计算推迟格林函数.

为了计算电流公式中的推迟格林函数, 先使用正则变换 [31,52] 处理哈密顿量中的电声耦合:$\bar{H}=\mathrm{e}^{R}H\mathrm{e}^{-R}$, 其中 $\hat{R}=(\lambda/\omega_0)\,\hat{n}(\hat{b}^\dagger-\hat{b})$. 变换后的参数 ε_0, U, 以及 $t_{k\alpha}$ 被重整, 而新的哈密顿量变为 $\bar{H}=\bar{H}_{\mathrm{el}}+\bar{H}_{\mathrm{ph}}$, 其中

$$\begin{aligned} \bar{H}_{\mathrm{el}} =& \sum_{\sigma} \tilde{\varepsilon}_0 d_\sigma^\dagger d_\sigma + \tilde{U}\hat{n}_\uparrow \hat{n}_\downarrow - J\boldsymbol{s}\cdot\boldsymbol{S} - K(S^z)^2 \\ &+ \sum_{k,\alpha,\sigma} \varepsilon_{k\alpha} c_{k\alpha\sigma}^\dagger c_{k\alpha\sigma} + \sum_{k,\alpha,\sigma} (\tilde{t}_{k\alpha} c_{k\alpha\sigma}^\dagger d_\sigma + H.c.), \end{aligned} \tag{5.18}$$

代表电声耦合解耦后的电子哈密顿量,$\bar{H}_{\mathrm{ph}}=\omega_0 b^\dagger b$ 代表声子部分. 可以看到正则变换后电声耦合已被解耦, 但代价是相应的参数成了声子重整形式: $\tilde{\varepsilon}_0=\varepsilon_0-\Delta$, $\tilde{U}=$

$U-2\Delta$, 以及 $\tilde{t}_{k\alpha}=t_{k\alpha}\hat{X}$, 这里 $\Delta=g\omega_0$, $g=(\lambda/\omega_0)^2$, 而 $\hat{X}=\exp[-(\lambda/\omega_0)(b^\dagger-b)]$. 重整后的隧穿幅可以近似为 $\tilde{t}_{k\alpha}\approx t_{k\alpha}\langle X\rangle$, 其中 $\langle X\rangle=\exp[g(N_{\rm ph}+1/2)]$. 这里 $N_{\rm ph}=[\exp(\omega_0/k_{\rm B}T_{\rm p})-1]^{-1}$ 是声子的玻色–爱因斯坦分布函数, 其中 $T_{\rm p}$ 代表声子库的温度. 这里我们把声子库的温度和电极温度作为两个独立参数. 在变换后的哈密顿量下, 推迟格林函数也变为 [40,53] $G^r_\sigma(t,t')=\bar{G}^r_\sigma(t,t')\langle X(t)X^\dagger(t')\rangle$, 在傅里叶变换后, 能量空间的格林函数为

$$G^r_\sigma(\omega)=\sum_{l=-\infty}^{\infty}C_l\bar{G}^r_\sigma(\omega-l\omega_0),\tag{5.19}$$

这里 $C_l=\exp[-g(2N_{\rm ph}+1)]\times\exp(l\omega_0/2k_{\rm B}T)I_l(2g\sqrt{N_{\rm ph}(N_{\rm ph}+1)})$, 其中 I_l 是 l 阶贝塞尔函数. 解耦后的电子哈密顿量对应的推迟格林函数 $\bar{G}^r_\sigma(\omega)$ 计算如下. 仍然采用态矢表象处理大自旋 [48,54,55]. 在此表象下, 电子算符被表示为 $c_\sigma=X^{0\sigma}+\delta_\sigma X^{\bar{\sigma}2}$, 其中当 $\sigma=\uparrow(\downarrow)$ 时 $\delta_\sigma=+1(-1)$; 电子的自旋算符表示为 $s^z=(X^{\uparrow\uparrow}-X^{\downarrow\downarrow})/2, s^+=X^{\uparrow\downarrow}$ 以及 $s^-=X^{\downarrow\uparrow}$. 局域大自旋算符表示为 $S^z=\Sigma^S_{m=-S}mY^{m,m}$, $S^+=\Sigma^S_{m=-S}C^+_mY^{m+1,m}$ 以及 $S^-=\Sigma^S_{m=-S}C^-_mY^{m-1,m}$, 其中 S 是大自旋角量子数, $Y^{m,n}=|Sm\rangle\langle Sn|$, 系数 $C^\pm_m=\sqrt{(S\pm m+1)(S\mp m)}$. 因而, 在态矢表象下, 推迟格林函数表示为 $\bar{G}^r_\sigma(\omega)=\Sigma^S_{m=-S}\langle\langle X^{0\sigma}Y^{m,m}|d^\dagger_\sigma\rangle\rangle^r+\Sigma^S_{m=-S}\delta_\sigma\langle\langle X^{\bar{\sigma}2}Y^{m,m}|d^\dagger_\sigma\rangle\rangle^r$.

在用运动方程计算上述态矢格林函数之前, 我们引入大自旋近似 [43,47,56], 从而能简化计算过程并讨论相应的物理内容. 从哈密顿量中可以看到, 分子磁体的各向异性项 (KS^2) 具有双稳特性, 局域自旋有两个能量相等的、处于势阱最低能量的双稳态 $(|\pm S\rangle)$. 在低温时 $(k_{\rm B}T<KS^2)$, 可以制备大自旋处于其中一个态上, 比如 $m\geqslant 0$, 只要温度不高于势垒高度 $k_{\rm B}T<KS^2$, 局域自旋就会被限制在这个态上. 分子磁体的轨道电子占据数本征值为 $n=0$, 1 或 2. 当单占据时 $(n=1)$, 并且局域自旋处于 $|S\rangle$ 态, 由于交换耦合, 只有自旋向上的电子能占据分子轨道, 进而双占据时, 由泡利不相容原理, 第二个电子只能是自旋向下电子. 因此, 在大自旋近似下, 分子轨道的完备基被简化为 $\{|0\rangle,|\uparrow\rangle,|2\rangle\}$, 从而哈密顿量在态矢表象下表述为

$$\begin{aligned}H=&\sum_{k,\alpha,\sigma}\varepsilon_{k\alpha}c^\dagger_{k\alpha\sigma}c_{k\alpha\sigma}+\sum_{k,\alpha}\left[t_{k\alpha}c^\dagger_{k\alpha\uparrow}\left(X^{0\uparrow}+X^{\downarrow2}\right)+H.c.\right]\\&+\sum_{k,\alpha}\left[t_{k\alpha}c^\dagger_{k\alpha\downarrow}\left(-X^{\uparrow2}\right)+H.c.\right]\\&+\varepsilon_0X^{\uparrow\uparrow}+(2\varepsilon_0+U)X^{22}-\frac{JS}{2}X^{\uparrow\uparrow}Y^{SS}-KS^2Y^{SS}\end{aligned}\tag{5.20}$$

相应地, 我们需要计算的态矢格林函数变为 $\bar{G}^r_\uparrow(\omega)=\langle\langle X^{0\uparrow}Y^{SS}|d^\dagger_\uparrow\rangle\rangle^r$ 和 $\bar{G}^r_\downarrow(\omega)=\langle\langle(-X^{\uparrow2})Y^{SS}|d^\dagger_\downarrow\rangle\rangle^r$. 对其使用标准的格林函数运动方程 $\omega\langle\langle A|B\rangle\rangle^r=\langle\{A,B\}\rangle+$

$\langle\langle [A,H]|B\rangle\rangle^r$, 如第一个格林函数 $\langle\langle X^{0\uparrow}Y^{SS}|d_\uparrow^\dagger\rangle\rangle^r$, 结果如下:

$$\begin{aligned}&\left(\omega-\varepsilon_0+\frac{JS}{2}\right)\langle\langle X^{0\uparrow}Y^{SS}|d_\uparrow^\dagger\rangle\rangle^r\\=&\langle X^{00}Y^{SS}\rangle+\langle X^{\uparrow\uparrow}Y^{SS}\rangle+\sum_{k\alpha}t_{k\alpha}^*\langle\langle (X^{00}+X^{\uparrow\uparrow})c_{k\alpha\uparrow}Y^{SS}|d_\uparrow^\dagger\rangle\rangle^r\\&+\sum_{k\alpha}t_{k\alpha}\langle\langle c_{k\alpha_\downarrow}^\dagger X^{02}Y^{SS}|d_\uparrow^\dagger\rangle\rangle^r.\end{aligned}\tag{5.21}$$

上式中平均值 $\langle X^{\uparrow\uparrow}Y^{SS}\rangle$ 可以用涨落耗散定理计算 [39,57,58]

$$\langle AB\rangle=-\frac{1}{\pi}\int\mathrm{d}\omega\frac{f_\mathrm{L}(\omega)\Gamma_\mathrm{L}+f_\mathrm{R}(\omega)\Gamma_\mathrm{R}}{\Gamma_\mathrm{L}+\Gamma_\mathrm{R}}\mathrm{Im}\langle\langle B|A\rangle\rangle^r.\tag{5.22}$$

即 $\langle X^{\uparrow\uparrow}Y^{SS}\rangle=-(1/\pi)\int\mathrm{d}\omega\bar{f}(\omega)\mathrm{Im}\langle\langle X^{0\uparrow}Y^{SS}|d_\uparrow^\dagger\rangle\rangle^r$, 其中为了书写简洁, 定义 $\bar{f}(\omega)=[f_\mathrm{L}(\omega)\Gamma_\mathrm{L}+f_\mathrm{R}(\omega)\Gamma_\mathrm{R}]/(\Gamma_\mathrm{L}+\Gamma_\mathrm{R})$. 在计算第二个格林函数 $\langle\langle(-X^{\uparrow2})Y^{SS}|d_\downarrow^\dagger\rangle\rangle^r$ 后会出现平均值 $\langle X^{22}Y^{SS}\rangle$, 其计算同样用上式涨落耗散定理. 而对于平均值 $\langle X^{00}Y^{SS}\rangle$, 其计算则需用到完备基关系 $\langle X^{00}Y^{SS}\rangle=1-\langle X^{\uparrow\uparrow}Y^{SS}\rangle-\langle X^{22}Y^{SS}\rangle$. 为了记法上的简便, 我们定义 $P_{0S}=\langle X^{00}Y^{SS}\rangle$, $P_{\uparrow S}=\langle X^{\uparrow\uparrow}Y^{SS}\rangle$ 以及 $P_{2S}=\langle X^{22}Y^{SS}\rangle$, 从下文数值计算中将会看到其有态占据概率的物理意义.

为了封闭运动方程, 我们需要一个合理的近似. 在本节我们考虑顺序隧穿区的塞贝克效应, 因而采用二阶截断近似 [39], 此近似能很好地描述单粒子输运物理. 在使用此近似后, (5.22) 式中高阶格林函数 $\langle\langle(X^{00}+X^{\uparrow\uparrow})c_{k\alpha\uparrow}Y^{SS}|d_\uparrow^\dagger\rangle\rangle^r$ 被截断为

$$\begin{aligned}&(\omega-\varepsilon_{k\alpha})\langle\langle(X^{00}+X^{\uparrow\uparrow})c_{k\alpha\uparrow}Y^{SS}|d_\uparrow^\dagger\rangle\rangle^r\\=&t_{k\alpha}\langle\langle X^{0\uparrow}Y^{SS}|d_\uparrow^\dagger\rangle\rangle^r,\end{aligned}\tag{5.23}$$

而 (5.22) 式中另一项高阶格林函数近似为零. 因而运动方程封闭, 得到推迟格林函数如下:

$$\langle\langle X^{0\uparrow}Y^{SS}|d_\uparrow^\dagger\rangle\rangle^r=\frac{P_{0S}+P_{\uparrow S}}{\omega-\varepsilon_0+\dfrac{JS}{2}-\Sigma_0},\tag{5.24}$$

以及

$$\langle\langle(-X^{\uparrow2})Y^{SS}|d_\downarrow^\dagger\rangle\rangle^r=\frac{P_{\uparrow S}+P_{2S}}{\omega-\varepsilon_0-U-\dfrac{JS}{2}-\Sigma_0},\tag{5.25}$$

其中, 自能 Σ_0 为顺序隧穿区自能 (除了顺序区自能, 还有近藤区自能, 参考第 4 章介绍), 定义为 $\Sigma_0=\sum\limits_{k\alpha}|t_{k\alpha}|^2/(\omega-\varepsilon_{k\alpha}+\mathrm{i}0^+)=-\mathrm{i}(\Gamma_\mathrm{L}+\Gamma_\mathrm{R})/2$.

得到推迟格林函数 $G_\sigma^r(\omega)$ 后, 我们开始介绍数值结果. 仍然采用分子磁体的典型参数 [59]: $S=10$, $K=0.06\mathrm{meV}$, 以及 $J=0.1\mathrm{meV}$. 我们首先考虑声子库的温度

较低时的情形. 此时没有声子激发, 电子在输运过程中只能放出能量, 即激发出声子. 在低温时, 如前所述, 大自旋处于双稳态中的一个, 即 $m \to +S$.

图 5.6 给出的是声子辅助自旋流、电荷流以及态占据率随门电压的变化图. 为了清楚看出在大自旋近似下分子磁体大自旋导致的自旋可分辨的声子辅助电流, 我们在图 5.6 中给出了低温时 $|0,S\rangle$, $|\uparrow,S\rangle$ 以及 $|2,S\rangle$ 的占据率、电导以及自旋电导 (和自旋流相对应). 图 5.6(a) 中, 可以发现 $|0,S\rangle$, $|\uparrow,S\rangle$ 和 $|2,S\rangle$ 的总占据率等于 1, 表明参与输运的只有这三个最低能态, 即 $\epsilon_{|0,S\rangle} = -KS^2$, $\epsilon_{|\uparrow,S\rangle} = \tilde{\varepsilon}_0 - JS/2 - KS^2$, 以及 $\epsilon_{|2,S\rangle} = 2\tilde{\varepsilon}_0 + \tilde{U} - KS^2$. 相应的能量差 $\epsilon_{|\uparrow,S\rangle} - \epsilon_{|0,S\rangle} = \tilde{\varepsilon}_0 - JS/2$ 为自旋向上通道, 只允许自旋向上电子通过, 输运在 $|0,S\rangle \leftrightarrow |\uparrow,S\rangle$ 之间发生, 对应于 $\tilde{\varepsilon}_0 = JS/2$, 即图中的 $\varepsilon_0 = 0.75$; 而能量差 $\epsilon_{|2,S\rangle} - \epsilon_{|\uparrow,S\rangle} = \tilde{\varepsilon}_0 + \tilde{U} + JS/2$ 为自旋向下通道, 输运在 $|2,S\rangle \leftrightarrow |\uparrow,S\rangle$ 之间发生, 即 $\tilde{\varepsilon}_0 + \tilde{U} + JS/2 = 0$ (此时通过费米面), 对应于图中的 $\varepsilon_0 = -4.75$.

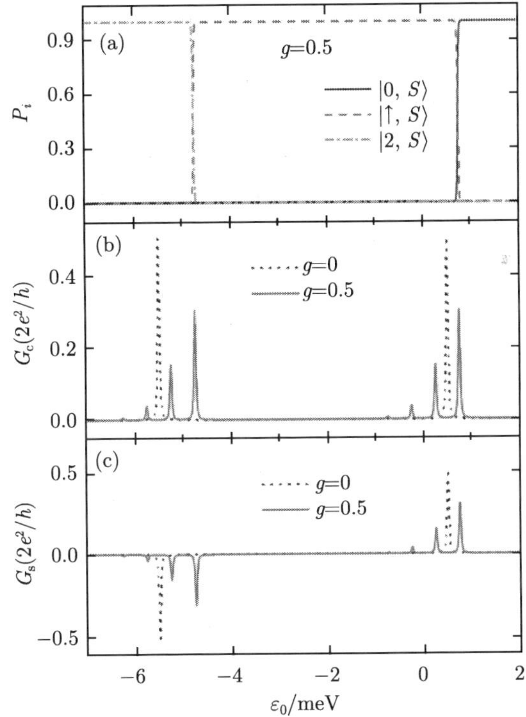

图 5.6 (a) 本征态的占据率, (b) 电荷电导 G_c, 以及 (c) 自旋电导 G_s 在电声耦合不为零 ($g = 0.5$) 以及为零 ($g = 0$) 时随分子轨道能量 ε_0 (门电压) 的变化图. 参数选取为 $\Gamma = 0.01, k_BT = 0.01, k_BT_p = 0.0001, U = 5, \omega_0 = 0.5$, 单位为毫电子伏 (meV) (扫描封底二维码可看彩图)

当 $\varepsilon_0 > 0.75$, 观察到态占据率为 $P_{|0,S\rangle} = 1$ 并且 $P_{|\uparrow,S\rangle} = P_{|2,S\rangle} = 0$, 表

明此时分子磁体没有电子占据. 当逐渐减小 ε_0, 或者等价的调小门电压, 自旋向上通道通过费米面, 即图中的 $\varepsilon_0 = 0.75$ 处, 导致自旋向上电子开始输运. 相应的, 在图 5.6(b) 和 (c) 中 $\varepsilon_0 = 0.75$ 处出现一个电导峰. 当没有电声耦合, 即 $g = 0$, 见图 5.6(b) 和 (c) 中的点线, 此时观察到自旋向上通道和向下通道分别位于 $\varepsilon_0 = 0.5$ 和 $\varepsilon_0 = -5.5$ 处, 相应的在图 5.6(c) 中会观察到自旋向上电流和自旋向下电流. 比较于点线, 电声耦合出现后会观察到两个效应: 首先是重整化效应, 然后是声子辅助的自旋流, 表现为多个高度递减的峰. 具体来说, 自旋向上和向下通道位置分别重整了 Δ 和 3Δ. 相应的声子辅助自旋向上电导峰的位置在 $\varepsilon_0 = JS/2 + \Delta - n\omega_0 (n = 0, 1, 2, 3$, 代表放出的声子数目), 声子辅助自旋向下电导峰的位置在 $\varepsilon_0 = -U - JS/2 + 3\Delta - n\omega_0 (n = 0, 1, 2, 3)$, 见图 5.6(b) 和 (c). 在低温时, 自旋向上或向下电子只能放出声子, 导致峰在左侧分别, 并且由于所需能量变大, 随着声子数目的增加峰的高度会减小. 此外, 从图 5.6 中我们观察到了极化率为 100% 的声子辅助电流.

图 5.7 给出的是低温时态占据率以及电荷流和自旋流随偏压的变化图. 偏压取对称偏压, 即 $\mu_L = V/2$, $\mu_R = -V/2$. 图 5.7(a) 中, 当 V 从零开始向左右两端变化时, 态占据率能观察到两个台阶. 当 $V = 0$ 时, $P_{|0,S\rangle} = P_{|2,S\rangle} = 0$ 而 $P_{|\uparrow,S\rangle} = 1$, 表

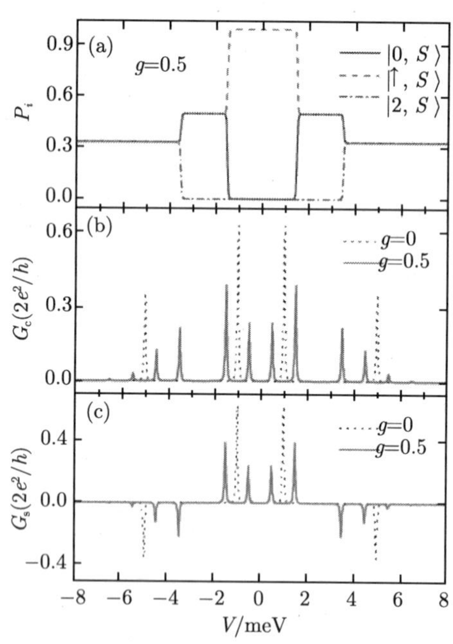

图 5.7　(a) 本征态的占据率, (b) 电荷电导 G_c, 以及 (c) 自旋可分辨电导 G_s 在电声耦合不为零 ($g = 0.5$) 以及为零 ($g = 0$) 时随偏压的变化图. 参数选取为 $\Gamma = 0.01, k_BT = 0.01, k_BT_p = 0.01, \varepsilon_0 = 0, U = 2, \omega_0 = 0.5$, 单位为毫电子伏 (meV) (扫描封底二维码可看彩图)

明自旋向上通道位于费米面下方, 此时占据一个自旋向上电子, 没有电流通过. 随着偏压 V 的增加, 这种情形将保持到 $V=\pm1.5$, 此处偏压窗口边缘与自旋向上通道平行, 电子开始输运, 即 $\pm V/2=\epsilon_{|\uparrow,S\rangle}-\epsilon_{|0,S\rangle}$. 在区间 $1.5<|V|<3.5$,$|0,S\rangle$ 态和 $|\uparrow,S\rangle$ 态平分总概率, 输运在这两个态之间发生. 当 $V=\pm3.5$, 此处偏压窗口边缘与自旋向下通道平行, 即 $\pm V/2=\epsilon_{|2,S\rangle}-\epsilon_{|\uparrow,S\rangle}$. 当 $|V|>3.5$, 两条通道同时参与输运, 三个态平分总占据率. 在图 5.7(b) 和 (c) 中, 当 $g=0$ 时, 自旋向上电导峰的位置为 $\pm V/2=\varepsilon_0-JS/2$, 而自旋向下电导峰的位置为 $\pm V/2=\varepsilon_0+U+JS/2$. 当电声耦合出现后, 这四个峰 (即两个通道) 的位置被重整为 $\pm V/2=\tilde{\varepsilon}_0-JS/2$ 和 $\pm V/2=\tilde{\varepsilon}_0+\tilde{U}+JS/2$. 此外, 还可观察到声子辅助自旋向上电导峰, 位于 $\pm V/2=\tilde{\varepsilon}_0-JS/2+n\omega_0(n=1,2,3)$, 以及声子辅助自旋向下电导峰, 位于 $\pm V/2=\tilde{\varepsilon}_0+\tilde{U}+JS/2+n\omega_0(n=1,2,3)$. 这些自旋向下的峰在图 5.7(c) 中能更清楚地看到, 其位置与图 5.7(b) 峰的位置相同, 但峰的方向朝下.

最后, 我们介绍声子库为高温时的情形. 图 5.8 左侧的两幅图 (a 和 b) 是电导随门电压的变化图, 图 5.8 右侧的两幅图 (c 和 d) 是电导随偏压的变化图. 从图 5.8(a) 和 (b) 可以看出, 当声子库温度较高时 (选为 $k_{\rm B}T_{\rm p}=2$), 最高峰右侧的峰也出现了 (对比图 5.6), 说明此时电子不仅可以放出声子, 还可以从声子库吸收声子. 相应的, 声子辅助自旋向上电导峰的位置位于 $\varepsilon_0=JS/2+\Delta\pm n\omega_0(n=0,1,2,3)$, 声子辅助自旋向下电导峰的位置位于 $\varepsilon_0=-U-JS/2+3\Delta\pm n\omega_0(n=0,1,2,3)$. 图 5.8(c) 和 (d) 中, 偏压窗口边缘通过通道位置时会出现电导峰. 声子辅助自旋向上电导峰的位置为 $\pm V/2=\tilde{\varepsilon}_0-JS/2\pm n\omega_0(n=1,2,3)$, 而声子辅助自旋向上电导峰的位置为 $\pm V/2=\tilde{\varepsilon}_0+\tilde{U}+JS/2\pm n\omega_0(n=1,2,3)$.

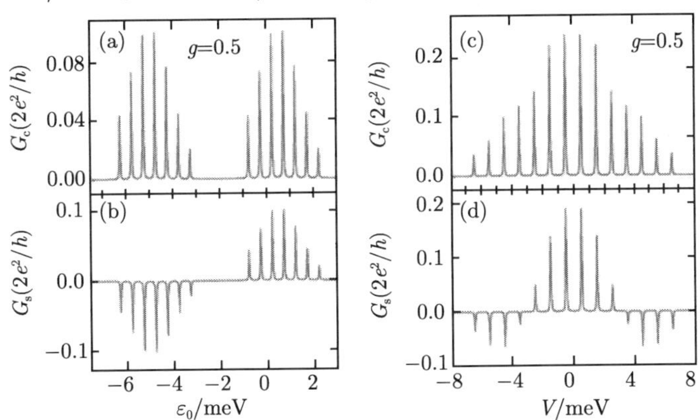

图 5.8 电声耦合出现时 ($g=0.5$), (a) 电荷电导 $G_{\rm c}$; (b) 自旋电导 $G_{\rm s}$ 随分子轨道能量 ε_0 (门电压) 的变化图, 其中 $U=5$; (c) 电荷电导 $G_{\rm c}$; (d) 自旋电导 $G_{\rm s}$ 随偏压变化图, 其中 $\varepsilon_0=0,U=2$. 其他参数选取为 $\varGamma=0.01,k_{\rm B}T=0.01,k_{\rm B}T_{\rm p}=2,\omega_0=0.5$, 单位为毫电子伏 (meV)

5.4 本章小结

本章介绍了强各向异性人工分子磁体和单分子磁体中的声子输运. 在强各向异性模型中, 讨论了各个本征态的占据概率随门电压以及偏压的变化图、讨论了态密度在能量空间的分布图. 我们发现, 在低温时, 态密度会表现出自旋对态近藤效应和声子辅助的自旋对态近藤效应, 即在费米面附近出现 $2S+1$ 个近藤峰, 在这些峰的两侧还会出现与大自旋量子数相关的声子伴峰. 在微分电导中同样出现这两种类型的近藤峰. 对于声子伴峰, 当其进入偏压窗口, 就会表现出来, 其位置在 $V_b = \pm l\omega_0 \pm m|J|(l<0)$. 在单分子磁体模型中, 我们介绍了声子辅助的自旋流. 在大自旋近似下, 单分子磁体可产生 100% 自旋极化电流, 在低温时, 自旋极化电流会放出声子, 而在高温时, 自旋极化电流既可放出声子, 也可吸收声子.

参考文献

[1] Delft J V, Henley C L. Destructive quantum interference in spin tunneling problems. Phys. Rev. Lett., 1992, 69: 3236.

[2] Wernsdorfer W, Sessoli R. Quantum phase interference and parity effects in magnetic molecular clusters. Science, 1999, 284: 133.

[3] Gunther L, Barbara B. Quantum Tunneling of Magnetization. Kluwer, Dordrecht: Springer, 1994.

[4] Heersche H B, Groot Z de, Folk J A, et al. Electron transport through single Mn_{12} molecular magnets. Phys. Rev. Lett., 2006, 96: 206801.

[5] Elste F, Timm C. Spin amplification, reading, and writing in transport through anisotropic magnetic molecules. Phys. Rev. B, 2006, 73: 235304.

[6] Elste F, Timm C. Transport through anisotropic magnetic molecules with partially ferromagnetic leads: Spincharge conversion and negative differential conductance. Phys. Rev. B, 2006, 73: 235305.

[7] Romeike C, Wegewijs M R, Hofstetter W, et al. Kondo transport spectroscopy of single molecule magnets. Phys. Rev. Lett., 2006, 97: 206601.

[8] Romeike C, Wegewijs M R, Hofstetter W, et al. Quantum-tunneling-induced Kondo effect in single molecular magnets. Phys. Rev. Lett., 2006, 96: 196601.

[9] Gonzalez G, Leuenberger M N, Mucciolo E R. Kondo effect in single-molecule magnet transistors. Phys. Rev. B, 2008, 78: 054445.

[10] Elste F, Timm C. Resonant and Kondo tunneling through molecular magnets. Phys. Rev. B, 2010, 81: 024421.

[11] Leuenberger M N, Mucciolo E R. Berry-phase oscillations of the Kondo effect in single-molecule magnets. Phys. Rev. Lett., 2006, 97: 126601.

[12] Misiorny M, Weymann I, Barnas J. Interplay of the Kondo effect and spin-polarized transport in magnetic molecules, adatoms, and quantum dots. Phys. Rev. Lett., 2011, 106: 126602.

[13] Misiorny M, Barnas J. Magnetic switching of a single molecular magnet due to spin-polarized current. Phys. Rev. B, 2007, 75: 134425.

[14] Misiorny M, Barnas J. Spin polarized transport through a single-molecule magnet: Current-induced magnetic switching. Phys. Rev. B, 2007, 76: 054448.

[15] Misiorny M, Barnas J. Effects of intrinsic spin-relaxation in molecular magnets on current-induced magnetic switching. Phys. Rev. B, 2008, 77: 172414.

[16] Gonzalez G, Leuenberger M N. Berry phase blockade in single molecule magnets. Phys. Rev. Lett., 2007, 98: 256804.

[17] Loth S, Bergmann K von, Ternes M, et al. Controlling the state of quantum spins with electric currents. Nat. Phys., 2010, 6: 340.

[18] Besombes L, Léger Y, Maingault L, et al. Probing the spin state of a single magnetic ion in an individual quantum dot. Phys. Rev. Lett., 2004, 93: 207403.

[19] Besombes L, Léger Y, Maingault L, et al. Carrier-induced spin splitting of an individual magnetic atom embedded in a quantum dot. Phys. Rev. B, 2005, 71: 161307(R).

[20] Léger Y, Besombes L, Maingault L, et al. Geometrical effects on the optical properties of quantum dots doped with a single magnetic atom. Phys. Rev. Lett., 2005, 95: 047403.

[21] Léger Y, Besombes L, Fernández-Rossier J, et al. Electrical control of a single Mn atom in a quantum dot. Phys. Rev. Lett., 2006, 97: 107401.

[22] Besombes L, Léger Y, Bernos J, et al. Optical probing of spin fluctuations of a single-paramagnetic Mn atom in a semiconductor quantum dot. Phys. Rev. B, 2008, 78: 125324.

[23] Gall C L, Besombes L, Boukari H, et al. Optical spin orientation of a single manganese atom in a semiconductor quantum dot using quasiresonant photoexcitation. Phys. Rev. Lett., 2009, 102: 127402.

[24] Fernandez-Rossier J, Aguado R. Mn-doped II-VI quantum dots: Artificial molecular magnets. Phys. Stat. Sol. (c), 2006, 3: 3734.

[25] Contreras-Pulido L D, Aguado R. Shot noise spectrum of artificial single-molecule magnets: Measuring spin relaxation times via the Dicke effect. Phys. Rev. B, 2010, 81: 161309(R).

[26] Qiu X H, Nazin G V, Ho W. Vibronic states in single molecule electron transport. Phys. Rev. Lett., 2004, 92: 206102.

[27] Mitra A, Aleiner I, Millis A J. Semiclassical analysis of the nonequilibrium local polaron. Phys. Rev. Lett., 2005, 94: 076404.

[28] Paaske J, Flensberg K. Vibrational sidebands and the Kondo effect in molecular transistors. Phys. Rev. Lett., 2005, 94: 176801.

[29] Koch J, Oppen F von, Oreg Y, et al. Thermopower of single-molecule devices. Phys. Rev. B, 2004, 70: 195107.

[30] Yu H, Wen T D, Liang J Q, et al. Phonon-assisted Kondo effect in single-molecule quantum dots coupled to ferromagnetic leads. Phys. Lett. A, 2008, 372: 6944.

[31] Koch J, Oppen F von. Franck-Condon blockade and giant Fano factors in transport through single molecules. Phys. Rev. Lett., 2005, 94: 206804.

[32] Pasupathy A N, Park J, Chang C, et al. Vibration-assisted electron tunneling in C_{140} transistors. Nano Lett., 2005, 5: 203.

[33] LeRoy B J, Lemay S G, Kong J, et al. Electrical generation and absorption of phonons in carbon nanotubes. Nature (London), 2004, 432: 371.

[34] Yu L H, Keane Z K, Ciszek J W, et al. Inelastic electron tunneling via molecular vibrations in single-molecule transistors. Phys. Rev. Lett., 2004, 93: 266802.

[35] May F, Wegewijs M R, Hofstetter W. Interaction of spin and vibrations in transport through single-molecule magnets. arXiv:1102.2798v1.

[36] 于慧. 介观系统中的自旋极化输运. 山西大学博士学位论文, 2007.

[37] Yu H, Liang J Q. Spin current and shot noise in single-molecule quantum dots with a phonon mode. Phys. Rev. B, 2005, 72: 075351.

[38] Haug H, Jauho A P. Quantum Kinetics in Transport and Optics of Semiconductors. Berlin: Springer, 2008.

[39] Tolea M, Bulka B R. Theoretical study of electronic transport through a small quantum dot with a magnetic impurity. Phys. Rev. B, 2007, 75: 125301.

[40] Wang R Q, Zhou Y Q, Wang B G, et al. Spin-dependent inelastic transport through single-molecule junctions with ferromagnetic electrodes. Phys. Rev. B, 2007, 75: 045318.

[41] Mahan G D. Many-Particle Physics. Berlin: Springer, 2000.

[42] 王竹溪, 郭敦仁. 特殊函数概论. 北京: 北京大学出版社, 2000.

[43] Wang R Q, Sheng L, Shen R, et al. Thermoelectric effect in single-molecule-magnet junctions. Phys. Rev. Lett., 2010, 105: 057202.

[44] Žutić I, Fabian J, Sarma S D. Spintronics: Fundamentals and applications. Rev. Mod. Phys., 2004, 76: 323.

[45] Hou T, Wu S Q, Bi A H, et al. Spin-polarized transport through parallel double quantum dots coupled to ferromagnetic leads. Chinese Phys. Lett., 2008, 25: 2198.

[46] Bogani L, Wernsdorfer W. Molecular spintronics using single-molecule magnets. Nanoscience and Technology, 2009, 194-201.

[47] Zhang Z, Jiang L, Wang R, et al. Thermoelectric-induced spin currents in single-molecule magnet tunnel junctions. Appl. Phys. Lett., 2010, 97(24): 242101.

[48] Niu P B, Zhang Y Y, Wang Q, et al. Quantum transport through anisotropic molecular magnets: Hubbard Green function approach. Physics Letters A, 2012, 376: 1481-1488.

[49] Meir Y, Wingreen N S. Landauer formula for the current through an interacting electron region. Phys. Rev. Lett., 1992, 68: 2512.

[50] Meir Y, Wingreen N S, Lee P A. Low-temperature transport through a quantum dot: The Anderson model out of equilibrium. Phys. Rev. Lett., 1993, 70: 2601.

[51] Luo H G, Ying J J, Wang S J. Equation of motion approach to the solution of the anderson model. Phys. Rev. B, 1999, 59: 9710.

[52] Mitra A, Aleiner I, Millis A J. Phonon effects in molecular transistors: Quantal and classical treatment. Phys. Rev. B, 2004, 69: 245302.

[53] Zhu J X, Balatsky A V. Theory of current and shot-noise spectroscopy in single-molecular quantum dots with a phonon mode. Physical Review B, 2003, 67: 165326.

[54] Kostyrko T, Bulka B R. Hubbard operators approach to the transport in molecular junctions. Phys. Rev. B, 2005, 71: 235306.

[55] Luo B, Liu J, Lü J T, et al. Ultrahigh spin thermopower and pure spin current in a single-molecule magnet. Sci. Rep.-UK, 2014, 4: 4128.

[56] Thomas L, Lionti F L, Ballou R, et al. Macroscopic quantum tunnelling of magnetization in a single crystal of nanomagnets. Nature, 1996, 383: 145.

[57] Chi F, Dai X N, Sun L L. A quantum dot spin injector with spin bias. Appl. Phys. Lett., 2010, 96: 082102.

[58] Wang D K, Sun Q, Guo H. Spin-battery and spin-current transport through a quantum dot. Phys. Rev. B, 2004, 69: 205312.

[59] Jo M H, Grose J E, Baheti K, et al. Signatures of molecular magnetism in single-molecule transport spectroscopy[J]. Nano Lett., 2006, 6: 2014-2020.

第 6 章　单分子磁体中的热电输运

6.1　热电效应介绍

本章介绍单分子磁体在线性区的热电效应. 热电效应也叫温差电效应 [1−3], 是指温度梯度引起电流. 首先, 介绍传统体材料中的热电效应.

如图 6.1 所示的温差电偶, 它由两种不同的金属 a 和 b 组成, a, b 接头 1 和 2 的温度分别是 T_0 和 T. 电容器 C 嵌接在金属 b 中, 而且电容器 C 的二极板的温度相同. 实验发现当两个接头的温度不同时电容器二极板的两端就会出现电势差 V, 而且满足 [2] $V = S(T - T_0)$, 其中 S 称为温差电动势系数或塞贝克系数. 如果在温差电偶中不存在电容器, 而是直接用金属 b 连接成闭合回路, 那么在回路中就会有电流流过. 这个现象是德国物理学家塞贝克在 1827 年发现的, 所以称为塞贝克效应. 从生产实践的角度来看, 热电效应有很大的应用价值. 比如, 通过热电效应利用废热来发电; 利用塞贝克效应构造温差电偶温度计; 还有就是热电制冷等. 通常我们把利用热电效应进行热能和电能相互转换的材料称为热电材料. 为了衡量一种热电材料的热电转换效率的高低, 通常引入一个无量纲的品质因子 $ZT = S^2\sigma T/\kappa$, 其中 S 是塞贝克系数; σ 和 κ 是材料的电导率和热导率. 如果 ZT 越大, 材料的热电转换效率就越高, 反之亦然. 从品质因子的定义我们可以看出要想获得较高的热电转换效率, 需要大的塞贝克系数、大的电导率和小的热导率. 在传统的体材料中一般很难得到很高的热电转换效率. 这是由于体材料的热电参数间通常满足威德曼–弗朗兹定律 (Wiedemann-Franz law). 由于这些原因, 在过去的 50 年里, 传统体材料中最大的品质因子一直在 1 左右, 所以限制了热电材料在实际中的应用.

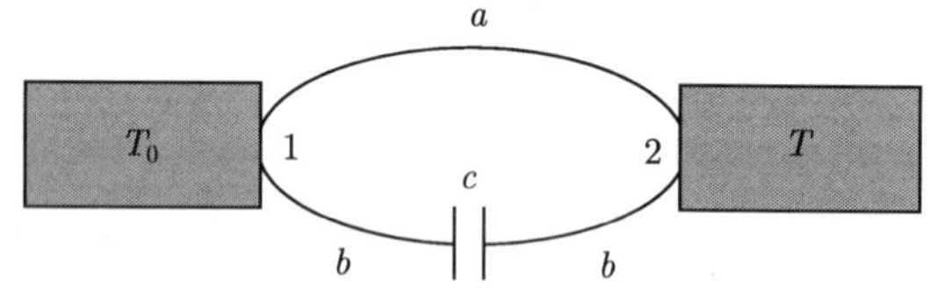

图 6.1　塞贝克效应示意图

而人们发现量子系统中的热电转换效率可以超越威德曼–弗朗兹定律, 接下来我们介绍纳米系统中的热电效应.

一个由中间纳米尺度的系统和两端电极构成的输运结, 如图 6.2 所示. 中间系统可以是一个量子点, 一个分子, 碳纳米管等, 当然也可以是一个单分子磁体或人工分子磁体. 在此系统中, 我们同样用热电品质因子来衡量装置热电转换效率的高低, 其定义为:$ZT = S^2GT/\kappa$. 其中 S 是塞贝克系数; G 和 κ 是电导和热导率. 后者主要来源于声子 (晶格) 的热导率 $\kappa_{\rm ph}$ 和电子的热导率 $\kappa_{\rm e}$. 由于在纳米结构的材料中存在许多量子现象, 如能级分立、库仑阻塞等, 热电参数不再严格遵循传统的威德曼–弗朗兹定律和 Mott 关系 [4,5], 所以在量子效应明显的纳米材料中热电转换效率可以得到很大地提高.

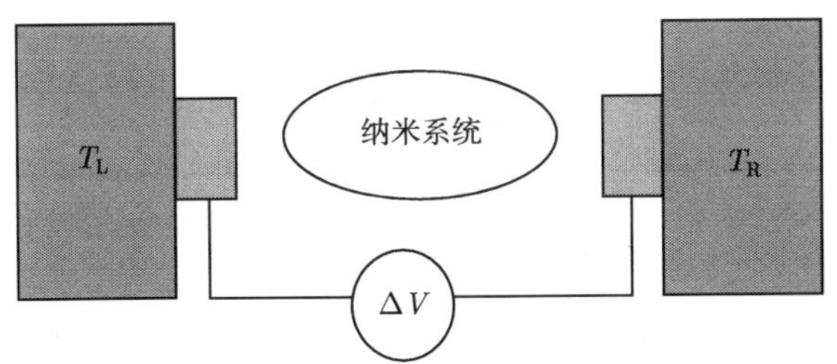

图 6.2 量子系统中塞贝克效应示意图

在格林函数语言表述下, 通过量子系统的电流和热流 [3] 为

$$I_\alpha = \frac{e}{h}\sum_{\sigma=\uparrow,\downarrow}\int {\rm d}\omega\left[f_{\rm L}(\omega) - f_{\rm R}(\omega)\right]T_\sigma(\omega), \tag{6.1}$$

$$J_\alpha = \frac{e}{h}\sum_{\sigma=\uparrow,\downarrow}\int {\rm d}\omega(\omega-\mu_\alpha)\left[f_{\rm L}(\omega) - f_{\rm R}(\omega)\right]T_\sigma(\omega). \tag{6.2}$$

在线性响应区域 ($\mu_{\rm L} - \mu_{\rm R} = \delta\mu, T_{\rm L} - T_{\rm R} = \delta T$), 上面电流和热流就满足 Onsager 关系 [6,7]:

$$I_\alpha = -L_{11}\frac{\delta\mu}{T} - L_{12}\frac{\delta\mu}{T^2}, \tag{6.3}$$

$$J_\alpha = -L_{21}\frac{\delta\mu}{T} - L_{22}\frac{\delta\mu}{T^2}, \tag{6.4}$$

相应的热电系数表示为 $S = -L_{12}/eTL_{11}, G = e^2L_{11}, \kappa = [L_2 - L_1^2/L_0]/T$. 此处的公式为简述, 上述公式的详细推导可参照参考文献.

本章将介绍单分子磁体的热电输运, 所考虑的模型同前面 5.3 节一样, 但是系统外加的是铁磁电极. 所用的方法仍然是态矢格林函数方法, 但是涉及外加铁磁电极时的计算. 在物理结果方面, 我们将介绍构型的概念: 铁磁电极的平行或反平行构型与大自旋近似下的单分子磁体的自旋相反构型形成了一个整体. 这个整体构型如何影响热电转换效率, 将是我们关注的重点. 研究发现, 输运结整体构型的不对称性可提高或抑制热电转换效率. 下面开始具体介绍.

6.2 理论模型和计算过程

电子的输运常伴随着电荷、自旋及能量的传输 [1,8,9]. 如 6.1 节所述, 因为量子效应, 传统的威德曼–弗朗兹定律可以被打破, 比如, 在量子点、点接触等各种系统 [5,10−16] 中人们研究过其热电转换效率. 当然, 人们也研究过自旋在热电转换中的作用, 如自旋塞贝克效应和自旋帕尔贴效应 [17,18], 并因此发展出了一个新的领域: 热自旋电子学 [19−27].

本节介绍的分子磁体的热电转换效率的研究正是基于这些研究热点. 我们将介绍电极的构型和单分子磁体的构型对热电效应的影响, 特别是我们发现输运结整体构型的不对称性可提高或抑制热电转换效率.

我们先介绍模型和方法. 考虑一个分子磁体输运结构 (图 6.3), 其由分子磁体和两端的铁磁电极构成. 铁磁电极的自旋极化方向夹角为 θ. 本节着重介绍铁磁电极与分子磁体之间的相互作用导致的热电输运特性. 哈密顿量如下 [11,28,29]:

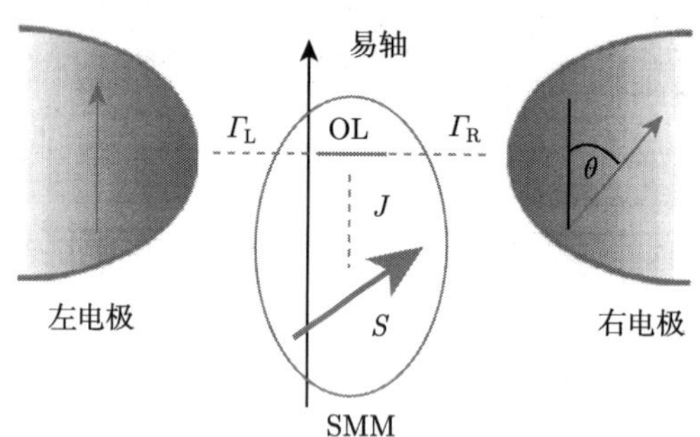

图 6.3 模型示意图. 由分子磁体和左右两个铁磁电极构成. 两电极间的自旋极化方向夹角为 θ, 左右电极与分子磁体的隧穿耦合强度为 $\Gamma_{\rm L}$ 和 $\Gamma_{\rm R}$. 分子磁体模型由单能级输运轨道与局域大自旋组成, 二者之间有交换耦合作用 (见下文哈密顿量)

$$\begin{aligned} H = &\sum_{\sigma} \varepsilon_0 d_\sigma^\dagger d_\sigma + U\hat{n}_\uparrow \hat{n}_\downarrow - J\boldsymbol{s}\cdot\boldsymbol{S} \\ &- K(S^z)^2 + \sum_{k,\alpha,s} \varepsilon_{k\alpha s} c_{k\alpha s}^\dagger c_{k\alpha s} \\ &+ \sum_{k,\alpha,s,\sigma} (V_{k\alpha}^{s\sigma} c_{k\alpha s}^\dagger d_\sigma + H.c.), \end{aligned} \tag{6.5}$$

其中, 分子磁体被模型化为一个单能级输运轨道 (OL) 与局域大自旋 $\boldsymbol{S}$ 耦合, 并且总自旋算符为 $\boldsymbol{S}_{\rm tot} = \boldsymbol{s} + \boldsymbol{S}$[28]. ε_0 是单能级轨道的能量; $d_\sigma^\dagger(d_\sigma)$ 是轨道电子的产生

(湮灭) 算符, 其中 $\sigma = \uparrow, \downarrow$ 代表自旋向上和向下; U 代表轨道电子双占据时电子间的库仑排斥能; J 是轨道电子 $\boldsymbol{s}$ 与局域自旋 $\boldsymbol{S}$ 之间的交换耦合; K 是分子磁体的易轴各向异性参数, 产生于环境相互作用, 导致大自旋取向的各向异性; $c^{\dagger}_{k\alpha s}(c_{k\alpha s})$ 是电极电子的产生 (湮灭) 算符, 其动量为 k, 自旋取向用 $s = +, -$ 表示, 能量为 $\varepsilon_{k\alpha s}$, α =L, R 标示左右电极. 分子磁体的单能级轨道与铁磁电极的隧穿耦合用 $V^{s\sigma}_{k\alpha}$ 描述, 其中:

$$\boldsymbol{V}_{k\mathrm{L}} = \begin{pmatrix} T^{+}_{k\mathrm{L}} & 0 \\ 0 & T^{-}_{k\mathrm{L}} \end{pmatrix}, \quad \boldsymbol{V}_{k\mathrm{R}} = \begin{pmatrix} T^{+}_{k\mathrm{R}} \cos\dfrac{\theta}{2} & T^{+}_{k\mathrm{R}} \sin\dfrac{\theta}{2} \\ -T^{-}_{k\mathrm{R}} \sin\dfrac{\theta}{2} & T^{-}_{k\mathrm{R}} \cos\dfrac{\theta}{2} \end{pmatrix}. \tag{6.6}$$

这里 θ 是两电极间自旋极化方向的夹角. 经过计算 (下文推导部分会介绍), 分子磁体与电极的隧穿耦合以矩阵形式给出:

$$\boldsymbol{\Gamma}^{\mathrm{L}} = \begin{pmatrix} \Gamma^{\uparrow}_{\mathrm{L}} & 0 \\ 0 & \Gamma^{\downarrow}_{\mathrm{L}} \end{pmatrix}, \boldsymbol{\Gamma}^{\mathrm{R}} = \begin{pmatrix} \Gamma^{\uparrow}_{\mathrm{R}} & \Gamma^{\uparrow\downarrow}_{\mathrm{R}} \\ \Gamma^{\downarrow\uparrow}_{\mathrm{R}} & \Gamma^{\downarrow}_{\mathrm{R}} \end{pmatrix}, \tag{6.7}$$

其中, 各个矩阵元可用 Γ^{s}_{α} 表示:

$$\begin{aligned} &\Gamma^{\uparrow/\downarrow}_{\mathrm{L}} = \Gamma^{+/-}_{\mathrm{L}}, \\ &\Gamma^{\uparrow}_{\mathrm{R}} = \Gamma^{+}_{\mathrm{R}} \cos^2(\theta/2) + \Gamma^{-}_{\mathrm{R}} \sin^2(\theta/2), \\ &\Gamma^{\downarrow}_{\mathrm{R}} = \Gamma^{+}_{\mathrm{R}} \sin^2(\theta/2) + \Gamma^{-}_{\mathrm{R}} \cos^2(\theta/2), \\ &\Gamma^{\uparrow\downarrow}_{\mathrm{R}} = \Gamma^{\downarrow\uparrow}_{\mathrm{R}} = (\Gamma^{+}_{\mathrm{R}} - \Gamma^{-}_{\mathrm{R}}) \sin\theta/2, \end{aligned}$$

这里 $\Gamma^{s}_{\alpha} = \Sigma_k 2\pi |T^{s}_{k\alpha}|^2 \delta(\omega - \varepsilon_{k\alpha s})$, 其在宽带近似下表示为 $\Gamma^{s}_{\alpha} = \Gamma(1 + sp)$, 这里的 p 表示电极极化强度, Γ 为耦合常数.

为了给出中间系统的本征值和本征态, (6.5) 式中前四项对角化如下: 分子轨道的电子占据数和分子磁体的总磁量子数是两个好量子数, 本征态用其标记为 $|n, M\rangle^{\nu}$, 这里 $n = 0, 1, 2$ 是电子占据数,M 是总自旋 $S_z + s_z$ 的好量子数, 指标 v $(= \pm)$ 只在 $n = 1$ 时出现. 用电子数占据态 $|i\rangle$ $(i = 0, \uparrow, \downarrow, 2)$ 及局域自旋磁量子数本征态 $|m\rangle$$(m \in [-S, S])$ 为直积基, 系统的本征值和本征态得到如下 [28]: $\epsilon_{|0,m\rangle} = -Km^2$, 对应本征态为 $|0, m\rangle \equiv |0\rangle \otimes |m\rangle$, $\epsilon^{\pm}_{|1,M\rangle} = \varepsilon_0 + J/4 - K\left(M^2 + 1/4\right) \pm \Delta E(M)$, 对应本征态为 $|1, M\rangle^{\pm} \equiv A^{\pm}_{M}| \downarrow\rangle \otimes |M + 1/2\rangle + B^{\pm}_{M}| \uparrow\rangle \otimes |M - 1/2\rangle$, 以及 $\epsilon_{|2,m\rangle} = 2\varepsilon_0 + U - Km^2$, 对应本征态为 $|2, m\rangle \equiv | \uparrow\downarrow\rangle \otimes |m\rangle$. 这里 $\Delta E(M) \equiv [K(K - J)M^2 + (J/4)^2(2S + 1)^2]^{1/2}$, 其中 $M \in [-S + 1/2, S - 1/2]$. $A^{\pm}_{M}$ 和 $B^{\pm}_{M}$ 是扩展的 Clebsch-Gordan 系数, 其结果可以在参考文献 [28] 中找到, 并且在前面章节叙述过, 这里不再赘述.

热电相关物理量介绍如下. 各个热电物理量的定义来源于热输运和电子输运之间的相互关系. 在线性响应区, 对应偏压 $\delta\mu=\mu_{\rm L}-\mu_{\rm R}$ 和温差 $\delta T=T_{\rm L}-T_{\rm R}$, 可以导出电荷相关热电量的关系: 热导 $\kappa=\left(L_2-L_1^2/L_0\right)/T$, 热功 $S_{\rm c}=-L_1/TG_{\rm c}$, 以及电导 $G_{\rm c}=L_{0\uparrow}+L_{0\downarrow}$. 各个量中的 $L_n\,(n=0,1,2)$ 定义为 $L_n=-\left(1/h\right)Tr\int\omega^n\boldsymbol{T}\left(\omega\right)\left(\partial f/\partial\omega\right){\rm d}\omega$, 其中 $f\left(\omega\right)$ 是费米–狄拉克分布函数, $\boldsymbol{T}\left(\omega\right)$ 是隧穿函数. 隧穿函数是 2×2 矩阵, 描述隧穿过分子磁体的概率幅, 当 $\theta\neq0$ 时矩阵的非对角元不为零. 类似的, 还可导出自旋相关热电量, $S_{\rm s}=-L_1/TG_{\rm s}$, 其中 $G_{\rm s}=L_{0\uparrow}-L_{0\downarrow}$ 为自旋相关电导 [10,11,25]. 同样,$L_{n\sigma}$ 定义为 $L_{n\sigma}=-\left(1/h\right)\int\omega^n\boldsymbol{T}_{\sigma\sigma}\left(\omega\right)\left(\partial f/\partial\omega\right){\rm d}\omega$, 其中当 $\theta=0$ 时隧穿矩阵 $\boldsymbol{T}\left(\omega\right)$ 的对角元为零. 有了线性电导、热导以及热功, 热电品质因子给出如下:

$$ZT_{\rm c}=\frac{G_{\rm c}S_{\rm c}^2T}{\kappa}. \tag{6.8}$$

注意到这是一个无量纲的物理量, 用以描述热电转换效率.

为了计算分子磁体的隧穿矩阵 $\boldsymbol{T}\left(\omega\right)$, 我们采用非平衡格林函数方法 [30,31] 结合态矢表象 [32,33]. 在态矢表象下, 分子磁体的单能级轨道电子算符表示为 $d_\sigma=X^{0\sigma}+\delta_\sigma X^{\bar{\sigma}2}$, 其中当 $\sigma=\uparrow(\downarrow)$ 时 $\delta_\sigma=+1(-1)$, 且 $\bar{\sigma}=-\sigma$; 相应的电子自旋算符在态矢表象表示为 $s^z=(n_\uparrow-n_\downarrow)/2=(X^{\uparrow\uparrow}-X^{\downarrow\downarrow})/2$,$s^+=d_\uparrow^\dagger d_\downarrow=X^{\uparrow\downarrow}$ 以及 $s^-=d_\downarrow^\dagger d_\uparrow=X^{\downarrow\uparrow}$, 其中 $X^{ij}=|i\rangle\langle j|$ 以电子基矢 $|i\rangle(|j\rangle)$ $(i,j=0,\uparrow,\downarrow,2)$ 定义. 局域自旋算符如前面章节介绍, 表示为 $S^z=\Sigma_{m=-S}^{S}mY^{m,m}$, $S^+=\Sigma_{m=-S}^{S}C_m^+Y^{m+1,m}$, $S^-=\Sigma_{m=-S}^{S}C_m^-Y^{m-1,m}$, 其中 S 是大自旋角量子数, $Y^{m,n}=|Sm\rangle\langle Sn|$, 并且 $C_m^\pm=\sqrt{(S\pm m+1)(S\mp m)}$. 因此, (6.5) 式的哈密顿量在态矢表象下重新表述为

$$\begin{aligned}H=&\sum_{k,\alpha,s}\varepsilon_{k\alpha s}c_{k\alpha s}^\dagger c_{k\alpha s}+\sum_{k,\alpha,s,\sigma}\left[V_{k\alpha}^{s\sigma}c_{k\alpha s}^\dagger(X^{0\sigma}+\delta_\sigma X^{\overline{\sigma}2})+H.c.\right]\\&+\sum_\sigma\varepsilon_0X^{\sigma\sigma}+(2\varepsilon_0+U)X^{22}-\frac{J}{2}\sum_{m=-S}^{S}m(X^{\uparrow\uparrow}-X^{\downarrow\downarrow})Y^{m,m}\\&-\frac{J}{2}\sum_{m=-S}^{S}C_m^-X^{\uparrow\downarrow}Y^{m-1,m}-\frac{J}{2}\sum_{m=-S}^{S}C_m^+X^{\downarrow\uparrow}Y^{m+1,m}\\&-K\sum_{m=-S}^{S}m^2Y^{m,m}.\end{aligned} \tag{6.9}$$

相应地, 推迟格林函数 $G_{\sigma\sigma'}^r=\left\langle\left\langle d_\sigma\;\middle|\;d_{\sigma'}^\dagger\right\rangle\right\rangle^r$ $(\sigma=\uparrow,\downarrow$ 和 $\sigma'=\uparrow,\downarrow)$ (注意到这是一个 2×2 的矩阵) 在态矢表象下表示为 $G_{\sigma\sigma'}^r=\sum\limits_{m=-S}^{S}\langle\langle X^{0\sigma}Y^{m,m}\left|d_{\sigma'}^+\right.\rangle\rangle^r+\sum\limits_{m=-S}^{S}\delta_\sigma\langle\langle X^{\overline{\sigma}2}Y^{m,m}|d_{\sigma'}^+\rangle\rangle^r$. 在进一步计算运动方程前, 我们考虑大自旋近似 [24,25,27],

从而能简化计算过程并讨论相应的物理内容. 从哈密顿量中可以看到, 分子磁体的各向异性项 (KS^2) 具有双稳特性, 局域自旋有两个能量相等的、处于势阱最低能量的双稳态 ($|\pm S\rangle$). 在低温时 ($k_{\mathrm{B}}T < KS^2$), 可以制备大自旋处于其中一个态上, 比如, $m \geqslant 0$ 时, 只要温度不高于势垒高度 $k_{\mathrm{B}}T < KS^2$, 局域自旋就会被限制在这个态上. 分子磁体的轨道电子占据数本征值为 $n = 0, 1$ 或 2. 当单占据时 ($n = 1$), 并且局域自旋处于 $|S\rangle$ 态, 由于交换耦合, 只有自旋向上的电子能占据分子轨道, 进而双占据时, 由泡利不相容原理, 第二个电子只能是自旋向下电子. 因此, 在大自旋近似下, 分子轨道的完备基被简化为 $\{|0\rangle, |\uparrow\rangle, |2\rangle\}$, 从而哈密顿量在态矢表象下表述为

$$
\begin{aligned}
H = & \sum_{k,\alpha,s} \varepsilon_{k\alpha s} c_{k\alpha s}^{\dagger} c_{k\alpha s} + \sum_{k,\alpha,s} \left[V_{k\sigma}^{s\uparrow} c_{k\alpha s}^{\dagger} X^{0\uparrow} + H.c. \right] \\
& + \sum_{k,\alpha,s,\sigma} \left[V_{k\sigma}^{s\sigma} c_{k\alpha s}^{\dagger} \delta_{\sigma} X^{\overline{\sigma}2} + H.c. \right] \\
& + \varepsilon_0 X^{\uparrow\uparrow} + (2\varepsilon_0 + U) X X^{22} \\
& - \frac{JS}{2} X^{\uparrow\uparrow} Y^{m,m} - KS^2 Y^{SS}.
\end{aligned} \tag{6.10}
$$

接下来, 我们在态矢表象下使用标准的运动方程 $\omega\langle\langle A|B\rangle\rangle^r = \langle\{A, B\}\rangle + \langle\langle [A, H]|B\rangle\rangle^r$ 计算格林函数 $G_{\sigma\sigma'}^r$. 先给出一个例子:

$$
\begin{aligned}
& \left(\omega - \varepsilon_0 + \frac{JS}{2}\right) \left\langle\left\langle X^{0\uparrow} Y^{SS} \,|\, d_{\uparrow}^{+} \right\rangle\right\rangle^r \\
= & \langle X^{00} Y^{SS} \rangle + \langle X^{\uparrow\uparrow} Y^{SS} \rangle \\
& + \sum_{k\alpha s} V_{k\alpha}^{s\uparrow *} \left\langle\left\langle \left(X^{00} + X^{\uparrow\uparrow}\right) c_{k\alpha s} Y^{SS} \,|d_{\uparrow}^{+} \right\rangle\right\rangle^r,
\end{aligned} \tag{6.11}
$$

这里平均值 $\langle X^{\uparrow\uparrow} Y^{SS} \rangle$ (同样是一个例子) 在线性响应区用涨落耗散定理计算为 $\langle X^{\uparrow\uparrow} Y^{SS} \rangle = -(1/\pi) \int \mathrm{d}\omega f(\omega) \mathrm{Im} \langle\langle X^{0\uparrow} Y^{SS} | d_{\uparrow}^{+} \rangle\rangle^r$, 其中 $f(\omega) = [\exp(\omega/k_{\mathrm{B}}T) + 1]^{-1}$ 是费米分布函数. 为了封闭运动方程, 我们需要一个合理的近似. 在本节我们考虑顺序隧穿区的热电效应, 因而采用 Hartree-Fock 截断近似, 经验证明此近似能很好地捕捉单粒子输运物理. 在使用近似后, (6.11) 式中高阶格林函数 $\langle\langle (X^{00} + X^{\uparrow\uparrow}) c_{k\alpha s} Y^{SS} | d_{\uparrow}^{+} \rangle\rangle^r$ 被截断为

$$
\begin{aligned}
& \sum_{k\alpha s} V_{k\alpha}^{s\uparrow *} \left\langle\left\langle \left(X^{00} + X^{\uparrow\uparrow}\right) c_{k\alpha s} Y^{SS} | d_{\uparrow}^{+} \right\rangle\right\rangle^r \\
= & \left(\langle X^{00} Y^{SS} \rangle + \langle X^{\uparrow\uparrow} Y^{SS} \rangle \right) \left[(\Sigma_0^r)_{11} \left\langle\left\langle X^{0\uparrow} Y^{SS} | d_{\uparrow}^{+} \right\rangle\right\rangle^r \right. \\
& \left. + (\Sigma_0^r)_{11} \left\langle\left\langle X^{\downarrow 2} Y^{SS} | d_{\uparrow}^{+} \right\rangle\right\rangle^r + (\Sigma_0^r)_{12} \left\langle\left\langle \left(-X^{\uparrow 2}\right) Y^{SS} | d_{\uparrow}^{+} \right\rangle\right\rangle^r \right].
\end{aligned} \tag{6.12}
$$

其中, Σ_0^r 用耦合常数表示为 $\Sigma_0^r = -\mathrm{i}(\Gamma^{\mathrm{L}} + \Gamma^{\mathrm{R}})/2$. 在 Hartree-Fock 近似下, 推迟格林函数 G^r 的矩阵元共得到六个方程, 用矩阵形式表示如下：

$$
\begin{bmatrix}
\dfrac{\omega-\varepsilon_0+\dfrac{JS}{2}}{\langle X^{00}Y^{SS}\rangle+\langle X^{\uparrow\uparrow}Y^{SS}\rangle}-(\Sigma_0^r)_{11} & -(\Sigma_0^r)_{11} & -(\Sigma_0^r)_{12} \\
-(\Sigma_0^r)_{11} & \dfrac{\omega-2\varepsilon_0-U}{\langle X^{22}Y^{SS}\rangle}-(\Sigma_0^r)_{11} & -(\Sigma_0^r)_{12} \\
-(\Sigma_0^r)_{21} & -(\Sigma_0^r)_{21} & \dfrac{\omega-\varepsilon_0-\dfrac{JS}{2}-U}{\langle X^{\uparrow\uparrow}Y^{SS}\rangle+\langle X^{22}Y^{SS}\rangle}-(\Sigma_0^r)_{22}
\end{bmatrix}
\begin{bmatrix}
\langle\langle X^{0\uparrow}Y^{SS}|d_\uparrow^+\rangle\rangle^r & \langle\langle X^{0\uparrow}Y^{SS}|d_\downarrow^+\rangle\rangle^r \\
\langle\langle X^{\downarrow2}Y^{SS}|d_\uparrow^+\rangle\rangle^r & \langle\langle X^{\downarrow2}Y^{SS}|d_\downarrow^+\rangle\rangle^r \\
\langle\langle(-X^{\uparrow2})Y^{SS}|d_\uparrow^+\rangle\rangle^r & \langle\langle(-X^{\uparrow2})Y^{SS}|d_\downarrow^+\rangle\rangle^r
\end{bmatrix}
=\begin{bmatrix} 1 & 0 \\ 1 & 0 \\ 0 & 1 \end{bmatrix}. \tag{6.13}
$$

在 G^r 得到后, 隧穿矩阵 $T(\omega)$ 用如下公式 [35] 计算 $T(\omega)=(\Gamma^{\mathrm{L}}G^r\Gamma^{\mathrm{R}}G^a+\Gamma^{\mathrm{R}}G^r\Gamma^{\mathrm{L}}G^a)/2$, 其中 $G^a=(G^r)^*$.

6.3　单分子磁体的热电输运特性

有了前面介绍, 我们现在讨论单分子磁体中的热电效应. 数值结果采用 Mn_{12} 单分子磁体的典型参数 [35]: $S=10$, $K=0.06$ meV, $J=0.2$ meV. 在低温时, 比如 $T=1$ K (满足 $k_{\mathrm{B}}T<KS^2$), 因为各向异性项中造成的势垒效应, 初态处在 $m\geqslant0$ 的大自旋不能穿过势垒, 从而保持于 $|S\rangle$ 态 [24,25,27].

首先研究两个铁磁电极中自旋极化方向平行, 即平行构型 ($\theta=0$). 图 6.4 中 p 为两个铁磁电极的自旋极化率, 取为渐变参数, $p=0, 0.2, 0.5, 0.8$. 图 6.4(a) 给出了电荷热功 S_{c} 随分子轨道能级 ε_0 (或门电压) 的变化图. 电荷电导 G_{c} 和自旋电导 G_{s} 在 $\varepsilon_0=\pm1$ 处有两个尖峰 (图 6.4 中没有给出, 读者可容易画出), $\varepsilon_0=0$ 对应于两个峰的中点. 图 6.4(a) 中, 以 $\varepsilon_0=0$ 为中心, 有两个大于零的峰, 两个小于零的谷, 峰和谷的区别在于热流是由电子类型的载流子或空穴类型的载流子携带. 这里有两个特点需要强调: ① 当电极极化率升高时, 在对称点 $\varepsilon_0=0$ 处电荷热功变得不为零, 并且随着极化 p 的升高而升高. 在量子点系统中, 比如文献 [11], 在对称点 $\varepsilon_0=0$ 处电荷热功是为零的, 而在分子磁体连接铁磁电极这种系统中, 发现了非零的热功. ② 在极化 p 增大时, 热功关于对称点 $\varepsilon_0=0$ 出现不对称行为. 具体来说, 在 $\varepsilon_0>0$ 一侧, 峰或谷的绝对值随 p 增大而减小, 而在 $\varepsilon_0<0$ 一侧, 峰或谷的绝对值随 p 增大而增大. 同样的不对称行为出现在图 6.4(b) 的热导图中, 在 $\varepsilon_0>0$ 一侧, 热导随 p 增大而增大, 而在 $\varepsilon_0<0$ 一侧, 热导随 p 增大而减小. 热功和热导这种不对称行为, 特别是在 $\varepsilon_0<0$ 区域, 导致热电品质因子随极化 p 增大而增大, 见图 6.4(c), 这是一个显著的品质因子提高效应. 特别是在 $\varepsilon_0=-1.2$ 处, 可以观察到品质因子增大到接近 50. 为了寻找 $\varepsilon_0=-1.2$ 处的最优自旋极化率, 在图 6.4(d) 中给出了最大品质因子 ($\varepsilon_0=-1.2$ 处) 随极化 p 的变化图. 可以发现在 p=0.85, 系统的热电转换效率达到了最优, 最大值为 50.

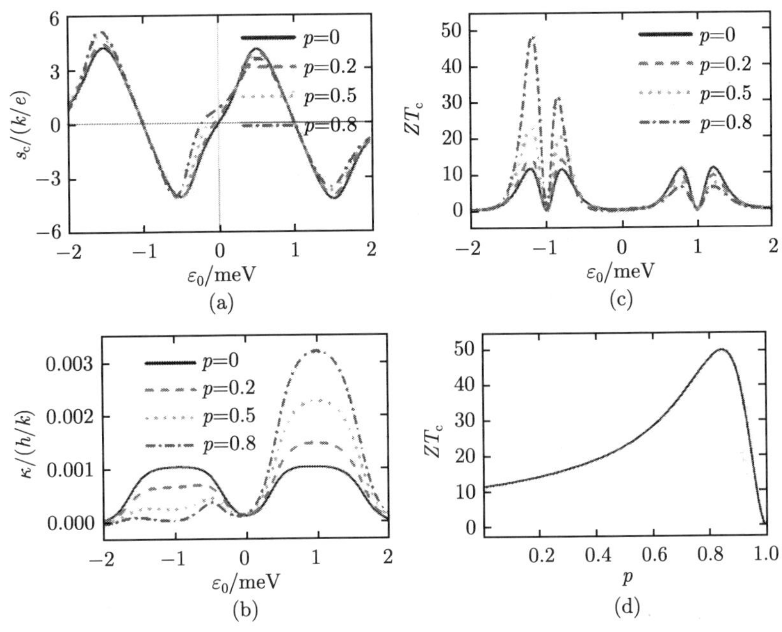

图 6.4 在不同的自旋极化率下 (a) 电荷热功 S_c, (b) 热导 κ 以及 (c) 热电品质因子 ZT 随分子轨道能级 ε_0 (门电压) 的变化图. 参数选取为 $\Gamma=0.01, U=0, k_BT=0.0862$, 单位为毫电子伏. (d) $\varepsilon_0=-1.2$ 时的最优热电品质因子随自旋极化率 p 的变化图, 其他参数同 (c) 图

为了理解图 6.4 中的物理, 我们考虑参与输运的三个态: $|0,S\rangle$, $|\uparrow,S\rangle$, 和 $|2,S\rangle$. 如前介绍, 这三个态源于大自旋近似, 在低温下只有这三个态参与输运. 三个态对应的本征能量为 $\varepsilon_{0S}=-KS^2$, $\varepsilon_{\uparrow s}=\varepsilon_0-JS/2-KS^2$, 和 $\varepsilon_{2S}=2\varepsilon_0+U-KS^2$. 我们称能量差值 $\varepsilon_{\uparrow s}-\varepsilon_{0S}$ 为自旋向上通道, 因为此处只有自旋向上电子通过, 输运发生在 $|0,S\rangle\leftrightarrow|\uparrow,S\rangle$ 之间; 称能量差值 $\epsilon_{2S}-\epsilon_{\uparrow S}$ 为自旋向下通道, 有自旋向下电子通过, 输运发生在 $|2,S\rangle\leftrightarrow|\uparrow,S\rangle$ 之间. 在电荷电导图 G_c 中,$\varepsilon_0=1$ 处有一个峰, 对

应自旋向上通道, $\varepsilon_0=-1$ 处有一个峰, 对应自旋向下通道. 分子磁体的自旋向上通道和自旋向下通道构成了一个自旋相反构型. 为了考察图 6.4 中不对称的来源, 我们还需介绍铁磁电极的构型: $\theta=0$ 时, 两个铁磁电极的自旋极化方向相同, 称为平行构型; $\theta=\pi$ 时, 铁磁电极的自旋极化方向相反, 称为反平行构型. 在一些已有的文献工作中, 如文献 [11] 和文献 [25], 铁磁电极的平行构型或反平行构型下得到的热电相关物理量 (S_c, k 以及 ZT_c) 都是关于中点 $\varepsilon_0=0$ 对称或反对称的 (即偶函数或奇函数), 没有出现图 6.4 中的不对称情形 (非奇非偶). 为了解释这种不对称性, 我们引入整体构型概念: 电极的构型和中间分子磁体的构型形成整体构型, 分为不对称构型和对称构型两种. 不对称构型指铁磁电极的平行构型与分子磁体的自旋相反构型作为一个整体是自旋不对称, 而对称构型指铁磁电极的反平行构型和分子磁体的反自旋构型作为一个整体是对称的, 等价于无自旋极化情形. 在不对称构型下, 各个物理量都是不对称的, 在零点两侧或者提高或者降低. 确实, 图 6.4(a) 中我们看到在不对称构型下热功是不对称的, 且在零点处出现了非零热功; 图 6.4(b) 中热导也是不对称的. 二者的联合产生了图 6.4(c) 中热电品质因子地提高. 在最优品质因子图中 (见图 6.4(d)), $p=0$ 对应非自旋极化情形, 即金属电极情形. 可以看到热电品质因子约为 10, 这个值相对于通常的热电转换效率已经算是比较高的了 [25]. 对于 $p=1$, 此为全极化情形, 即左右电极电子全部为自旋向上电子, 但对于 $\varepsilon_0=-1.2$, 这是自旋向下通道附近, 所以自旋向上电子无法通过, 热电品质因子为零. 对于 $0<p<1$, 最优极化率为 $p=0.85$ 时, 比较于非极化情形 ($p=0$), 最优热电转换效率可以抬高 5 倍.

图 6.5 讨论系统从不对称构型过渡到对称构型时热电量的变化, 即两电极间自旋极化夹角从 $\theta=0$ 过渡到 $\theta=\pi$. 从图 6.4 中我们理解到, 在这个过程中, 随着 θ 的变化, 热电图将从不对称情形变为最终的反对称或对称图形, 如图 6.5(a) 中热功或

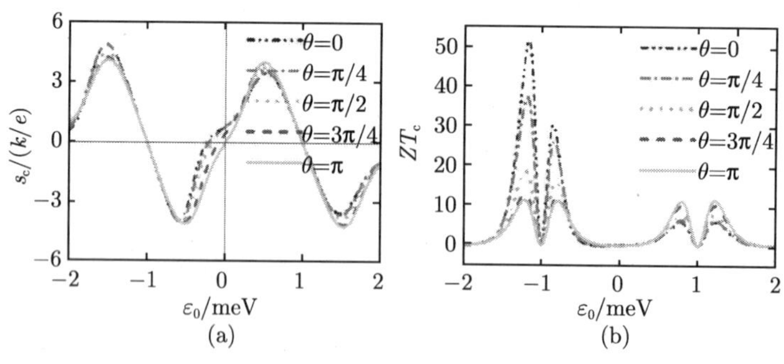

图 6.5 不同 θ 下 (a) 电荷热功 S_c, (b) 热电品质因子 ZT 随分子轨道能级 ε_0 (门电压) 的变化图. 参数选取为 $\Gamma=0.01, p=0.85, U=0, k_\mathrm{B}T=0.0862$, 单位为毫电子伏 (扫描封底二维码可看彩图)

图 6.5(b) 中热电品质因子所示. 图中的自旋极化率采用的仍然是最优参数 $p = 0.85$. 图 6.5(a) 中, 当 $\theta < \pi$ 时, 热功在 $\varepsilon_0 = 0$ 两端是不对称的. 对应 $\varepsilon_0 < 0$ 一侧, 可以看到热功 S_c 的最大值随 θ 增大而增大. 特别是 $\theta = \pi$ 时, 此时的热电品质因子图是对称的, 而且最大值和非极化情形相同, 都为 10. 这说明对称构型和非极化构型热电转换效率效果一致, 对热电品质因子没有提高, 反而系统在引入不对称性后会带来热电转换效率地提高.

6.4 本 章 小 结

本章介绍了单分子磁体的热电输运特性. 铁磁电极的平行或反平行构型与大自旋近似下的单分子磁体的自旋相反构型形成了一个整体, 对热电效应产生影响, 特别是我们发现输运结整体构型的不对称性可提高或抑制热电转换效率. 具体来说, 铁磁电极的平行构型和分子磁体自旋相反构型形成的整体是不对称的, 能显著提高热电转换效率. 比较于对称构型或连接金属电极, 热电品质因子能提高大约 500%. 这些结果说明在输运结构中引入不对称, 能提高热电转换效率.

参 考 文 献

[1] Dubi Y, Di Ventra M. Colloquium: Heat flow and thermoelectricity in atomic and molecular junctions. Rev. Mod. Phys., 2011, 83: 131.

[2] 林宗涵, 热力学与统计物理, 北京: 北京大学出版社, 2006.

[3] 王强, 量子点系统中的热输运研究, 山西大学博士论文, 2013.

[4] Appleyard N J, Nicholls J T, Pepper M, et al. Direction-resolved transport and possible many-body effects in one-dimensional thermopower. Phys. Rev. B, 2000, 62: 16275.

[5] Kubala B, König J, Pekola J. Violation of the Wiedemann-Franz law in a single-electron transistor. Phys. Rev. Lett., 2008, 100: 066801.

[6] 阎守胜, 甘子钊. 介观物理, 北京: 北京大学出版社, 1995.

[7] Weinmann D, Häusler W, Kramer B. Spin blockades in linear and nonlinear transport through quantum dots. Phys. Rev. Lett., 1995, 74: 984.

[8] Goennenwein S T B, Bauer G E W. Spin caloritronics: Electron spins blow hot and cold. Nat. Nanotechnol., 2012, 7: 145.

[9] Bauer G E W, Saitoh E, Van Wees B J. Spin caloritronics. Nat. Mater., 2012, 11: 391.

[10] Dubi Y, Di Ventra M. Thermospin effects in a quantum dot connected to ferromagnetic leads. Phys. Rev. B, 2009, 79: 081302.

[11] Świrkowicz R, Wierzbicki M, Barnaś J. Thermoelectric effects in transport through quantum dots attached to ferromagnetic leads with noncollinear magnetic moments. Phys. Rev. B, 2013, 80: 195409.

[12] Wang Q, Xie H Q, Nie Y H, et al. Enhancement of thermoelectric efficiency in triple quantum dots by the Dicke effect. Phys. Rev. B, 2013, 87: 075102.

[13] Gallagher B L, Galloway T, Beton P, et al. Observation of universal thermopower fluctuations. Phys. Rev. Lett., 1990, 64: 2058.

[14] Molenkamp L W, Van Houten H, Beenakker C W J, et al. Quantum oscillations in the transverse voltage of a channel in the nonlinear transport regime. Phys. Rev. Lett., 1990, 65: 1052.

[15] Molenkamp L W, Gravier T, Van Houten H, et al. Peltier coefficient and thermal conductance of a quantum point contact. Phys. Rev. Lett., 1992, 68: 3765.

[16] Liu J, Sun Q, Xie X C. Enhancement of the thermoelectric figure of merit in a quantum dot due to the Coulomb blockade effect. Phys. Rev. B, 2010, 81: 245323.

[17] Uchida K, Takahashi S, Harii K, et al. Observation of the spin Seebeck effect. Nature, 2008, 455: 778.

[18] Flipse J, Dejene F K, Wagenaar D, et al. Observation of the spin Peltier effect for magnetic insulators. Phys. Rev. Lett., 2014, 113: 027601.

[19] Boona S R, Myers R C, Heremans J P. Spin caloritronics. Energy & Environmental Science, 2014, 7: 885-910.

[20] Johnson M, Silsbee R H. Thermodynamic analysis of interfacial transport and of the thermomagnetoelectric system. Phys. Rev. B, 1987, 35: 4959.

[21] Wang Z C, Su G, Gao S. Spin-dependent thermal and electrical transport in a spin-valve system. Phys. Rev. B, 2001, 63: 224419.

[22] Hatami M, Bauer G E W, Zhang Q, et al. Thermoelectric effects in magnetic nanostructures. Phys. Rev. B, 2009, 79: 174426.

[23] Gravier L, Serrano-Guisan S, Reuse F, et al. Spin-dependent Peltier effect of perpendicular currents in multilayered nanowires. Phys. Rev. B, 2006, 73: 052410.

[24] Zhang Z, Jiang L, Wang R, et al. Thermoelectric-induced spin currents in single-molecule magnet tunnel junctions. Appl. Phys. Lett., 2010, 97: 242101.

[25] Wang R Q, Sheng L, Shen R, et al. Thermoelectric effect in single molecule magnet junctions. Phys. Rev. Lett., 2010, 105: 057202.

[26] Sun P, Wei B, Zhang J, et al. Large Seebeck effect by charge-mobility engineering. Nat. Commun., 2015, 6: 7475.

[27] Thomas L, Lionti F L, Ballou R, et al. Macroscopic quantum tunnelling of magnetization in a single crystal of nanomagnets. Nature, 1996, 383: 145.

[28] Timm C, Elste F. Spin amplification, reading, and writing in transport through anisotropic magnetic molecules. Phys. Rev. B, 2006, 73: 235304.

[29] Luo B, Liu J, Lü J T, et al. Ultrahigh spin thermopower and pure spin current in a single-molecule magnet. Sci. Rep.-UK, 2014, 4: 4128.

[30] Meir Y, Wingreen N S, Lee P A. Low-temperature transport through a quantum dot: The Anderson model out of equilibrium. Phys. Rev. Lett., 1993, 70: 2601.

[31] Luo H G, Ying J J, Wang S J. Equation of motion approach to the solution of the Anderson model. Phys. Rev. B, 1999, 59: 9710.

[32] Kostyrko T, Bulka B R. Hubbard operators approach to the transport in molecular junctions. Phys. Rev. B, 2005, 71: 235306.

[33] Niu P B, Zhang Y Y, Wang Q, et al. Quantum transport through anisotropic molecular magnets: Hubbard Green function approach. Phys. Lett. A, 2012, 376: 1481-1488.

[34] Śirkowicz R, Wilczyński M, Wawrzyniak M, et al. Kondo effect in quantum dots coupled to ferromagnetic leads with noncollinear magnetizations. Phys. Rev. B, 2006, 73: 193312.

[35] Heersche H B, De Groot Z, Folk J A, et al. Electron transport through single Mn_{12} molecular magnets. Phys. Rev. Lett., 2006, 96: 206801.

[36] Jo M H, Grose J E, Baheti K, et al. Signatures of molecular magnetism in single-molecule transport spectroscopy. Nano Lett., 2006, 6: 2014-2020.

第 7 章　大自旋系统中的温差电效应

第 6 章介绍了线性区的热电效应, 本章介绍非线性区的塞贝克效应, 着重讨论温度驱动的自旋塞贝克效应.

7.1　自旋塞贝克效应介绍

自旋塞贝克效应 [1−3] 指利用热偏压 (即温差) 来产生和控制自旋极化电流, 如图 7.1 所示. 这种效应是 Uchida 等于 2008 年在实验上首次发现的 [1], 如今已成为自旋电子学领域的一个研究热点.

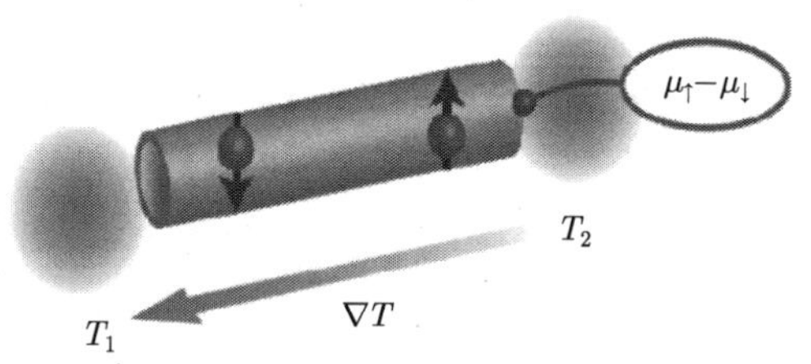

图 7.1　自旋塞贝克效应示意图

自旋塞贝克效应目前已在很多材料中被研究过, 如磁性金属材料, 半导体材料 [4,5], 绝缘体材料 [6−10] 等. 相比以电荷为载体的塞贝克效应, 以自旋为载体的塞贝克效应有其自身优点, 例如, 人们发现自旋极化输运结构不依赖于外加静电势, 因而能克服电荷输运结的一些限制; 在量子信息领域中, 以纯自旋流为基础的输运结在信息传递时耗散更小. 近来有研究发现在量子点输运结中, 由于自旋翻转效应, 自旋塞贝克系数能被显著增大 [11]. 电荷塞贝克效应的基本任务是寻求更大的电荷品质因子 $ZT_{\rm c}$ 来获得更高的热电荷转换效率. 电荷品质因子定义为 $ZT_{\rm c}=S_{\rm c}^2G_{\rm c}T/\kappa$, 其中 $S_{\rm c}$ 为电荷塞贝克系数, $G_{\rm c}$ 是电荷电导, κ 为热导率. 在自旋塞贝克效应中, 其基本任务也是寻求大于 1 或者是与电荷品质因子大小相当的自旋品质因子 $ZT_{\rm s}$, 来获得更高的热自旋转换效率. 自旋品质因子定义为 $ZT_{\rm s}=S_{\rm s}^2G_{\rm s}T/\kappa$, 其中 $S_{\rm s}$ 为自旋塞贝克系数, $G_{\rm s}$ 是自旋电导, T 为系统平衡时的温度. 从定义式我们可以看出: 要想获得大的自旋品质因子, 需要大的自旋塞贝克系数, 这也是实际应用所需求的.

另外, 由于单分子磁体可作为自旋电子学器件和量子信息中的磁存储器件, 其研究也备受关注 [12−16]. 在低温时, 如前面章节介绍, 利用其双稳特性, 单分子磁体输运结即使在连接金属电极时也可产生 100% 的自旋极化电流 [17−19], 这个特性使其非常合适作为一种自旋流产生器件或热–自旋转换器件.

基于这些研究, 本节介绍非线性响应区单分子磁体和强各向异性人工分子磁体的温差电效应. 首先介绍单分子磁体中的自旋塞贝克效应, 在大自旋近似下, 分子磁体被简化成了一个自旋相反双通道模型, 且具有库仑相互作用. 我们将看到此模型在温差驱动下也能产生自旋极化电流, 并且在电子–空穴对称点能产生温差驱动的纯自旋流. 这里先定义电流的自旋极化率 $p = (I_\uparrow - I_\downarrow)/(I_\uparrow + I_\downarrow)$. 自旋极化率为 100% 指的是只有自旋向上或向下电流 ($I_\uparrow = 0$ 或 $I_\downarrow = 0$), 而纯自旋流的产生意味着无穷大自旋极化率 ($I_\uparrow + I_\downarrow = 0$ 且 $I_\uparrow - I_\downarrow \neq 0$).

然后我们将介绍强各向异性模型中的塞贝克效应, 此模型是没有自旋极化的, 故而没有自旋极化电流或纯自旋流产生, 但仍然能产生温差驱动的电流, 且其铁磁态和反铁磁态的竞争导致正向电流和反向电流的叠加或抵消, 进而产生非线性电流效应. 在较大温差时, 温度偏压驱动的电流随分子轨道能级变化展现出台阶现象. 塞贝克系数在双通道时表现为反对称结构.

7.2 单分子磁体的自旋塞贝克效应

本节介绍分子磁体输运结中的自旋塞贝克效应. 我们仍然采用单分子磁体模型, 其与金属电极相连. 整个系统用哈密顿量描述如下 [20−22]:

$$\begin{aligned} H = & \sum_\sigma \varepsilon_0 d_\sigma^\dagger d_\sigma + U\hat{n}_\uparrow \hat{n}_\downarrow - J\boldsymbol{s}\cdot\boldsymbol{S} - K(S^Z)^2 \\ & + \sum_{k,\alpha,\sigma} \varepsilon_{k\alpha} c_{k\alpha\sigma}^\dagger c_{k\alpha\sigma} + \sum_{k,\alpha,\sigma} (t_{k\alpha} c_{k\alpha\sigma}^\dagger d_\sigma + H.c.). \end{aligned} \tag{7.1}$$

其中, 分子磁体的输运轨道被简化为单能级 ε_0, 其上电子与局域自旋 $\boldsymbol{S}$ 交换耦合, 因而总自旋算符为 $\boldsymbol{S}_{\text{tot}} = \boldsymbol{s} + \boldsymbol{S}$; $d_\sigma^\dagger\ (d_\sigma)$ 是电子产生 (湮灭) 算符, 其中 $\sigma =\uparrow,\downarrow$ 代表了电子自旋向上和向下; U 是库仑相互作用; J 是电子自旋 $\boldsymbol{s}$ 与局域大自旋 $\boldsymbol{S}$ 之间的交换耦合强度; K 是描述大自旋取向的各向异性参数, 因为其在哈密顿量中描述的是一个能量势垒, 此各向异性项在本节的讨论中起到关键作用 (我们将会用此做一个简化); $c_{k\alpha\sigma}^\dagger (c_{k\alpha\sigma})$ 是电极电子的产生 (湮灭) 算符, 其动量为 k, 自旋为 σ, 能量为 $\varepsilon_{k\alpha}$, 且 $\alpha =$L, R; 分子磁体的轨道电子与外加电极隧穿耦合,$t_{k\alpha}$ 描述隧穿概率幅.

为了计算流过系统的电流, 我们使用 Keldysh 非平衡格林函数方法 [23,24]. 自旋极化电流表示为

$$I_\sigma = \frac{e}{h}\int [f_{\rm L}(\omega) - f_{\rm R}(\omega)]\, T_\sigma(\omega) {\rm d}\omega. \tag{7.2}$$

其中, 隧穿函数 $T_\sigma(\omega) = -2\left[\Gamma_{\rm L}\Gamma_{\rm R}/(\Gamma_{\rm L}+\Gamma_{\rm R})\right]{\rm Im}G_\sigma^r(\omega)$. 为了简单起见, 我们考虑对称耦合的情况 $\Gamma_{\rm L}=\Gamma_{\rm R}=\Gamma=2\pi\left|t\right|^2\rho$, 其中 ρ 是宽带近似下的电极态密度常数. 在 (7.2) 式中 $f_\alpha(\omega)=\{\exp[(\omega-\mu_\alpha)/k_{\rm B}T_\alpha]+1\}^{-1}$ 是费米分布函数, 注意到其中不仅化学势是左右电极相关的 (μ_α), 温度 (T_α) 也是如此, 本节将以此讨论温度驱动的自旋相关电流. 偏压和温差可以如下表示 $\mu_\alpha=E_{\rm F}+eV_\alpha$ 和 $T_\alpha=T+\theta_\alpha$[25], 其中 $E_{\rm F}$ 是费米能级, T 表示背景温度, 在此背景温度基础上考虑左右电极的温差 θ_α. $G_\sigma^r(\omega)=\langle\langle d_\sigma\left|d_\sigma^\dagger\right.\rangle\rangle^r$ 如前, 是分子磁体输运轨道的格林函数, 其包含输运电子与电极、局域自旋的关联信息. 相应地, 电荷流和自旋流分别定义为 $I_{\rm c}=I_\uparrow+I_\downarrow$ 和 $I_{\rm s}=I_\uparrow-I_\downarrow$[17].

接下来我们介绍格林函数 $G_\sigma^r(\omega)$ 的计算, 计算方法仍然是态矢表象下的运动方程方法. 在开始计算之前, 我们仍要指出, 分子磁体是一个特殊的系统, 通常与局域大自旋 S 有关, 而这个大自旋不能用二次量子化语言表示 (参见前面章节介绍), 并且自旋角量子数在实际问题中通常远大于 1/2, 如 $S\geqslant 10$. 因此常用的二次量子化运动方程方法不适用, 我们采用本书着重讨论的态矢表象运动方程方法 [26,27]. 分子轨道能级的完备基如下: $\{|0\rangle,|\uparrow\rangle,|\downarrow\rangle,|2\rangle\}$, 因而电子算符表示如下 $d_\sigma=X^{0\sigma}+\delta_\sigma X^{\overline{\sigma}2}$, 其中 $\sigma=\uparrow(\downarrow)$ 时 $\delta_\sigma=+1(-1)$, 而 $\overline{\sigma}=-\sigma$. 相应的电子自旋算符表示为 $s^z=(X^{\uparrow\uparrow}-X^{\downarrow\downarrow})/2$,$s^+=X^{\uparrow\downarrow}$ 和 $s^-=X^{\downarrow\uparrow}$, 其中 $X^{ij}=|i\rangle\langle j|$ 以分子轨道基矢 $|i\rangle(|j\rangle)(i,j=0,\uparrow,\downarrow,2)$ 定义. 如前介绍, 局域大自旋算符表示为 $S^Z=\sum\limits_{m=-S}^{S}mY^{m,m}$, $S^+=\sum\limits_{m=-S}^{S}C_m^+Y^{m+1,m}$ 及 $S^-=\sum\limits_{m=-S}^{S}C_m^-Y^{m-1,m}$, 其中 S 是大自旋的角量子数, 局域自旋的基矢构成的算符为 $Y^{m,n}=|Sm\rangle\langle Sn|$, 其中 m,n 是局域自旋的磁量子数, 并且系数 $C_m^\pm=\sqrt{(S\pm m+1)(S\mp m)}$. 相应的, 推迟格林函数在态矢表象重新表示为 $G_\sigma^r(\omega)=\sum\limits_{m=-S}^{S}\langle\langle X^{0\sigma}Y^{m,m}\left|d_\sigma^\dagger\right.\rangle\rangle^r+\sum\limits_{m=-S}^{S}\delta_\sigma\langle\langle X^{\overline{\sigma}2}Y^{m,m}\left|d_\sigma^\dagger\right.\rangle\rangle^r$. 在用运动方程计算这些态矢格林函数之前, 我们先引入一个大自旋近似 [17−19], 从而能简化计算过程并讨论相应的物理内容. 从哈密顿量中可以看到, 分子磁体的各向异性项 (KS^2) 具有双稳特性, 局域自旋有两个能量相等的、处于势阱最低能量的双稳态 ($|\pm S\rangle$). 在低温时 ($k_{\rm B}T<KS^2$), 可以制备大自旋处于其中一个态上, 如 $m\geqslant 0$, 只要温度不高于势垒高度 $k_{\rm B}T<KS^2$, 局域自旋就会被限制在这个态上. 分子磁体的轨道电子占据数本征值为 n=0,1, 或 2. 当单占据时 ($n=1$), 并且局域自旋处于 $|S\rangle$ 态, 由于交换耦合, 只有自旋向上的电子能占据分子轨道, 进而双占据时, 由泡利不相容原理, 第二个电子只能是自旋向下电子. 因此, 在大自旋近似下, 分子轨道的完备基被简化为 $\{|0\rangle,|\uparrow\rangle,|2\rangle\}$, 从而哈密顿量在态矢表象下表述为

$$H=\sum_{k,\alpha,\sigma}\varepsilon_{k,\alpha}c_{k\alpha\sigma}^\dagger c_{k\alpha\sigma}+\sum_{k,\alpha}\left[t_{k\alpha}c_{k\alpha\uparrow}^\dagger\left(X^{0\uparrow}+X^{\downarrow 2}\right)+H.c.\right]$$

$$+\sum_{k,\alpha}\left[t_{k\alpha}c_{k\alpha\downarrow}^{\dagger}\left(-X^{\uparrow 2}\right)+H.c.\right]+\varepsilon_0 X^{\uparrow\uparrow}+(2\varepsilon_0+U)X^{22}$$
$$-\frac{JS}{2}X^{\uparrow\uparrow}Y^{SS}-KS^2Y^{SS}, \tag{7.3}$$

相应地, 我们需要计算的态矢格林函数变为 $G_{\uparrow}^{r}(\omega)=\langle\langle X^{0\uparrow}Y^{SS}|d_{\uparrow}^{+}\rangle\rangle^{r}$ 和 $G_{\downarrow}^{r}(\omega)=\langle\langle(-X^{\uparrow 2})Y^{SS}|d_{\downarrow}^{+}\rangle\rangle^{r}$. 对其使用标准的格林函数运动方程 $\omega\langle\langle A|B\rangle\rangle^{r}=\langle\{A,B\}\rangle+\langle\langle[A,H]\,|B\rangle\rangle^{r}$, 例如第一个格林函数 $\langle\langle X^{0\uparrow}Y^{SS}|d_{\uparrow}^{+}\rangle\rangle^{r}$, 结果如下:

$$\begin{aligned}\left(\omega-\varepsilon_0+\frac{JS}{2}\right)\langle\langle X^{0\uparrow}Y^{SS}\left|d_{\uparrow}^{+}\right.\rangle\rangle^{r}=&\langle X^{00}Y^{SS}\rangle+\langle X^{\uparrow\uparrow}Y^{SS}\rangle\\&+\sum_{k\alpha}t_{k\alpha}^{*}\langle\langle(X^{00}+X^{\uparrow\uparrow})c_{k\alpha\uparrow}Y^{SS}\left|d_{\uparrow}^{+}\right.\rangle\rangle^{r}\\&+\sum_{k\alpha}t_{k\alpha}\langle\langle c_{k\alpha\downarrow}^{+}X^{02}Y^{SS}\left|d_{\uparrow}^{+}\right.\rangle\rangle^{r},\end{aligned}\tag{7.4}$$

上式中平均值 $\langle X^{\uparrow\uparrow}Y^{SS}\rangle$ 可以用涨落耗散定理计算 [28−30]:

$$\langle AB\rangle=-\frac{1}{\pi}\int\mathrm{d}\omega\frac{f_{\mathrm{L}}(\omega)\,\Gamma_{\mathrm{L}}+f_{\mathrm{R}}(\omega)\,\Gamma_{\mathrm{R}}}{\Gamma_{\mathrm{L}}+\Gamma_{\mathrm{R}}}\mathrm{Im}\langle\langle B\,|A\rangle\rangle^{r}, \tag{7.5}$$

即 $\langle X^{\uparrow\uparrow}Y^{SS}\rangle=-(1/\pi)\int\mathrm{d}\omega\overline{f}(\omega)\mathrm{Im}\langle\langle X^{0\uparrow}Y^{SS}|d_{\uparrow}^{+}\rangle\rangle^{r}$, 其中为了书写简洁定义 $\overline{f}(\omega)=[f_{\mathrm{L}}(\omega)\,\Gamma_{\mathrm{L}}+f_{\mathrm{R}}(\omega)\,\Gamma_{\mathrm{R}}]/(\Gamma_{\mathrm{L}}+\Gamma_{\mathrm{R}})$. 在计算第二个格林函数 $\langle\langle(-X^{\uparrow 2})Y^{SS}|d_{\uparrow}^{+}\rangle\rangle^{r}$ 后会出现平均值 $\langle X^{22}Y^{SS}\rangle$, 其计算同样用上式涨落耗散定理. 而对于平均值 $\langle X^{00}Y^{SS}\rangle$, 其计算则需用到完备基关系 $\langle X^{00}Y^{SS}\rangle=1-\langle X^{\uparrow\uparrow}Y^{SS}\rangle-\langle X^{22}Y^{SS}\rangle$. 为了记法上的简便, 我们定义 $P_{0S}=\langle X^{00}Y^{SS}\rangle$,$P_{\uparrow S}=\langle X^{\uparrow\uparrow}Y^{SS}\rangle$ 以及 $P_{2S}=\langle X^{22}Y^{SS}\rangle$, 从下文数值计算中将会看到其有态占据概率的物理意义.

为了封闭运动方程, 我们需要一个合理的近似. 在本节我们考虑顺序隧穿区的塞贝克效应, 因而采用二阶截断近似 [30], 经验证明此近似能很好地捕捉单粒子输运物理. 在使用此近似后, (7.4) 式中高阶格林函数 $\langle\langle(X^{00}+X^{\uparrow\uparrow})c_{k\alpha\uparrow}Y^{SS}|d_{\uparrow}^{+}\rangle\rangle^{r}$ 被截断为

$$(\omega-\varepsilon_{k\alpha})\,\langle\langle(X^{00}+X^{\uparrow\uparrow})c_{k\alpha\uparrow}Y^{SS}|d_{\uparrow}^{+}\rangle\rangle^{r}=t_{k\alpha}\langle\langle X^{0\uparrow}Y^{SS}|d_{\uparrow}^{+}\rangle\rangle^{r}, \tag{7.6}$$

而 (7.4) 式中另一项高阶格林函数近似为零. 因而运动方程封闭, 得到推迟格林函数如下:

$$\langle\langle X^{0\uparrow}Y^{SS}|d_{\uparrow}^{+}\rangle\rangle^{r}=\frac{P_{0S}+P_{\uparrow S}}{\omega-\varepsilon_0+\dfrac{JS}{2}-\Sigma_0}, \tag{7.7}$$

及

$$\langle\langle(-X^{\uparrow 2})Y^{SS}|d_{\downarrow}^{+}\rangle\rangle^{r}=\frac{P_{\uparrow S}+P_{2S}}{\omega-\varepsilon_0-U-\dfrac{JS}{2}-\Sigma_0}, \tag{7.8}$$

其中, 自能 Σ_0 为顺序隧穿区自能 (除了顺序区自能, 还有近藤自能, 参考第 4 章介绍), 定义为 $\Sigma_0=\sum_{k\alpha}|t_{k\alpha}|^2/(\omega-\varepsilon_{k\alpha}+\mathrm{i}0^+)=-\mathrm{i}(\Gamma_\mathrm{L}+\Gamma_\mathrm{R})/2$. 此处 (7.7) 式和 (7.8) 式的推迟格林函数为本节的核心结果, 下文我们将以此进行数值讨论.

如前面所述, 采用大自旋近似后, 在低温情形下, 局域自旋的取向被固定, 通过交换耦合输运轨道单占据电子的取向也被固定, 进而双占据电子只能取自旋相反构型. 这种利用分子磁体的局域自旋调控输运电子的自旋取向是量子点模型所不具有的特点. 在量子点中, 单占据电子的自旋取向可以是向上, 也可以是向下, 其输运通道 ε_0 和 ε_0+U 都是自旋不可分辨的 [25,31]. 回到分子磁体模型, 在大自旋近似下, 输运只在最低能量的三个态之间发生 $|0,S\rangle$, $|\uparrow,S\rangle$ 和 $|2,S\rangle$. 相应的能量为: $\varepsilon_{0S}=-KS^2$, $\varepsilon_{\uparrow S}=\varepsilon_0-JS/2-KS^2$ 及 $\varepsilon_{2S}=2\varepsilon_0+U-KS^2$. 为了与通常量子点对比理解, 我们称能级差 $\varepsilon_{\uparrow S}-\varepsilon_{0S}=\varepsilon_0-JS/2$ 为自旋向上通道, 当电子通过此通道时, 输运在量子态 $|0,S\rangle\leftrightarrow|\uparrow,S\rangle$ 之间发生; 相应的, 能级差 $\varepsilon_{2S}-\varepsilon_{\uparrow S}=\varepsilon_0+U+JS/2$ 为自旋向下通道, 电子输运时, 在量子态 $|2,S\rangle\leftrightarrow|\uparrow,S\rangle$ 之间发生. 读者注意这两个通道通过的电子有自旋相反构型, 这种构型在我们接下来的数值讨论中很重要.

现在介绍数值结果. 如上所述, 当低温时 ($k_\mathrm{B}T<KS^2$), 因为各向异性势垒的存在, 初态时处在 $m\geqslant 0$ 的大自旋会被限制在双阱中的右边 [17−19]. 我们使用这个模型来讨论分子磁体中自旋相关的热致电流等输运性质.

我们考虑左电极加温后的热输运效应, 如图 7.2 所示. 其中 $\theta_\mathrm{L}>0$, $\theta_\mathrm{R}=0$, 因而温差 $\theta=\theta_\mathrm{L}-\theta_\mathrm{R}>0$. 对于 $\theta_\mathrm{L}=0$, $\theta_\mathrm{R}>0$, 则 $\theta<0$. 其他参数则选取为 $\varepsilon_0=-0.5\mathrm{meV}$, $U=5\mathrm{meV}$, $\Gamma=0.01\mathrm{meV}$. 图 7.2 中给出了态占据率以及自旋相关电流随温差的变化图. 当 $k_\mathrm{B}\theta=0\mathrm{meV}$, 即左右电极没有温差, 可以观察到 $P_{\uparrow S}=1$ 并且 $P_{0S}=P_{2S}=0$. 这表示有一个自旋向上电子占据分子磁体输运轨道并且没有电子输运发生, 即电流为 0. 这个结论可以从图 7.2(b) 和 (c) 中 $k_\mathrm{B}\theta=0\mathrm{meV}$ 处得到验证. 当增大 θ, 即开始增大左右电极温差, 可看到 P_{0S} 和 P_{2S} 单调增加而 $P_{\uparrow S}$ 减小. 这首先说明所有态的占据率都已不为零, 即所有态已经参与到输运中, 也进一步有如下结论: 自旋向上通道和自旋向下通道都有热致电流通过其中. 并且从图 7.2(b) 中可以看出自旋向上或向下电流的流动方向: 自旋向上电流从右电极流到左边, 即从冷端流到热端, 电流为负值 (因规定正方向为从左到右); 自旋向下电流的流动方向是从左至右, 电流为正值. 这是因为左电极的加温使得左电极中的部分电子激发到了费米面之上, 从而这部分电子可以通过分子磁体隧穿到右电极 (此时自旋向下通道在费米面上方, 并且右电极是冷端, 费米面之上几乎没有电子占据空位), 从而产生正向自旋向下电流. 同时, 左电极的升温使得左电极费米面下方产生了空穴 (电子空位), 右电极的电子可以通过自旋向下通道隧穿到左电极, 占据这些空位, 从而产生负值自旋向上电流. 在图 7.2(b) 中可以观察到自旋向上电流和自旋向下

电流的不对称, 这当然是因为参数的选择导致自旋向上通道和自旋向下通道关于费米面不对称. 这种不对称可在图 7.2(c) 中更明显地看出: 电荷流 I_c 先减小, 到达一个最低点, 然后增加, 直至为零. 电荷流的这种非线性行为可以如下解释. 在电流公式中, 容易证明, 在有温差没有偏压情况下 $f_L(\omega) - f_R(\omega)$ 是一个奇函数. 而隧穿函数 $T_\sigma(\omega)$ 的峰值位置则反映的是通道位置 (激发谱). 这二者共同决定了自旋相关电流. 对于 $\varepsilon_0 = -0.5$meV, 自旋向上 (向下) 通道位于费米面之下 (之上), 但向上通道此时的位置更靠近于费米面. 当左电极被升温, 从右到左的粒子数密度大于从左到右的, 因而产生较大的自旋向上电流. 当继续升温, 左电极更多电子被激发于费米面之上, 从而有更多电子发生从左到右的隧穿. 当然, 此从左到右电流为自旋向下电流, 因而在温差足够大时两种自旋电流能大小相等, 方向相反, 从而使电荷流趋于零. 从这里的分析可以看出电荷量、自旋相关电流的不对称性及非线性是由两个通道的相对位置和相互竞争决定的. 如果只剩一个通道, 这种行为都将消失. 这种量子模型和一个经典模型很类似, 两个含有等温冷空气的箱子, 被一高一低两根管道相连, 当左边箱子被加热, 两个箱子间的空气总流通量同样会有非线性行为.

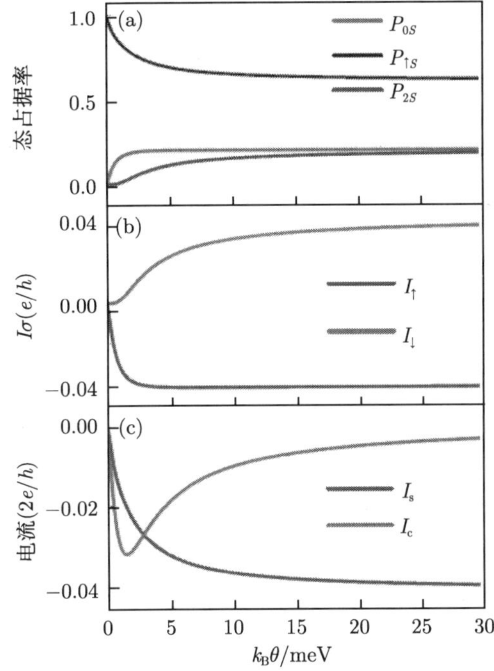

图 7.2 (a) 态占据率, (b) 自旋极化电流 $I_{\uparrow(\downarrow)}$, 以及 (c) 自旋流 I_s 和电荷流 I_c 随温差的变化图. 参数选取如下 $\varepsilon_0 = -0.5, U = 5, J = 0.1, \Gamma = 0.01$. 背景温度选为 $k_BT = 0.05$. 能量单位为毫电子伏 (meV) (扫描封底二维码可看彩图)

图 7.2 中我们看到因为参数的选择, 使得自旋向上和自旋向下通道关于费米面不对称, 进而导致自旋向上电流和向下电流大小不等, 并且在极限情形 (温差足够大时) 下, 可观察到电荷流趋近于零且自旋流不等于零 ($I_{\rm s} \neq 0$), 这提示我们可以选择适当参数, 使得自旋向上通道和自旋向下通道关于费米面对称, 从而在温差足够小也可能出现纯自旋流. 图 7.3 给出了两个自旋通道关于费米面对称时的情形, 即满足电子–空穴对称性 ($2\varepsilon_0 + U = 0$) 时的态占据率和电流关于温差的演化图. 图 7.3(a) 中态占据率的变化和图 7.2(a) 类似, 表明自旋向上通道和自旋向下通道都已参与到输运中. 不同的是, 在电子–空穴对称性下, 从图 7.3(b) 中可以看到自旋极化电流 $I_\uparrow$ 和 $I_\downarrow$ 是关于费米面对称的. 更有趣的是, 在图 7.3(c) 中可以观察到温差产生的纯自旋流 ($I_{\rm c} = 0$ 且 $I_{\rm s} \neq 0$) . 这个特点是明显区别于量子点模型的 [25], 在量子点模型中, 自旋相关电流总是为零, 因为模型是自旋不可分辨的. 如图 7.2 中的讨论, 这些结果同样是源于左右流动的电流之间的竞争, 这些竞争导致电流的非线性及纯自旋流的产生.

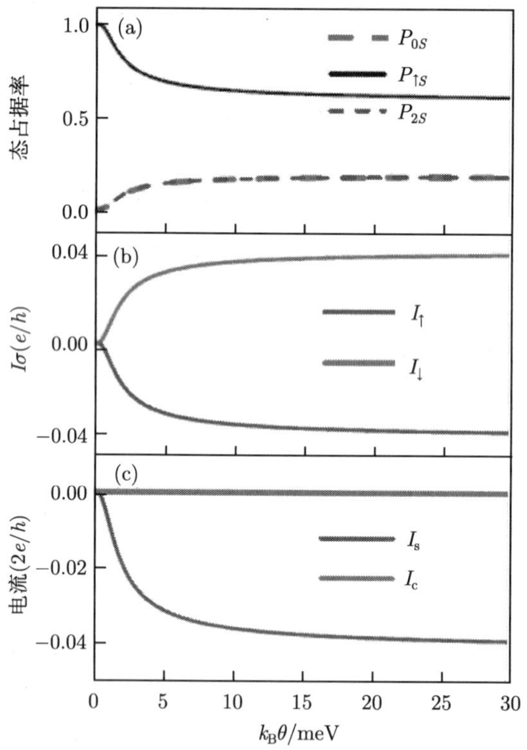

图 7.3　(a) 态占据率, (b) 自旋极化电流 $I_{\uparrow(\downarrow)}$, 以及 (c) 自旋流 $I_{\rm s}$ 和电荷流 $I_{\rm c}$ 随温差的变化图. 参数选取如下 $\varepsilon_0 = -2.5, U = 5$, $J = 0.1, \varGamma = 0.01$. 背景温度选为 $k_{\rm B}T = 0.05$. 能量单位为 meV (扫描封底二维码可看彩图)

7.3 强各向异性模型的温差电效应

如前所述, 塞贝克效应是指温差产生电压、电流的现象. 人们发现在半导体和金属中都可以实现塞贝克效应. 随着纳米科学的进步及器件的小型化, 器件产生的热量成了越来越突出的问题, 而且塞贝克效应可以直接把热能转换为电能, 为清洁能源的产生提供了一个关键途径. 近来, 人们开始研究量子体系中的塞贝克效应 [7,32−36], 且其已成为一个新近研究热点, 例如, 在分子隧穿结中研究塞贝克效应 [32], 外加铁磁电极产生磁致塞贝克效应 [34], 可以用于制作热传感器 [35], 也可以用温差产生自旋流 [7].

作为一类特殊的磁性分子, 分子磁体 [17,19,37,38] 由于其特殊的大自旋及双稳特性, 可产生自旋塞贝克效应 [17,19,37] 和较高的热电转换效率 [38]. 另外, 人们已在理论和实验上实现了分子磁体的人工对应物, 称为人工分子磁体 [39−42]. 人工分子磁体较于分子磁体有一些优点, 例如, 因为其是人工合成, 制备和实验调控更方便, 可用电学或磁学方法改变其大自旋所处势阱等参数, 进而调控其热电特性.

鉴于这些研究进展, 本节介绍强各向异性极限下人工分子磁体连接金属电极的塞贝克效应 [43], 研究人工分子磁体两端的温差导致的电流效应. 研究发现, 人工分子磁体中可以产生温差电流, 且其铁磁态和反铁磁态对电流有很大影响, 会产生位于费米面上方的正向电流和位于费米面下方的反向电流. 铁磁态和反铁磁态的竞争以及反铁磁态内部的竞争导致正向电流和反向电流的叠加或抵消, 进而产生非线性电流效应. 温差电流随分子轨道能级变化展现出台阶现象. 塞贝克系数在双通道时表现为反对称结构.

模型和理论方法仍然采用前文介绍的人工分子磁体和态矢格林函数方法, 但考虑非线性响应区的温差电效应时, 电极费米分布函数会有所不同, 具体介绍如下.

考虑人工分子磁体 [39] 连接外加金属电极, 其哈密顿量为 $H = H_{\text{Leads}} + H_{\text{T}} + H_{\text{ASMM}}$. 其中第一项 $H_{\text{Leads}} = \sum\limits_{k\alpha\sigma} \varepsilon_{k\alpha} c^{\dagger}_{k\alpha\sigma} c_{k\alpha\sigma}$ 描述电极电子; 第二项描述电极与人工分子磁体之间的隧穿: $H_{\text{T}} = \sum\limits_{k\alpha\sigma} (t_{k\alpha} c^{\dagger}_{k\alpha\sigma} d_{\sigma} + H.c.)$; 第三项描述人工分子磁体哈密顿量:

$$H_{\text{ASMM}} = \sum_{\sigma} \varepsilon_0 d^{+}_{\sigma} d_{\sigma} + U n_{\uparrow} n_{\downarrow} + J S_Z S_Z + \frac{\gamma J}{2}(S_+ S_- + S_- S_+). \tag{7.9}$$

这里 ε_0 描述分子轨道能级,U 描述轨道电子双占据时的库仑排斥能.$S_{Z,\pm}$ 为电子自旋算符,$S_{Z,\pm}$ 为大自旋算符, 二者之间的耦合是各向异性的, 用 γ 描述. 为了简化问题, 本文讨论一种特殊情形,$\gamma = 0$ 且库仑作用 $U \to \infty$ (即只允许电子单占据). 相应的本征态和本征值为:$H_{\text{ASMM}}|\lambda, m\rangle = E_{\lambda m}|\lambda, m\rangle$, 其中 $\lambda = 0, \uparrow, \downarrow$, $m \in [-S, S]$,S

为大自旋角量子数, $E_{0m}=0$, $E_{0m}=\varepsilon_0+\delta_\sigma Jm/2$, 这里当 $\sigma=\uparrow(\downarrow)$ 时 $\delta_\sigma=1(-1)$.

为了处理大自旋, 我们把 (7.9) 式写成 Hubbard 算符形式 [26,27]. 在此表象下, $d_\sigma=X^{0\sigma}, s_z=(X^{\uparrow\uparrow}-X^{\downarrow\downarrow})/2, S_z=\sum\limits_m mY^{m,m}$, 此处 $Y^{m,m}=|Sm\rangle\langle Sm|$. 相应地, H_{T} 和 H_{ASMM} 写成

$$H_{\mathrm{T}}=\sum_{k\alpha\sigma}(t_{k\alpha}c_{k\alpha\sigma}^{\dagger}X^{0\sigma}+H.c.), \tag{7.10}$$

$$H_{\mathrm{ASMM}}=\varepsilon_0(X^{\uparrow\uparrow}+X^{\downarrow\downarrow})+\frac{J}{2}\sum_{m=-S}^{S}m(X^{\uparrow\uparrow}-X^{\downarrow\downarrow})Y^{m,m}, \tag{7.11}$$

同时, 为了计算电流 [23,44], 我们采用格林函数方法, 相应电流公式为

$$I=\frac{e}{h}\sum_{\sigma}\int\left[f_{\mathrm{L}}(\omega)-f_{\mathrm{R}}(\omega)\right]T_\sigma(\omega)\mathrm{d}\omega. \tag{7.12}$$

其中, $f_{\alpha=\mathrm{L,R}}(\omega)=1/\left[1+\exp(\omega/k_{\mathrm{B}}T_\alpha)\right]$ 是费米分布函数, 左右电极的温差 [25] 表示为 $T_{\mathrm{L}}=\theta+T_{\mathrm{R}}$, T_{R} 为参考温度, θ 为温差. $T_\sigma(\omega)=-\Gamma\mathrm{Im}G_\sigma^r(\omega)$ 是隧穿函数, Γ 是电极电子态密度的宽带近似常数. $G_\sigma^r(\omega)=\langle\langle d_\sigma|d_\sigma^\dagger\rangle\rangle^r$ 是推迟格林函数 $G_\sigma^r(t)=-\mathrm{i}\theta(t)\langle\{d_\sigma(t),d_\sigma^\dagger(0)\}\rangle$ 的傅里叶变换对应. 同样, 为了处理大自旋, 推迟格林函数在 Hubbard 算符表象下表示为 $G_\sigma^r(\omega)=\sum\limits_m\langle\langle X^{0\sigma}Y^{m,m}|d_\sigma^+\rangle\rangle^r$.

接下来我们用运动方程方法计算推迟格林函数, 首先计算 $\langle\langle X^{0\sigma}Y^{m,m}|d_\sigma^+\rangle\rangle^r$ 的运动方程, 结果为

$$\begin{aligned}\left(\omega-\varepsilon_0-\delta_\sigma\frac{J}{2}m\right)\langle\langle X^{0\sigma}Y^{m,m}\left|d_\sigma^+\right\rangle\rangle^r=&P_{0m}+P_{\sigma m}\\&+\sum_{k\alpha}t_{k\alpha}^*\langle\langle(X^{00}+X^{\sigma\sigma})c_{k\alpha\sigma}Y^{m,m}\left|d_\sigma^+\right\rangle\rangle^r\\&+\sum_{k\alpha}t_{k\alpha}^*\langle\langle X^{\bar\sigma\sigma}c_{k\alpha\bar\sigma}Y^{m,m}\left|d_\sigma^+\right\rangle\rangle^r.\end{aligned} \tag{7.13}$$

其中, $\delta_\sigma=\pm1(\sigma=\uparrow,\downarrow)$, 统计平均值 $P_{0m}=\langle X^{00}Y^{m,m}\rangle$ 和 $P_{\sigma m}=\langle X^{\sigma\sigma}Y^{m,m}\rangle$ 的物理意义是态的占据概率. 在单电子隧穿近似下, 上式截断为

$$\left(\omega-\varepsilon_0-\delta_\sigma\frac{J}{2}m-\varSigma_0\right)\langle\langle X^{0\sigma}Y^{m,m}\left|d_\sigma^+\right\rangle\rangle^r=P_{0m}+P_{\sigma m}. \tag{7.14}$$

其中, 自能 $\varSigma_0=\sum\limits_{k\alpha}|t_{k\alpha}|^2/(\omega-\varepsilon_{k\alpha}+\mathrm{i}0^+)=-\mathrm{i}\Gamma$. 把 (7.14) 式代入推迟格林函数中, 容易得到

$$G_\sigma^r(\omega)=\sum_{m=-S}^{S}\frac{P_{0m}+P_{\sigma m}}{\omega-\varepsilon_0-\delta_\sigma\frac{J}{2}m-\varSigma_0}. \tag{7.15}$$

上式推迟格林函数的计算结果与前面章节的结果一致[26,45]. 把 (7.15) 式代入 (7.12) 式中, 并在弱耦合近似下, $\int f(\omega)\,\mathrm{Im}\,[1/(\omega - a + \mathrm{i}\Gamma)]\,\mathrm{d}\omega \overset{\Gamma\to 0}{=} -\pi f(a)$, 电流公式可进一步表示为

$$I = \frac{e\Gamma}{2\hbar}\sum_{\sigma}\sum_{m=-S}^{S}(P_{0m} + P_{\sigma m})\left[f_{\mathrm{L}}\left(\varepsilon_0 + \delta_\sigma \frac{J}{2}m\right) - f_{\mathrm{R}}\left(\varepsilon_0 + \delta_\sigma \frac{J}{2}m\right)\right]. \quad (7.16)$$

此式是下文数值讨论的主要出发点. 同时, 为了讨论人工分子磁体的温差电效应特性, 给出塞贝克系数[31]:

$$S = \frac{\Delta V}{\Delta T} = -\frac{1}{eT}\sum_{\sigma}\frac{\int \omega f'(\omega) T_\sigma(\omega)\mathrm{d}\omega}{\int f'(\omega) T_\sigma(\omega)\mathrm{d}\omega} \quad (7.17)$$

接下来我们介绍数值结果. 在数值讨论中我们取右电极参考温度为 $T_{\mathrm{R}} = 0.01\mathrm{K}$, 左电极 $T_{\mathrm{L}} = \theta + T_{\mathrm{R}}$. 人工分子磁体的自旋分别取 $S = 1/2$ 和 $S = 3/2$.

我们首先讨论 $S = 1/2$ 情形. 图 7.4 给出人工分子磁体本征态的占据概率和电流随温差 θ 的变化图. 参数为 $J = 1.2$, $\varepsilon_0 = -1, 0, 1$. $S = 1/2$ 时人工分子磁体的单占据本征态为反铁磁态 $|\uparrow, -1/2\rangle$ ($|\downarrow, 1/2\rangle$ 与其简并) 和铁磁态 $|\uparrow, 1/2\rangle$ (及其简并态 $|\downarrow, -1/2\rangle$). 图 7.4(a) 中, 当 $\varepsilon_0 = -1$, 所有的铁磁和反铁磁通道 (指单占据本征能量与空占据本征能量之差) 都在费米面 ($E = 0$) 下方; 当 $\theta = 0$, 即左右电极无温差, 从图中可观察到 $P_{|0,\pm 1/2\rangle} = 0$, $P_{|\uparrow,1/2\rangle} = 0$, $P_{|\uparrow,1/2\rangle} = 0.5$, 这是因为电极两端无温差进而无电流, 人工分子磁体中单占据一个电子在低能态 (反铁磁态). 随着左电极温度升高, 左电极部分电子被激发到费米面之上, 留下空穴, 右电极电子通过分子磁体流动到左电极, 产生一个费米面下方的反向电流 (方向从右到左), 见图 7.4(d) 中 $\varepsilon_0 = -1$ 曲线. 同时可以观察到在温差较大时, 铁磁态和反铁磁态都参与到输运中, 且对电流的贡献一样大. 同理, 当 $\varepsilon_0 = 1$ 时, 所有通道都在费米面之上, 随着温差增大, 激发电子可以通过通道产生从左到右的正向电流, 见图 7.4(d) 中 $\varepsilon_0 = 1$ 曲线. 当 $\varepsilon_0 = 0$ 时, 铁磁通道和反铁磁通道关于费米面对称分布, 铁磁通道在费米面上方, 反铁磁通道在费米面下方. 在图 7.4(c) 中观察到随着温度的增大, 两个通道都参与到输运中, 但占据率不同, 反铁磁通道占据率明显高于铁磁通道. 这说明此时既有正向电流, 也有反向电流, 二者有一部分相互抵消, 所以图 7.4(d) 中 $\varepsilon_0 = 0$ 对应电流较小, 且是负电流. 这个结果明显不同于通常量子点[23], ε_0 和 $\varepsilon_0 + U$ 两个通道关于费米面对称时产生的正向电流、反向电流相互抵消, 电流为 0. 图 7.4 中通道之间竞争产生的正向电流、反向电流的叠加效应是非线性的, 此特点从概率图和电流图中可看出, 且我们得到结论铁磁通道竞争力小于反铁磁通道, 因为电子输运中趋向于处于低能态.

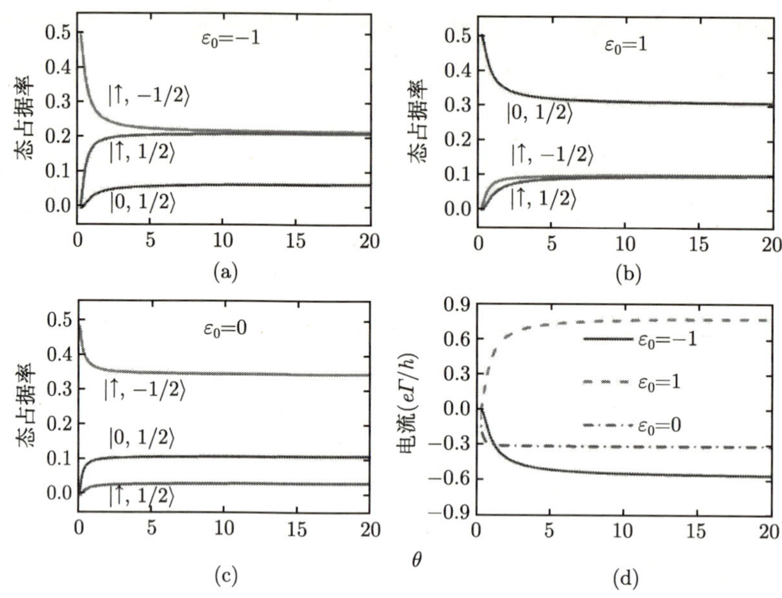

图 7.4　分子磁体自旋 $S = 1/2$ 时 (a)~(c) 不同能级位置下的态占据率以及 (d) 电流随温差的变化图

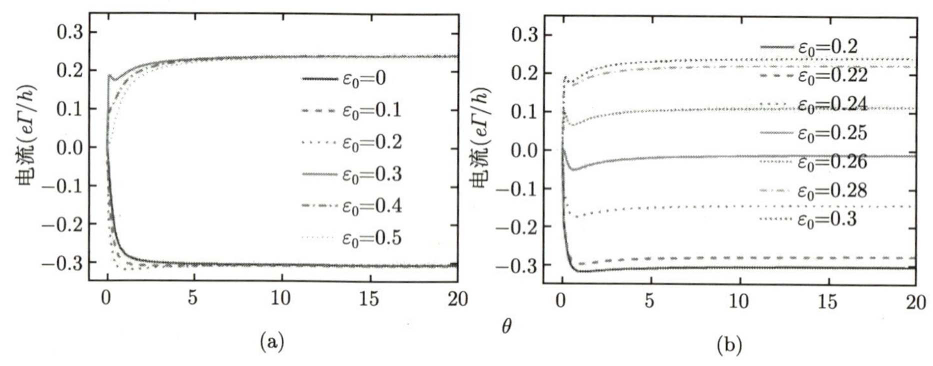

图 7.5　分子磁体自旋 $S = 3/2$ 时不同 ε_0 下电流随温差变化图 (扫描封底二维码可看彩图)

为了进一步验证通道之间竞争导致的正向流、反向流叠加产生的非线性电流效应, 我们讨论 $S = 3/2$ 情形, 此时有两条反铁磁通道, $|\uparrow, -3/2\rangle$ 和 $|\uparrow, -1/2\rangle$. 从图 7.4 分析中我们预期这两条通道之间的竞争可导致非线性温差电流. 图 7.5 给出了电流随温差 θ 的变化图, 参数为 $J = 1$, 讨论不同 ε_0 对电流的影响. 图 7.5(a) 中 $\varepsilon_0 = 0, 0.1, 0.2$, 时两条反铁磁通道都位于费米面下方, 因为反铁磁通道竞争力远大于铁磁通道, 此时产生的电流以反向电流为主. 当 $\varepsilon_0 > 0.3$ 时, 此时有一条反铁磁通道已位于费米面上方, 可以观察到图 7.5(a) 中电流发生了明显突变, 从负电

流变成了正电流, 并且 $\varepsilon_0 = 0.3$ 对应的电流曲线展现非线性效应. 为了更仔细观察电流突变点附近行为, 我们在图 7.5(b) 中给出 $0.2 < \varepsilon_0 < 0.3$ 的变化图, 可以看到 $\varepsilon_0 = 0.255$ 附近为电流突变点, 即此点附近正向电流和反向电流持平, 电流几乎为 0.

以上讨论的是电流等物理量随温差的变化, 接下来我们讨论给定温差的条件下, 电流等物理量随分子轨道能级的变化. 图 7.6(a)~(c) 讨论的是给定大温差的条件下态占据率和温差电流随分子轨道能级的变化图, 而图 7.6(d) 给出的是小温差下塞贝克系数随轨道能级的变化图. 图 7.6(a)、(b) 中的参数为 $S = 1/2$, $\theta = 20$, $J = 1.2$, 观察到图 7.4、图 7.5 中在温差很大时态占据率和电流变化趋于稳定, 所以此处分析大温差下电流随轨道能级的变化. 在 $S = 1/2$ 时有两条通道参与输运 (铁磁通道 $\varepsilon_0 + J/4$ 和反铁磁通道 $\varepsilon_0 - J/4$), 当它们都在费米面下方时 ($\varepsilon_0 < -0.3$), 铁磁通道和反铁磁通道同时贡献反向电流, 且态占据率相等, 见图 7.6(a)、(b) 中 $\varepsilon_0 < -0.3$ 区域, 这正是大温差下的特点, 大温差抹平了费米面下方铁磁和反铁磁通道之间的概率不平衡. 在 $-0.3 < \varepsilon_0 < 0.3$ 区域, 两通道都参与输运, 但大温差下费米面下方电子数量仍大于费米面上方, 所以反铁磁通道贡献的反向电流幅度大

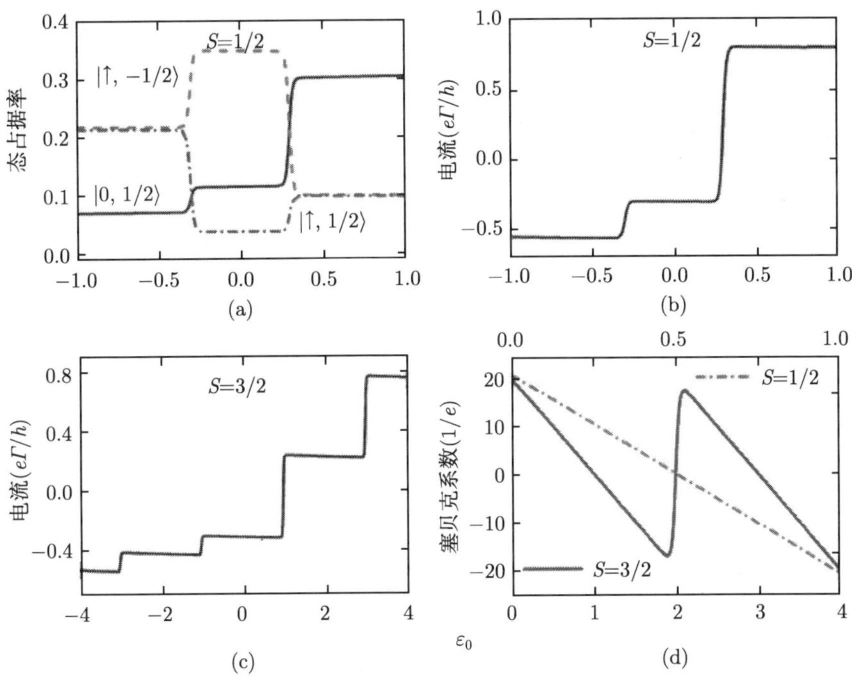

图 7.6 (a)、(b) $S = 1/2$ 时态占据率和温差电流随分子轨道能级变化图; (c) $S = 3/2$ 时温差电流随分子轨道能级变化图; (d) 塞贝克系数随分子轨道能级变化图

于铁磁通道贡献的正向电流, 电流仍为负, 此结论同样可从 7.6(a)、(b) 中读出. 在 $\varepsilon_0 > 0.3$ 区域, 分析和 $\varepsilon_0 < -0.3$ 区域类似, 此时温差电流为正向. 在 $S = 3/2$ 时可以预期温差电流仍会出现台阶现象, 同时台阶数量会增多. 图 7.6(c) 中的参数为 $\theta = 20$, $J = 4$, 此时参与输运的通道有四条, 故而随着轨道能级变化出现四个台阶. 图 7.6(d) 给出塞贝克系数随分子轨道能级变化图, 参数为 $S = 1/2$ 时, $J = 2$; $S = 3/2$ 时, $J = 4$, 图 7.6(d) 中右侧和上方坐标轴对应 $S = 1/2$. 观察到 $S = 1/2$ 时塞贝克系数是线性的, $S = 3/2$ 是反对称的, 这是因为在线性响应区 $S = 1/2$ 时只有一条通道参与输运 (反铁磁通道), 而 $S = 3/2$ 时有两条通道参与输运 (仍为两条反铁磁通道). 这个结果与量子点模型一致, 当 $U = \infty$ 时只有一条通道 (ε_0) 参与输运, 塞贝克系数是线性的; 当 U 有限时, 两条通道 (ε_0 和 $\varepsilon_0 + U$) 都参与输运, 塞贝克系数是反对称的. 这种反对称仍然源于正向、反向电流的竞争.

7.4 本章小结

本章介绍了单分子磁体和强各向异性人工分子磁体在非线性响应区的塞贝克效应. 在单分子磁体模型中, 由于用了大自旋近似, 系统能产生温差驱动的自旋极化电流以及纯自旋流. 而在强各向异性人工分子磁体中, 正向电流和反向电流的叠加或抵消会产生非线性电流效应, 并且在较大温差时, 温度偏压驱动的电流随分子轨道能级变化展现出台阶现象.

参考文献

[1] Uchida K, Takahashi S, Harii K, et al. Observation of the spin Seebeck effect. Nature, 2008, 455: 778.

[2] Ren J, Zhu J X. Theory of asymmetric and negative differential magnon tunneling under temperature bias: Towards a spin Seebeck diode and transistor. Phys. Rev. B, 2013, 88: 094427.

[3] Ren J, Fransson J, Zhu J X. Nanoscale spin Seebeck rectifier: Controlling thermal spin transport across insulating magnetic junctions with localized spin. Phys. Rev. B, 2014, 89: 214407.

[4] Jaworski C M, Yang J, Mack S, et al. Observation of the spin-Seebeck effect in a ferromagnetic semiconductor. Nat. Mater., 2010, 9: 898.

[5] Le Breton J C, Sharma S, Saito H, et al. Thermal spin current from a ferromagnet to silicon by Seebeck spin tunnelling. Nature, 2011, 475: 82.

[6] Uchida K, Xiao J, Adachi H, et al. Spin seebeck insulator. Nat. Mater., 2010, 9: 894.

[7] Uchida K, Adachi H, Ota T, et al. Observation of longitudinal spin-Seebeck effect in

magnetic insulators. Appl. Phys. Lett., 2010, 97: 172505.

[8] Qu D, Huang S Y, Hu J, et al. Intrinsic spin Seebeck effect in Au/YIG. Phys. Rev. Lett., 2013, 110: 067206.

[9] Kikkawa T, Uchida K, Shiomi Y, et al. Longitudinal spin Seebeck effect free from the proximity Nernst effect. Phys. Rev. Lett., 2013, 110: 067207.

[10] Wu S M, Pearson J E, Bhattacharya A. Paramagnetic spin Seebeck effect. Phys. Rev. Lett., 2015, 114: 186602.

[11] Gu L, Fu H H, Wu R. How to control spin-Seebeck current in a metal-quantum dot-magnetic insulator junction. Phys. Rev. B, 2016, 94: 115433.

[12] Misiorny M, Barna J. Spin polarized transport through a single-molecule magnet: Current-induced magnetic switching. Phys. Rev. B, 2007, 76: 054448.

[13] Bogani L, Wernsdorfer W. Molecular spintronics using single-molecule magnets. Nanoscience and Technology, 2009, 194-201.

[14] Misiorny M, Weymann I, Barnaś J. Spin effects in transport through single-molecule magnets in the sequential and cotunneling regimes. Phys. Rev. B, 2009, 79: 224420.

[15] Misiorny M, Weymann I, Barnas J. Spin diode behavior in transport through single-molecule magnets. EPL, 2010, 89: 18003.

[16] Misiorny M, Weymann I, Barnaś J. Interplay of the Kondo effect and spin-polarized transport in magnetic molecules, adatoms, and quantum dots. Phys. Rev. Lett., 2011, 106: 126602.

[17] Zhang Z, Jiang L, Wang R, et al. Thermoelectric-induced spin currents in single-molecule magnet tunnel junctions. Appl. Phys. Lett., 2010, 97: 242101.

[18] Thomas L, Lionti F L, Ballou R, et al. Macroscopic quantum tunnelling of magnetization in a single crystal of nanomagnets. Nature, 1996, 383: 145.

[19] Wang R Q, Sheng L, Shen R, et al. Thermoelectric effect in single-molecule-magnet junctions. Phys. Rev. Lett., 2010, 105: 057202.

[20] Timm C, Elste F. Spin amplification, reading, and writing in transport through anisotropic magnetic molecules. Phys. Rev. B, 2006, 73: 235304.

[21] Elste F, Timm C. Transport through anisotropic magnetic molecules with partially ferromagnetic leads: Spin-charge conversion and negative differential conductance. Phys. Rev. B, 2006, 73: 235305.

[22] Elste F, Timm C. Cotunneling and nonequilibrium magnetization in magnetic molecular monolayers. Phys. Rev. B, 2007, 75: 195341.

[23] Meir Y, Wingreen N S. Landauer formula for the current through an interacting electron region. Phys. Rev. Lett., 1992, 68: 2512.

[24] Meir Y, Wingreen N S, Lee P A. Low-temperature transport through a quantum dot: The Anderson model out of equilibrium. Phys. Rev. Lett., 1993, 70: 2601.

[25] Sierra M A, Sánchez D. Strongly nonlinear thermovoltage and heat dissipation in interacting quantum dots. Phys. Rev. B, 2014, 90: 115313.

[26] Niu P B, Zhang Y Y, Wang Q, et al. Quantum transport through anisotropic molecular magnets: Hubbard Green function approach. Phys. Lett. A, 2012, 376: 1481.

[27] Kostyrko T, Bułka B R. Hubbard operators approach to the transport in molecular junctions. Phys. Rev. B, 2005, 71: 235306.

[28] Chi F, Dai X N, Sun L L. A quantum dot spin injector with spin bias. Appl. Phys. Lett., 2010, 96: 082102.

[29] Wang D K, Sun Q, Guo H. Spin-battery and spin-current transport through a quantum dot. Phys. Rev. B, 2004, 69: 205312.

[30] Ţolea M, Bułka B R. Theoretical study of electronic transport through a small quantum dot with a magnetic impurity. Phys. Rev. B, 2007, 75: 125301.

[31] Świrkowicz R, Wierzbicki M, Barna J. Thermoelectric effects in transport through quantum dots attached to ferromagnetic leads with noncollinear magnetic moments. Phys. Rev. B, 2009, 80: 195409.

[32] Reddy P, Jang S Y, Segalman R A, et al. Thermoelectricity in molecular junctions. Science, 2007, 315: 1568.

[33] Dubi Y, Ventra M D. Colloquium: Heat flow and thermoelectricity in atomic and molecular junctions. Rev. Mod. Phys., 2011, 83: 131.

[34] Pulizzi F. Heat at the Borders. Nat. Mater., 2011, 10: 724.

[35] Herwaarden A W V, Sarro P M. Thermal sensors based on the Seebeck effect. Sensor. Actuat., 1986, 10: 321.

[36] Ramos-Andrade J P, Pena F J, Gonzalez A, et al. Spin-Seebeck effect and spin polarization in a multiple quantum dot molecule. Phys. Rev. B, 2017, 96: 165413.

[37] Niu P B, Liu L X, Su X Q, et al. Spin Seebeck effect in a metal-single-molecule-magnet-metal junction. AIP Advances, 2018, 8: 015215.

[38] Niu P B, Shi Y L, Sun Z, et al. Thermoelectric ZT enhanced by asymmetric configuration in single-molecule-magnet junctions. J. Phys. D: Appl. Phys., 2016, 49: 045002-6.

[39] Contreras-Pulido L D, Aguado R. Shot noise spectrum of artificial single molecule magnets: Measuring spin relaxation times via the Dicke effect. Phys. Rev. B, 2010, 81: 161309.

[40] Besombes L, Leger Y, Maingault L, et al. Probing the spin state of a single magnetic Ion in an individual quantum dot. Phys. Rev. Lett., 2004, 93: 207403.

[41] Leger Y, Besombes L, Maingault L, et al. Geometrical effects on the optical properties of quantum dots doped with a single magnetic atom. Phys. Status Solidi C, 2005, 95: 047403.

[42] Fernandez-Rossier J, Aguado R. Mn-doped II-VI quantum dots: artificial molecular magnets. Phys. Status Solidi C, 2006, 3: 3734.

[43] 孙祝, 牛鹏斌. 人工分子磁体中的温差电效应. 山西大学学报 (自然科学版), 2018, 41: 758.

[44] Haug H, Jauho A P. Quantum Kinetics in Transport and Optics of Semiconductors. Berlin: Springer, 2008.

[45] Niu P B, Wang Q, Nie Y H. Transport through artificial single molecule magnets: Spin-pair state sequential tunneling and Kondo effects. Chin. Phys. B, 2013, 22: 027307.

第 8 章　单分子磁体中的自旋电流

8.1 引　　言

自旋流的产生和操控在自旋电子学和量子信息 [1,2] 中占有重要地位. 通过外加铁磁电极、自旋偏压、磁场、极化光或通过自旋轨道耦合等量子力学效应, 在量子点输运结中, 人们能够得到自旋极化率很高的电流 [3−7]. 另外, 单分子磁体作为分子输运结中一种重要的研究对象, 其与量子点输运结有类似表明, 并且由于其局域大自旋的存在, 又具有很多独特的输运性质 [8−13]. 例如, 有研究工作表明自旋流可导致局域大自旋翻转 [8], 而在低温时, 自旋流和近藤效应之间的相互作用会抑制近藤输运, 同时对隧穿磁阻产生影响 [12,13]. 本章介绍的是分子磁体在低温时由于双稳特性会产生自旋极化电流 [14−16]. 而其外加自旋偏压 [17] 后, 会与自旋偏压构成一个整体的输运结构, 产生一些量子点输运结不具有的输运特性. 例如, 下文将会看到这种系统能产生 100% 自旋极化的电流, 并且能产生纯自旋流. 这里电流的自旋极化率指的是 $p = (I_\uparrow - I_\downarrow)/(I_\uparrow + I_\downarrow)$. 自旋极化率为 100% 指的是只有自旋向上或向下电流 ($I_\uparrow = 0$ 或 $I_\downarrow = 0$), 而纯自旋流的产生意味着无穷大自旋极化率 ($I_\uparrow + I_\downarrow = 0$ 且 $I_\uparrow - I_\downarrow \neq 0$).

本章将介绍在自旋偏压驱动下单分子磁体中的自旋极化电流效应. 方法仍然是态矢格林函数方法, 而自旋偏压指左电极或右电极自旋向上与自旋向下化学势之差, 在下文将会看到其在费米分布函数中的表示. 研究发现, 在大自旋近似下, 分子磁体的作用像一个自旋阀. 我们将考虑两种自旋偏压构型, 对称构型和反对称构型. 在对称构型耦合双通道分子磁体时, 系统可产生自旋极化电流, 并且在库仑相互作用较小时产生纯自旋流. 而不对称构型耦合分子磁体时, 系统只能产生自旋极化电流, 不能产生纯自旋流.

8.2 理论模型和计算过程

我们考虑如图 8.1 所示的系统. 整个系统由分子磁体和自旋偏压构成 [18−21]:

$$
\begin{aligned}
H = &\sum_\sigma \varepsilon_0 d_\sigma^\dagger d_\sigma + U\hat{n}_\uparrow \hat{n}_\downarrow - J\boldsymbol{s}\cdot\boldsymbol{S} - K(S^z)^2 \\
&+ \sum_{k,\alpha,\sigma} \varepsilon_{k\alpha} c_{k\alpha\sigma}^\dagger c_{k\alpha\sigma} + \sum_{k,\alpha,\sigma} (t_{k\alpha} c_{k\alpha\sigma}^\dagger d_\sigma + H.c.),
\end{aligned}
\tag{8.1}
$$

这里分子磁体被模型化为一个单能级轨道 (OL) 与局域大自旋 ($\boldsymbol{S}$) 交换耦合, 总自旋算符为 $\boldsymbol{S}_{\text{tot}}=\boldsymbol{s}+\boldsymbol{S}$. ε_0 是轨道能量, $d_\sigma^\dagger(d_\sigma)$ 是轨道电子的产生 (湮灭) 算符, 其中 $\sigma=\uparrow,\downarrow$ 代表自旋向上和向下, U 是轨道电子双占据时的库仑排斥能, J 是轨道电子自旋 $\boldsymbol{s}$ 与局域大自旋 $\boldsymbol{S}$ 之间的交换耦合常数, K 是易轴参数, 描述大自旋取向的各向异性. 如同前面几章, 此各向异性参数在接下来介绍的物理讨论中很重要. $c_{k\alpha\sigma}^\dagger(c_{k\alpha\sigma})$ 是电极电子的产生 (湮灭) 算符, 其中 k 代表动量, σ 代表自旋, $\varepsilon_{k\alpha}$ 代表能量, $\alpha=\mathrm{L},\mathrm{R}$ 表示左右电极. 轨道电子与外加电极隧穿耦合, $t_{k\alpha}$ 为隧穿概率幅.

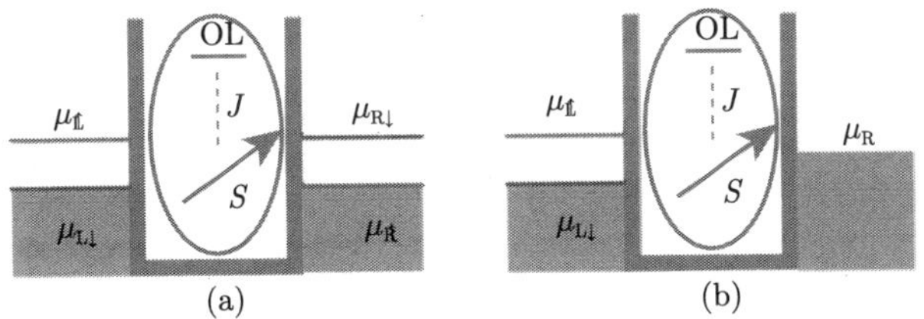

图 8.1 模型示意图. (a) 分子磁体与对称自旋偏压连接; (b) 分子磁体与不对称自旋偏压连接. 分子磁体模型为一个输运轨道 (OL) 和局域大自旋, 二者之间有交换耦合作用 (见哈密顿量描述)

我们采用 Keldysh 非平衡格林函数理论给出电流公式 [22–25], 此理论框架广泛应用于讨论量子系统的输运. 自旋极化电流给出如下：

$$I_\sigma=-\frac{2e}{h}\int\frac{\varGamma_{\mathrm{L}}\varGamma_{\mathrm{R}}}{\varGamma_{\mathrm{L}}+\varGamma_{\mathrm{R}}}\left[f_{\mathrm{L}\sigma}(\omega)-f_{\mathrm{R}\sigma}(\omega)\right]\mathrm{Im}G_\sigma^r(\omega)\mathrm{d}\omega, \tag{8.2}$$

出于简化原因, 我们考虑两个电极对称耦合, 即 $\varGamma_{\mathrm{L}}=\varGamma_{\mathrm{R}}=\varGamma=2\pi|t|^2\rho$, 其中 ρ 是宽带近似下电极电子的常数态密度. 在式 (8.2) 中, $f_{\alpha\sigma}(\omega)=\{\exp[(\omega-\mu_{\alpha\sigma})/k_{\mathrm{B}}T]+1\}^{-1}$ 代表费米分布函数, 注意到费米分布函数中已经包含自旋偏压的描述: $\mu_{\alpha\sigma}$ 代表自旋分辨的化学势, 自旋偏压指左电极或右电极自旋向上与自旋向下化学势之差. $G_\sigma^r(\omega)=\langle\langle d_\sigma|d_\sigma^\dagger\rangle\rangle^r$ 轨道电子的推迟格林函数. 在上式基础上, 定义电荷流 $I_{\mathrm{c}}=I_\uparrow+I_\downarrow$, 以及自旋流 $I_{\mathrm{s}}=I_\uparrow-I_\downarrow$[15].

接下来给出格林函数 $G_\sigma^r(\omega)$ 的计算过程, 因为同样采用大自旋近似, 读者会注意到计算结果和前面章节有类似之处. 仍然采用格林函数的运动方程方法. 在低温大自旋近似下 ($k_{\mathrm{B}}T<KS^2$), 可以制备大自旋处于其中一个态上, 比如 $m\geqslant0$, 只要温度不高于势垒高度 $k_{\mathrm{B}}T<KS^2$, 局域自旋就会被限制在 $|S\rangle$ 这个态上. 同样, 大自旋的处理需要用到态矢语言替代二次量子化描述 [26–33]. 轨道电子的完备基为 $\{|0\rangle,|\uparrow\rangle,|\downarrow\rangle,|2\rangle\}$, 因而电子算符在态矢表象重新表述为 $d_\sigma=X^{0\sigma}+\delta_\sigma X^{\bar{\sigma}2}$, 其中当 $\sigma=\uparrow(\downarrow)$ 时 $\delta_\sigma=+1(-1)$, 而 $\bar{\sigma}=-\sigma$; 电子自旋算符相应表述为 $s^z=(X^{\uparrow\uparrow}-X^{\downarrow\downarrow})/2$, $s^+=X^{\uparrow\downarrow}$ 以及 $s^-=X^{\downarrow\uparrow}$, 这里 $X^{ij}=|i\rangle\langle j|$ 用电子基矢 $|i\rangle(|j\rangle)(i,j=0,\uparrow,\downarrow,2)$ 定

义. 相应的, 局域大自旋算符表示为 $S^Z = \sum_{m=-S}^{S} mY^{m,m}$, $S^+ = \sum_{m=-S}^{S} C_m^+ Y^{m+1,m}$ 及 $S^- = \sum_{m=-S}^{S} C_m^- Y^{m-1,m}$, 其中 S 代表大自旋角量子数, 算符 $Y^{m,n} = |Sm\rangle\langle Sn|$ 由大自旋基矢定义, 系数 $C_m^\pm = \sqrt{(S \pm m + 1)(S \mp m)}$. 因此在态矢表象哈密顿量重新表示为

$$
\begin{aligned}
H = &\sum_{k,\alpha,\sigma} \varepsilon_{k,\alpha} c_{k\alpha\sigma}^\dagger c_{k\alpha\sigma} + \sum_{k,\alpha,\sigma} \left[t_{k\alpha} c_{k\alpha\sigma}^\dagger (X^{0\sigma} + \delta_\sigma X^{\overline{\sigma}2}) + H.c. \right] \\
&+ \sum_\sigma \varepsilon_0 X^{\sigma\sigma} + (2\varepsilon_0 + U) X^{22} - \frac{J}{2} \sum_{m=-S}^{S} m(X^{\uparrow\uparrow} - X^{\downarrow\downarrow}) Y^{m,m} \\
&- \frac{J}{2} \sum_{m=-S}^{S} C_m^- X^{\uparrow\downarrow} Y^{m-1,m} - \frac{J}{2} \sum_{m=-S}^{S} C_m^+ X^{\downarrow\uparrow} Y^{m+1,m} \\
&- K \sum_{m=-S}^{S} m^2 Y^{m,m}.
\end{aligned}
\tag{8.3}
$$

同理, 推迟格林函数在态矢表象写为 $G_\sigma^r(\omega) = \sum_{m=-S}^{S} \langle\langle X^{0\sigma} Y^{m,m} | d_\sigma^+ \rangle\rangle^r + \sum_{m=-S}^{S} \delta_\sigma \langle\langle X^{\overline{\sigma}2} Y^{m,m} | d_\sigma^+ \rangle\rangle^r$. 在大自旋近似下 [15,16], 计算过程可以简化. 对于单占据电子, 因为局域自旋处于 $|S\rangle$ 态, 交换耦合作用导致单占据电子只能是自旋向上电子, 进而双占据电子是自旋向下电子, 完备基为 $\{|0\rangle, |\uparrow\rangle, |2\rangle\}$, 因而哈密顿量简化为

$$
\begin{aligned}
H = &\sum_{k,\alpha,\sigma} \varepsilon_{k,\alpha} c_{k\alpha\sigma}^\dagger c_{k\alpha\sigma} + \sum_{k,\alpha} \left[t_{k\alpha} c_{k\alpha\uparrow}^\dagger \left(X^{0\uparrow} + \delta_\sigma X^{\downarrow 2} \right) + H.c. \right] \\
&+ \sum_{k,\alpha} \left[t_{k\alpha} c_{k\alpha\downarrow}^\dagger \left(-X^{\uparrow 2} \right) + H.c. \right] + \varepsilon_0 X^{\uparrow\uparrow} + (2\varepsilon_0 + U) X^{22} \\
&- \frac{JS}{2} X^{\uparrow\uparrow} Y^{SS} - K S^2 Y^{SS},
\end{aligned}
\tag{8.4}
$$

相应地, 推迟格林函数简化为 $G_\uparrow^r(\omega) = \langle\langle X^{0\uparrow} Y^{SS} | d_\uparrow^+ \rangle\rangle^r$, $G_\downarrow^r(\omega) = \langle\langle (-X^{\uparrow 2}) Y^{SS} | d_\downarrow^+ \rangle\rangle^r$. 接下来使用标准的运动方程 $\omega\langle\langle A|B\rangle\rangle^r = \langle\{A, B\}\rangle + \langle\langle [A, H] \,|B\rangle\rangle^r$ 计算格林函数. 例如 $\langle\langle X^{0\uparrow} Y^{SS} | d_\uparrow^+ \rangle\rangle^r$ 计算为

$$
\begin{aligned}
&\left(\omega - \varepsilon_0 + \frac{JS}{2} \right) \langle\langle X^{0\uparrow} Y^{SS} | d_\uparrow^+ \rangle\rangle^r \\
=&\langle X^{00} Y^{SS} \rangle + \langle X^{\uparrow\uparrow} Y^{SS} \rangle
\end{aligned}
$$

$$
\begin{aligned}
&+\sum_{k\alpha} t_{k\alpha}^* \langle\langle (X^{00}+X^{\uparrow\uparrow}) c_{k\alpha\uparrow} Y^{SS} | d_\uparrow^+ \rangle\rangle^r \\
&+\sum_{k\alpha} t_{k\alpha} \langle\langle c_{k\alpha\downarrow}^+ X^{02} Y^{SS} | d_\uparrow^+ \rangle\rangle^r .
\end{aligned} \tag{8.5}
$$

同理, $\langle\langle(-X^{\uparrow 2})Y^{SS}|d_\downarrow^+\rangle\rangle^r$ 的运动方程:

$$
\begin{aligned}
&\left(\omega-\varepsilon_0-U-\frac{JS}{2}\right)\langle\langle(-X^{\uparrow 2})Y^{SS}|d_\downarrow^+\rangle\rangle^r \\
=&\langle X^{\uparrow\uparrow}Y^{SS}\rangle+\langle X^{22}Y^{SS}\rangle \\
&+\sum_{k\alpha} t_{k\alpha}^* \langle\langle (X^{\uparrow\uparrow}+X^{22}) c_{k\alpha\downarrow} Y^{SS} | d_\downarrow^+ \rangle\rangle^r \\
&+\sum_{k\alpha} t_{k\alpha} \langle\langle c_{k\alpha\uparrow}^+ X^{02} Y^{SS} | d_\downarrow^+ \rangle\rangle^r \\
&-\sum_{k\alpha} t_{k\alpha}^* \langle\langle X^{\uparrow\downarrow} c_{k\alpha\uparrow} Y^{SS} | d_\downarrow^+ \rangle\rangle^r ,
\end{aligned} \tag{8.6}
$$

这里 (8.5) 式和 (8.6) 式中的平均值 $\langle X^{\uparrow\uparrow}Y^{SS}\rangle$ 和 $\langle X^{22}Y^{SS}\rangle$ 用涨落耗散定理 [7,34,35] 计算:

$$
\langle A_\sigma B_\sigma\rangle=-\frac{1}{\pi}\int \mathrm{d}\omega \frac{f_{\mathrm{L}\sigma}(\omega)\varGamma_{\mathrm{L}}+f_{\mathrm{R}\sigma}(\omega)\varGamma_{\mathrm{R}}}{\varGamma_{\mathrm{L}}+\varGamma_{\mathrm{R}}}\mathrm{Im}\langle\langle B_\sigma|A_\sigma\rangle\rangle^r . \tag{8.7}
$$

注意到因为考虑自旋偏压的缘故, 费米分布函数等都是自旋分辨的. 举例来说, 平均值 $\langle X^{\uparrow\uparrow}Y^{SS}\rangle$ 计算如下: $\langle X^{\uparrow\uparrow}Y^{SS}\rangle=-(1/\pi)\int \mathrm{d}\omega \overline{f}_\uparrow(\omega)\mathrm{Im}\langle\langle X^{0\uparrow}Y^{SS}|d_\uparrow^+\rangle\rangle^r$, 这里为了表达简洁定义 $\overline{f}_\sigma(\omega)=[f_{\mathrm{L}\sigma}(\omega)\varGamma_{\mathrm{L}}+f_{\mathrm{R}\sigma}(\omega)\varGamma_{\mathrm{R}}]/(\varGamma_{\mathrm{L}}+\varGamma_{\mathrm{R}})$. $\langle X^{22}Y^{SS}\rangle$ 的计算过程类似. $\langle X^{00}Y^{SS}\rangle$ 的计算需要用到完备关系 $\langle X^{00}Y^{SS}\rangle=1-\langle X^{\uparrow\uparrow}Y^{SS}\rangle-\langle X^{22}Y^{SS}\rangle$. 定义 $P_{0S}=\langle X^{00}Y^{SS}\rangle$, $P_{\uparrow S}=\langle X^{\uparrow\uparrow}Y^{SS}\rangle$ 以及 $P_{2S}=\langle X^{22}Y^{SS}\rangle$, 这些定义在下面的数值讨论中会看到有态占据率的含义.

为了封闭运动方程, 需要采用合理的近似截断高阶格林函数, 这里考虑单粒子图景的顺序隧穿, 采用二阶截断 [35], (8.5) 式中倒数第二项截断为

$$
\begin{aligned}
&(\omega-\varepsilon_{k\alpha})\langle\langle (X^{00}+X^{\uparrow\uparrow})c_{k\alpha\uparrow}Y^{SS}|d_\uparrow^+\rangle\rangle^r \\
=&t_{k\alpha}\langle\langle X^{0\uparrow}Y^{SS}|d_\uparrow^+\rangle\rangle^r ,
\end{aligned} \tag{8.8}
$$

倒数第一项是一个两粒子关联函数, 因而不考虑, 截断为零. (8.6) 式的截断过程类似. 封闭后得到的推迟格林函数解析形式为

$$
\langle\langle X^{0\uparrow}Y^{SS}|d_\uparrow^+\rangle\rangle^r=\frac{P_{0S}+P_{\uparrow S}}{\omega-\varepsilon_0+\dfrac{JS}{2}-\varSigma_0}, \tag{8.9}
$$

及

$$
\langle\langle(-X^{\uparrow 2})Y^{SS}|d_\downarrow^+\rangle\rangle^r=\frac{P_{\uparrow S}+P_{2S}}{\omega-\varepsilon_0-U-\dfrac{JS}{2}-\varSigma_0}. \tag{8.10}
$$

其中自能定义为 $\Sigma_0 = \sum_{k\alpha} |t_{k\alpha}|^2/(\omega - \varepsilon_{k\alpha} + \mathrm{i}0^+) = -\mathrm{i}(\Gamma_\mathrm{L} + \Gamma_\mathrm{R})/2$. 解析 (8.9) 式和 (8.10) 式是本节核心, 也是数值讨论的出发点.

在考虑大自旋近似后, 参与输运的只有三个态, $|0,S\rangle$, $|\uparrow,S\rangle$ 和 $|2,S\rangle$. 相应的本征能量为 $\varepsilon_{0S} = -KS^2$, $\varepsilon_{\uparrow S} = \varepsilon_0 - JS/2 - KS^2$ 以及 $\varepsilon_{2S} = 2\varepsilon_0 + U - KS^2$. 我们称能级差 $\varepsilon_{\uparrow S} - \varepsilon_{0S} = \varepsilon_0 - JS/2$ 为自旋向上通道, 当电子通过此通道时, 输运在量子态 $|0,S\rangle \leftrightarrow |\uparrow,S\rangle$ 之间发生; 相应的, 能级差 $\varepsilon_{2S} - \varepsilon_{\uparrow S} = \varepsilon_0 + U + JS/2$ 为自旋向下通道, 电子输运时, 在量子态 $|2,S\rangle \leftrightarrow |\uparrow,S\rangle$ 之间发生. 读者注意这两个通道通过的电子有自旋相反构型, 接下来介绍的分子磁体中的自旋流特性与此构型有直接关联.

8.3　单分子磁体中的自旋流

自旋偏压能产生自旋流, 分子磁体在大自旋近似下具有自旋相反通道, 接下来我们就介绍二者的联合产生的电荷流和自旋相关电流. 参数选取 Mn_{12} 分子的典型数据 [36]: $S = 10, K = 0.06$, 以及 $J = 0.1$. 能量单位为 meV. 这里提一下文献中的研究成果 [37−39], 文献中也有研究分子磁体自旋流的工作, 但侧重点不同, 比如, 有的文献关注的重点是输运电子和局域自旋的相互作用导致的自旋翻转效应 [37]. 本节的关注重点则是局域自旋的取向被固定后对输运电子产生的影响.

图 8.2(a) 和 (b) 给出的是态的占据率 ($|0,S\rangle$, $|\uparrow,S\rangle$ 和 $|2,S\rangle$) 和自旋极化电流 ($I_{\uparrow(\downarrow)}$) 随分子轨道能级的变化图. 这里外加的是图 8.1 中示意的对称自旋偏压, $V_S = \mu L_\uparrow = -\mu L_\downarrow = -\mu R_\uparrow = \mu R_\downarrow$. 图 8.2 给出的占据率和电流都是自旋相关的. 自旋偏压 $V_S = 1$, 则对应的自旋偏压窗口为 $-V_S \sim V_S(-1 \sim 1)$. ε_0 的取值范围为 −8 到 3. 随着 ε_0 的变化, 分子磁体的通道会通过自旋偏压窗口. 例如, 在区间 $1.5 < \varepsilon_0 < 3$, 态的占据率为 $P_{0S} = 1$, $P_{\uparrow S} = P_{2S} = 0$, 而自旋极化电流 $I_\uparrow$ 和 $I_\downarrow$ 为零. 这说明自旋向上和向下通道都在自旋偏压窗口之上. 减小 ε_0, 自旋向上通道首先进入偏压窗口 (在所给参数下, 自旋向下通道位置高于向上通道), 即在区间 $-1 < \varepsilon_0 - JS/2 < 1$ 内, 产生自旋向上电流, 见图 8.2(b) 中的方向朝上的平台. 此时态的占据率为 $P_{0S} = P_{\uparrow S} = 1/2$ 和 $P_{2S} = 0$, 表明此时输运发生在 $|0,S\rangle$ 和 $|\uparrow,S\rangle$ 之间. 在这种构型下 (分子磁体的自旋相反构型和外加对称自旋偏压构成一个整体对电流产生调控), 自旋向上电流可以从左流动到右端, 而从右往左流动的自旋向下电流被禁止 (因通道不在自旋偏压窗口内). 这是一种自旋阀门特点. 在区间 $-4.5 < \varepsilon_0 < -0.5$, 自旋向上通道已经通过了偏压窗口, 到了窗口下方, 而此时自旋向下通道还未进入窗口, 因此不管自旋向上还是向下电流此时都为零. 当继续减小 ε_0, 在区间 $-1 < \varepsilon_0 + U + JS/2 < 1$, 自旋向下通道通过偏压窗口, 此时允许向下电

流从右往左端流动, 产生了反方向电流, 见图 8.2(b), 电流 $I_\downarrow$ 为负值, 因正方向规定为从左到右. 此时的态占据率为 $P_{2S}=P_{\uparrow S}=1/2$ 和 $P_{0S}=0$, 表明输运发生在 $|2,S\rangle$ 和 $|\uparrow,S\rangle$ 之间.

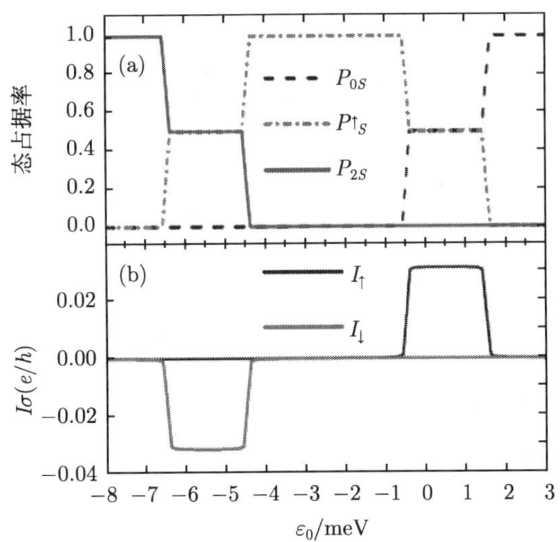

图 8.2 对称自旋偏压时 (a) 态占据率; (b) 自旋极化流 $I_{\uparrow(\downarrow)}$ 随分子轨道能级 (门电压) 变化图. 参数选取为 $V_S=1, U=5,\ J=0.1, \Gamma=0.01, k_{\mathrm{B}}T=0.01$. 能量单位为毫电子伏 (meV)

图 8.2 讨论的情形是两条通道次序进入偏压窗口的情形 (库仑排斥能 U 选择的较大), 现在考虑相反的情形, 即库仑排斥能较小时两条通道同时进入偏压窗口的情形. 图 8.3 中我们选择 $U=0.5$ 和 $V_S=2$. 给出的仍然是态占据率和自旋分辨电流随门电压 (ε_0) 的变化图. 自旋偏压的构型仍然是对称型 (图 1 中的第一种). 此外图 8.3(c) 中还给出了自旋流和电流图. 态占据率的行为和图 8.2 类似, 从其变化中可读出各个区间态是否参与输运. 随着 ε_0 减小自旋向上通道首先进入偏压窗口, 紧接着是自旋向下通道, 这里有一个区间, 两个通道同时处于自旋偏压窗口内, 此区间为 $-1.5<\varepsilon_0<1$. 从图 8.3(b) 中可以看到自旋向上电流 $I_\uparrow$ 有两个平台即区间 $1<\varepsilon_0<2.5$ 和 $-1.5<\varepsilon_0<1$. 第二个平台的位置正好是两个通道同时处于自旋偏压窗口内的区间, 且其高度比第一个平台低. 这是因自旋向上通道和向下通道同时进入偏压窗口导致的. 因为态的总占据率为 1, 当两个通道同时进入偏压窗口参与输运, 二者会产生竞争, 分割总占据率, 如图 8.3(a) 中区间 $-1.5<\varepsilon_0<1$ 所示. 更有趣的是, 在此区间还可观察到纯自旋流的产生, 见图 8.3(c), 此处 $I_{\mathrm{c}}=0$ 但 $I_{\mathrm{s}}\neq 0$. 这是因为自旋向上电流和自旋向下电流流向相反、幅度相等. 在图 8.3(c) 中 $\varepsilon_0=1$ 处还可观察到 I_{s} 的一个减小, 这在图 8.3(c) 的插图中看的更清楚, 插图中给出了 I_{s} 对应的微分电导图 $G_{\mathrm{s}}=\mathrm{d}I_{\mathrm{S}}/\mathrm{d}V$. 图中 $\varepsilon_0=1$ 处向下的峰 (用箭头标

示) 表明这是一个负的微分电导, 其产生源于两个通道的竞争. 而图中另一个负微分电导则是因为通道走出偏压窗口产生的.

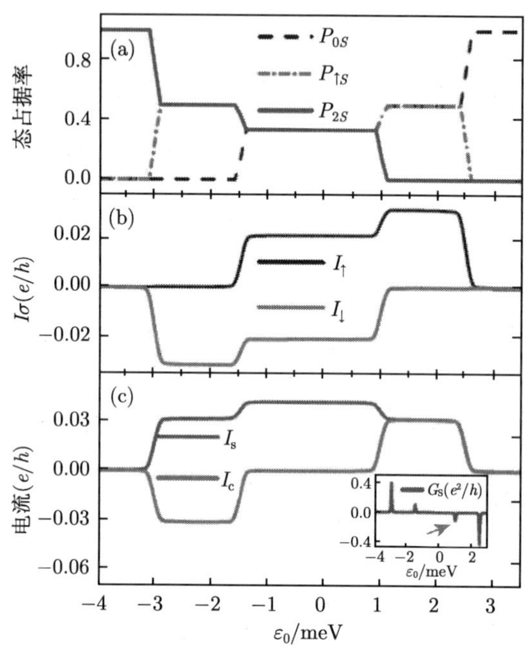

图 8.3　对称自旋偏压时 (a) 态占据率; (b) 自旋极化流 $I_{\uparrow(\downarrow)}$; (c) 自旋流 I_s 和电荷流 I_c 随分子轨道能级 (门电压) 变化图. (c) 中插图为自旋电导随门电荷的变化图, 其中箭头代表由于竞争导致的负微分电导. 参数选取为 $V_S=2, U=0.5$, $J=0.1, \Gamma=0.01, k_BT=0.01$. 能量单位为毫电子伏

图 8.4 中我们给出了在不对称自旋偏压构型下自旋极化电流随分子轨道能级 ε_0 的变化图. 在此构型下, 左电极的化学势是自旋相关的, 即 $V_S=\mu_{L\uparrow}=-\mu_{L\downarrow}$, 而右电极则为正常金属电极, 即 $\mu_{R\uparrow}=\mu_{R\downarrow}=0$[7,34,40]. 同样我们考虑两种情形: 库仑相互作用 U 小于自旋偏压 V_S 和库仑相互作用 U 大于自旋偏压 V_S. 在图 8.2 和 8.3 中我们知道, 对称自旋偏压构型时两种情形下电流的行为是不同的. 在第一种情形时, 自旋向上通道和向下通道能同时进入自旋偏压窗口, 从而产生竞争. 而这种竞争导致的电流不同行为在不对称偏压构型时就消失了, 自旋极化电流总是只出现一个平台, 见图 8.4. 在区间 $0<\varepsilon_0-JS/2<V_S$, 自旋向上电流 $I_\uparrow$ 总是正的, 而在区间 $-V_S<\varepsilon_0+U+JS/2<0$, 自旋向下电流 $I_\downarrow$ 总是负的. 原因在于不对称偏压只允许一个方向的电流通过 (或自旋向上, 或自旋向下). 例如, 在窗口 $\mu_{L\uparrow}$ 和 μ_R 之间是自旋向上偏压窗口, 只允许自旋向上电流通过, 而自旋向下通道通过此窗口时的电流时被阻碍的. 因此能从这两种不同的电流行为区分出对称自旋偏压和不

对称自旋偏压.

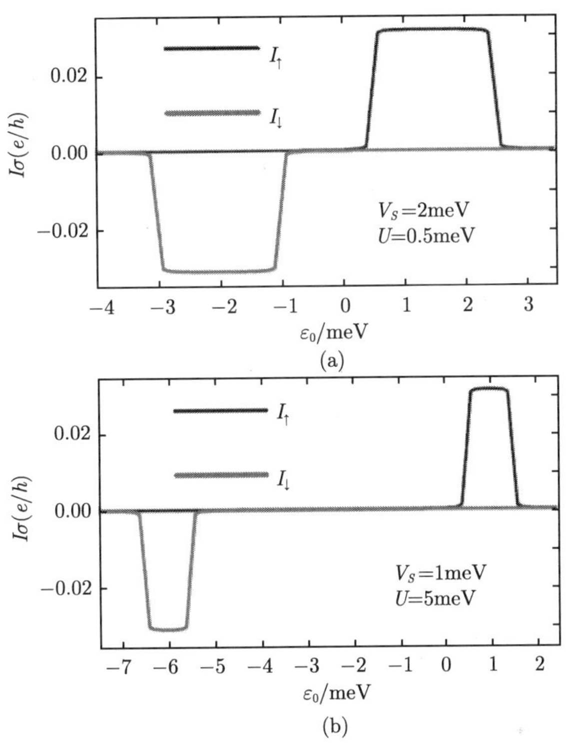

图 8.4 不对称自旋偏压构型下自旋极化电流随分子轨道能级 (门电压) 的变化图. 参数选取为 (a) $V_S = 2, U = 0.5$, (b) $V_S = 1, U = 5$, 其他参数 $J = 0.1$, $\Gamma = 0.01$, $k_{\mathrm{B}}T = 0.01$ 则 (a) 和 (b) 相同. 能量单位为毫电子伏

8.4 本 章 小 结

本章介绍了单分子磁体在自旋偏压驱动下产生的自旋极化电流. 自旋偏压的构型分为两种: 对称构型和不对称构型. 在对称构型耦合双通道分子磁体时, 系统可产生自旋极化电流, 并且能产生纯自旋流, 这个结果源于两个自旋相反通道的竞争. 而不对称构型耦合分子磁体时, 系统只能产生自旋极化电流, 不能产生纯自旋流, 这是因为不对称构型的自旋偏压窗口是自旋选择的.

参 考 文 献

[1] Žutić I, Fabian J, Sarma S D. Spintronics: Fundamentals and applications. Rev. Mod.

Phys., 2004, 76: 323.

[2] Awschalom D D, Flatté M E. Challenges for semiconductor spintronics. Nat. Phys., 2007, 3: 153.

[3] Folk J A, Potok R M, Marcus C M, et al. A gate-controlled bidirectional spin filter using quantum coherence. Science, 2003, 299: 679-682.

[4] Rudziński W, Barnaś J, Świrkowicz R, et al. Spin effects in electron tunneling through a quantum dot coupled to noncollinearly polarized ferromagnetic leads. Phys. Rev. B, 2005, 71: 205307.

[5] Krich J J, Halperin B I. Spin-polarized current generation from quantum dots without magnetic fields. Phys. Rev. B, 2008, 78: 035338.

[6] Lü H F, Guo Y, Zu X T, et al. Optically controlled spin polarization in a spin transistor. Appl. Phys. Lett., 2009, 94: 162109.

[7] Chi F, Dai X N, Sun L L. A quantum dot spin injector with spin bias. Appl. Phys. Lett., 2010, 96: 082102.

[8] Misiorny M, Barna J. Spin polarized transport through a single-molecule magnet: Current-induced magnetic switching. Phys. Rev. B, 2007, 76: 054448.

[9] Bogani L, Wernsdorfer W. Molecular spintronics using single-molecule magnets. Nat. Mater., 2008, 7: 179.

[10] Misiorny M, Weymann I, Barna J. Spin effects in transport through single-molecule magnets in the sequential and cotunneling regimes. Phys. Rev. B, 2009, 79: 224420.

[11] Misiorny M, Weymann I, Barnas J. Spin diode behavior in transport through single-molecule magnets. EPL, 2010, 89: 18003.

[12] Misiorny M, Weymann I, Barnaś J. Interplay of the Kondo effect and spin-polarized transport in magnetic molecules, adatoms, and quantum dots. Phys. Rev. Lett., 2011, 106: 126602.

[13] Misiorny M, Weymann I, Barnaś J. Influence of magnetic anisotropy on the Kondo effect and spin-polarized transport through magnetic molecules, adatoms, and quantum dots. Phys. Rev. B, 2011, 84: 035445.

[14] Thomas L, Lionti F L, Ballou R, et al. Macroscopic quantum tunnelling of magnetization in a single crystal of nanomagnets. Nature, 1996, 383: 145.

[15] Zhang Z, Jiang L, Wang R, et al. Thermoelectric-induced spin currents in single-molecule magnet tunnel junctions. Appl. Phys. Lett., 2010, 97: 242101.

[16] Wang R Q, Sheng L, Shen R, et al. Thermoelectric effect in single-molecule-magnet junctions. Phys. Rev. Lett., 2010, 105: 057202.

[17] Chi F, Sun L L, Zheng J, et al. Heat generation by spin-polarized current in a quantum-dot spin battery. Phys. Lett. A, 2015, 379: 613-618.

[18] Timm C, Elste F. Spin amplification, reading, and writing in transport through anisotropic magnetic molecules. Phys. Rev. B, 2006, 73: 235304.

[19] Elste F, Timm C. Transport through anisotropic magnetic molecules with partially ferromagnetic leads: Spin-charge conversion and negative differential conductance. Phys. Rev. B, 2006, 73: 235305.

[20] Elste F, Timm C. Cotunneling and nonequilibrium magnetization in magnetic molecular monolayers. Phys. Rev. B, 2007, 75: 195341.

[21] Misiorny M, Barna J. Magnetic switching of a single molecular magnet due to spin-polarized current. Phys. Rev. B, 2007, 75: 134425.

[22] Meir Y, Wingreen N S. Landauer formula for the current through an interacting electron region. Phys. Rev. Lett., 1992, 68: 2512.

[23] Meir Y, Wingreen N S, Lee P A. Low-temperature transport through a quantum dot: The Anderson model out of equilibrium. Phys. Rev. Lett., 1993, 70: 2601.

[24] Jauho A P, Wingreen N S, Meir Y. Time-dependent transport in interacting and non-interacting resonant-tunneling systems. Phys. Rev. B, 1994, 50: 5528.

[25] Luo H G, Ying J J, Wang S J. Equation of motion approach to the solution of the anderson model. Phys. Rev. B, 1999, 59: 9710.

[26] Niu P B, Zhang Y Y, Wang Q, et al. Quantum transport through anisotropic molecular magnets: Hubbard Green function approach. Phys. Lett. A, 2012, 376: 1481.

[27] Niu P B, Yao H, Li Z J, et al. Inelastic low-temperature transport through a quantum dot with a mn ion. J. Magn. Magn. Mater., 2012, 324: 2324.

[28] Niu P B, Q Wang and Nie Y H. Transport through artificial single-molecule magnets: Spin-pair state sequential tunneling and Kondo effects. Chin. Phys. B, 2013, 22: 027307.

[29] Niu P B, Shi Y L, Sun Z, et al. Phonon-assisted spin current in single molecular magnet junctions. Chin. Phys. Lett., 2015, 32: 117201.

[30] Niu P B, Shi Y L, Sun Z, et al. Kondo peak splitting and Kondo dip induced by a local moment. Sci. Rep.-UK, 2015, 5: 18021.

[31] Niu P B, Shi Y L, Sun Z, et al. Kondo peak splitting and Kondo dip in single molecular magnet junctions. J. Magn. Magn. Mater, 2016, 398: 131.

[32] Niu P B, Shi Y L, Sun Z, et al. Thermoelectric ZT enhanced by asymmetric configuration in single-molecule-magnet junctions. J. Phys. D: Appl. Phys., 2015, 49: 045002.

[33] Kostyrko T, Bułka B R. Hubbard operators approach to the transport in molecular junctions. Phys. Rev. B, 2005, 71: 235306.

[34] Wang D K, Sun Q, Guo H. Spin-battery and spin-current transport through a quantum dot. Phys. Rev. B, 2004, 69: 205312.

[35] Ţolea M, Bułka B R. Theoretical study of electronic transport through a small quantum dot with a magnetic impurity. Phys. Rev. B, 2007, 75: 125301.

[36] Heersche H B, De Groot Z, Folk J A, et al. Electron transport through single Mn_{12} molecular magnets. Physical Review Letters, 2006, 96: 206801; Jo M H, Grose J E, Baheti K, et al. Signatures of molecular magnetism in single-molecule transport spectroscopy. Nano Lett., 2006, 6: 2014.

[37] Ren J, Fransson J, Zhu J X. Nanoscale spin Seebeck rectifier: Controlling thermal spin transport across insulating magnetic junctions with localized spin. Phys. Rev. B, 2014, 89: 214407.

[38] Misiorny M, BarnaśJ. Spin-dependent thermoelectric effects in transport through a nanoscopic junction involving a spin impurity. Phys. Rev. B, 2014, 89: 235438.

[39] Misiorny M, BarnaśJ. Effect of magnetic anisotropy on spin-dependent thermoelectric effects in nanoscopic systems. Phys. Rev. B, 2015, 91: 155426.

[40] Chi F, Sun Q. Electrical preparation and readout of a single spin state in a quantum dot via spin bias. Phys. Rev. B, 2010, 81: 075310.